青年科技创新人才学术文库

建筑装饰材料与绿色装修

刘新红　贾晓林　编著

河南科学技术出版社
·郑州·

内 容 提 要

本书向读者提供建筑装饰材料与绿色装修的基本知识，使读者了解建筑装饰中的历史文化意义，提高读者的审美情趣等，并为读者在今后的工作和生活中能够合理地选择和使用建筑装饰材料打下基础。建筑装饰材料与绿色装修是面对在校大学生开设的一门素质教育课。课程的任务是使学生获得有关建筑装饰材料的性质与应用的基本知识，了解建筑装饰材料与绿色装修的发展动态以及建筑装饰材料制备工艺，为有志于从事与建筑装饰行业相关工作的学生提供一定的知识准备。本书也可供从事本专业的工程技术人员以及自学者使用。

图书在版编目（CIP）数据

建筑装饰材料与绿色装修/刘新红，贾晓林编著．—郑州：河南科学技术出版社，2014.10

ISBN 978-7-5349-7328-4

Ⅰ.①建… Ⅱ.①刘… ②贾… Ⅲ.①建筑材料-装修材料-教材 ②住宅-室内装修-无污染技术-教材 Ⅳ.①TU56 ②TU767

中国版本图书馆 CIP 数据核字（2014）第 216279 号

出版发行：河南科学技术出版社
地址：郑州市经五路 66 号　　邮编：450002
电话：（0371）65737028　65788613
网址：www.hnstp.cn
策划编辑：孙　彤
责任编辑：孙　彤　刘　嘉
责任校对：柯　姣
封面设计：张　伟
责任印制：朱　飞
印　　刷：郑州美联印刷有限公司
经　　销：全国新华书店
幅面尺寸：185 mm×260 mm　　印张：16.25　　字数：400 千字
版　　次：2014 年 10 月第 1 版　　2014 年 10 月第 1 次印刷
定　　价：35.00 元

如发现印、装质量问题，影响阅读，请与出版社联系并调换。

前　言

高等教育不仅本着“宽基础、厚口径”，更重要的是培养具有综合素质的高技能人才。建筑装饰材料与绿色装修是面对在校大学生开设的素质教育课程，本课程可以丰富学生建筑装饰材料方面的知识，使学生了解建筑装饰中的历史文化意义，提高学生的审美情趣以及提高学生的实践能力等，从而培养和提高学生的综合素质。

本书共分12章，各章内容如下：第1章绪论，主要讲述建筑装饰材料的定义、绿色装修基本概念、建筑装饰材料的选择原则以及建筑装饰中的历史文化意义等。第2章主要介绍了建筑装饰石材的种类、性能、特点、应用以及选购方法。第3章讲述了陶瓷原料、艺术陶瓷、新型陶瓷墙地砖、陶瓷壁画等的种类、特点、性能、装饰效果和选购方法等。第4章讲述了玻璃的装饰性、新型功能装饰玻璃的种类及应用、装饰玻璃的选购方法等。第5章讲述了建筑装饰木制品种类、特性、装饰效果和选购方法。第6章讲述涂料的种类和特点、性能和选购，重点介绍了新型功能装饰涂料。第7章讲述灯饰灯具种类、特点，在家居不同装饰部位如何合理选择灯具。第8章讲述建筑装饰用铝及其合金、钢、铜及其合金的性能、特点、主要装饰品等。第9章讲述建筑装饰地毯、挂毯的种类、编织方法，建筑装饰壁布、窗帘帷幔的种类、特点和选购方法等。第10章讲述建筑装饰室内污染的种类、来源及对其的控制方法。第11章讲述绿色建材的种类、怎样进行绿色设计、选材绿色化以及绿色装修、装修风格等。第12章讲述装饰纹饰和图案的历史文化意义、社会功能，家居装饰风水，居室美化的原则和方法，室内色彩的搭配等。

本书在编写的过程中采用了大量形象生动的例子，信息量大，学习指导性强，为读者和有志从事建筑装饰的人士自学提供了方便。本书凝聚了编者教学十余年的经验积累与教学体会，在教学以及编写本书过程中阅读了大量文献资料，在此向文献的有关作者表示诚挚的谢意。本书在编写过程中还得到周超杰、张磊、朱晓燕、马腾等同学的帮助，在此一并表示感谢。

由于作者水平有限，书中存在的错误，敬请读者指正，以便再版时修订。

刘新红

2014年7月

前言

目　录

1 绪　论

建筑装饰材料与绿色装修是一门综合性、各学科交叉渗透的课程，与建筑学、装饰材料、建筑物理、民俗学、心理学、工艺美术、人体工程学、社会学、环境污染与防治等密切相关。本课程采用理论与实践相结合的教学方法，打破了纯理论灌输的方法，使学生掌握较全面的知识，以便在今后的装饰工程中能够科学设计、合理选择和使用建筑装饰材料等打下基础。通过本课程的学习，可以丰富学生建筑装饰材料方面的知识，使学生了解建筑装饰中的历史文化意义，提高学生的审美情趣以及提高学生的实践能力等，从而可以培养和提高学生的综合素质。

“建筑”是用材料建造的构筑物，供人居住和使用，如住宅、宾馆和体育馆等。“装”指装修，即修正，将建筑中不太合理的地方加以修正，使其功能更完善，结构更合理。“饰”即装饰、美化的意思，指通过对建筑进行“美容”达到美观、舒适的效果。建筑装饰是为保护建筑物的主体结构、完善建筑物的物理性能、使用功能和美化建筑物，采用装饰材料或饰物对建筑物的内外表面及空间进行的各种处理过程。建筑装饰是人类文明的象征，与历史文化、经济水平和科学技术发展有紧密联系；它反映一个时代、一个民族的审美追求，经济和科技的发展状况，不断显示出人类所创造的物质文明和精神文明。

本课程重点介绍了建筑装饰材料的种类、性质、选购及在绿色装修中的应用等，还介绍了建筑装饰中的历史文化意义以及建筑装饰的美学原则等，以培养学生以下四个方面的素质。

1.1　丰富学生建筑装饰材料方面的知识

建筑装饰材料是建筑的外衣，建筑装饰的效果主要通过装饰材料及装饰品的质感、色彩、图案、功能等来实现。因此让学生熟悉装饰材料的种类、性能、特点、选购和施工方法，掌握各类材料的使用规律，使材料的质感、色彩、功能等充分体现出来，有利于学生在将来的装饰工程中能进行科学选材和合理施工，还能达到经济合理、降低装饰成本以及绿色环保装修的目的。

建筑装饰材料品种繁多，包括金属材料、非金属材料和复合材料三大类，学生很难掌握，本课程按不同装饰部位所用的装饰材料进行讲解，学生更易接受，即按照室外装饰材料、室内墙面装饰材料、室内地面装饰材料和室内顶棚装饰材料的种类、力学和物理性能、装饰效果和环保性等来讲授。例如：外墙装饰材料包括石材、陶瓷砖、装饰玻璃和涂料等，因其经常受到日晒、雨淋和霜雪侵蚀等的袭击，以及腐蚀性气体和微生物的作用，因此选用外墙装饰材料时还要重点考虑其耐久性。而内墙装饰材料（涂料、陶瓷砖、木装饰面板和壁纸壁布等）不仅要求其具有保护和美化功能，还要求其能承担墙体的热工功能、调节室内空气的相对湿度、净化室内空气以及辅助墙体起到隔音降噪等功能；装饰材料的环保性也是重点讲解之处。

装饰材料的选购在实际装饰工程中非常重要，不同的装饰材料其选购方法不尽相同。例如天然石材和陶瓷砖选购时，在考虑其美观的同时，还应考虑其内在质量，通过轻轻敲击听其声音的方法可以辨别其致密度等。

本课程为装饰材料的选购提供以下原则：

（1）考虑建筑的类型和档次，如纯毛手工编织地毯适合高级宾馆和高档次建筑，化纤地毯、混纺地毯适合一般公共建筑。

（2）考虑装饰材料对装饰效果的影响，而装饰效果是通过材料的质感、尺度、线型、纹理、图案、色彩等来实现的。不同装饰材料其质感不同，如金属赋予坚硬、沉重、寒冷的质感，而皮革、丝织品则具有柔软、轻盈和温暖的效果。

（3）考虑建筑装饰材料的耐久性，即装饰材料应具有良好的力学性能（较高的强度、良好的耐磨性和耐冲击性等）、物理性能（良好的耐水性、抗渗性、抗冻性、耐热性和吸音隔音性等）以及化学性能（良好的耐酸碱性、耐大气侵蚀性、耐污染性和抗风化性等）。

（4）建筑装饰材料的环保性，即指装饰材料无毒、无害、无污染，不会发生霉变锈蚀，遇火不会产生有害气体；且对人体具有一定的功能或保健作用，即能帮助人们解除疲劳，促进人体血液循环。

了解了这些选购原则，学生在实际装饰中上手较快。

1.2 使学生了解建筑装饰的历史文化意义

建筑装饰作为艺术文化，与历史、民俗文化等有紧密的联系，如现存的一些古建筑中的梁、柱、门、窗和屋脊等，不仅造型、装饰美观，而且装饰题材的意义深刻。不同的建筑及其装饰都有其独特的故事，建筑装饰题材一般可表征地位、传达伦理道德、祈福辟邪和警示等民俗文化特征和意义，学生可从其中了解到历史文化，有助于提高学生的文化和道德素养。

1.2.1 表征地位

建筑装饰作为传达身份和地位等公共意义的手段，装饰题材反映了建筑居住者或使用者的身份与社会地位。例如，商周时，帝王诸侯建筑正门的装饰采用兽面铺首以象征其至高无上的统治地位；魏晋时，屋脊饰有鸱尾的门庑是贵族府邸的地位标志，唐代时的乌头门也起到相同的地位表征意义；明清时，“龙凤”题材是皇家建筑专用的装饰题材，“麒麟”则用于民间。又如，清代彩画就根据装饰的繁简、色彩、内容等有明确的等级规定：和玺彩画用于宫殿主要建筑；旋子彩画用于宫殿次要建筑；苏式彩画处于过渡的层次，少量用于宫殿建筑，大量用于普通百姓建筑；地方彩画用于普通的民间建筑。再如，黄色属“土”，居于中央，是权力的象征，成为皇帝的颜色。在清代，黄色琉璃瓦只限于皇家建筑的装饰，王宫府第只能用绿色的琉璃瓦，如无特许，普通大臣和百姓绝不能使用琉璃。

1.2.2 社会伦理教化

建筑装饰题材的一个重要社会功能是“成教化、助人伦”。中国历代统治者大力推崇仁义、孝悌、忠信之类的伦理道德，中国自古至今的建筑装饰题材用以宣扬“忠孝义节”，教化人们要忠诚、孝顺、仁义，有“松竹梅兰菊”的文人气节等。例如，安徽西递村悬挂的“孝”字是象形字，是一个跪拜之子，而不孝则是猴，非人也。在古代一些大家的院落中常用“二十四孝”图进行装饰，以弘扬孝悌、教育家族子孙孝敬长辈。牌坊也是古代社会宣扬“忠孝义节”的纪念性建筑，根据其功能不同，牌坊可分为贞节牌坊、孝义牌坊、功德牌坊等，这类装饰性建筑在中国古代城镇村落中普遍存在，用以弘扬社会伦理美德，颂扬妇女贞操、孝顺父母、扶贫救弱、精忠报国等，教化社会民众识仁义、知廉耻。在中国古代建筑装饰中还有一些具有教育意义的装饰题材，如“文王访贤”“孟母三迁”“竹林七贤”“三顾茅庐”“桃园三结义”“梁山聚义”“岳母刺字”“杨门女将”“木兰从军”等内容。在建筑装饰这门课程中，通过这些有教育意义的装饰题材来教导学生孝顺、诚信、仁义、有骨气以及为国家的繁荣昌盛而奋斗终生的爱国主义，避免学生受到社会上的一些享乐主义、不孝、没有诚信等不良风气的影响。

1.2.3 祈福辟邪与禁忌警示

在建筑空间中以直接或间接的方式和形式组合成吉祥的图画来表达祈福求吉的意愿，如“鲤鱼跃龙门”象征对祈求功名的学子们的美好祝愿。还采用一些组合，如鹿与荷花、喜鹊与梅花、花瓶与大象、蝙蝠与寿字、凤凰与牡丹等，通过谐音转化为“六合同春”“喜上眉梢”“太平有象”“五福捧寿”“富贵高升”等吉祥成语。在装饰中人们还往往选择一些传说中具有超自然力量并可以寄望保佑自己免受伤害的一些装饰图案或装饰物，以求得镇守辟邪、保宅安宁，如巷道正对大门时被认为“犯冲”，在门口立一块刻有“泰山石敢当”文字的石块即可辟邪；凶猛、威武的石狮子放于大门口，可用于驱邪镇宅。建筑装饰还具有警示、告诫的象征意义，如装饰的题材常选用一种贪婪无比的怪物，吃遍人间金银财宝，犹贪心不足，妄想连天上的太阳也吞吃，结果蹈东海而亡，其意义在于警戒世人不可贪得无厌。装饰中还选用“莲”的装饰图案，以警示做官的人清正廉洁。

1.3 提高学生的审美情趣

建筑装饰是艺术的体现，其美感来源于许多不同的因素，主要取决于装饰材料本身的形式、色彩和质感。学生可从装饰中学到空间的艺术分割、材料比例的协调以及色彩的选取和搭配等美学原则，从而培养学生的审美意识、提高审美能力。

1.3.1 形式

材料本身的形状、尺寸以及材料组合后形成的界面图形、界面边缘及材料交接处的线脚等，结合一些美学规律和手法进行排列组合，从而可以获得较好的装饰效果。要善于利用材料本身的图案、纹理，如天然大理石的图案以及天然木材的纹理，自然美观，装饰起来有一种返璞归真的感觉。装饰材料与装饰部位应有合适的比例，否则即使是装饰效果非常好的材料，可能因其尺寸比例失调而达不到应有的装饰效果。例如，尽管水晶宫灯非常漂亮，如果装饰在面积较小、房高较低的空间，不但起不到好的装饰效果，反而侵占了建筑的空间。

1.3.2 色彩

色彩是建筑装饰的灵魂，它是构成人造环境的重要内容。在装饰中运用对比色可达到强调某种艺术气氛的目的，如北京天坛太和殿外部多种色彩的运用有简有繁、有细有粗，彼此呼应，获得浑然一体的艺术效果。善于利用渐变色，在装饰中运用浅灰、棕褐、线绿、浅黄、浅蓝等作为原色，同时避免大面积的单色，再配以精致淡雅的装饰和家具、陈设、建筑小品等，可使色彩更加协调、更美观。色彩不仅美化建筑和环境，合理的色彩搭配还使人生理和心理上均能产生良好的效果。如暖色调使人感到热烈、兴奋、温暖；冷色调使人感到宁静、幽雅、清凉；淡黄、橘黄等色，能增进食欲；淡绿、淡蓝、淡黄等色调，以使人感到安静和安全。

1.3.3 质感

质感是对装饰材料外观质地的一种整体感觉，包括装饰材料的粗细、纹理及图案、软硬、颜色的深浅、光泽度、透明度等。不同的材料其质感不同，产生不同的空间比例感和视觉效果。如天然纹理及质地的木材给人以亲切淳朴之感，凿毛的花岗岩则表现出厚重、粗犷和力量，而磨光的镜面花岗岩则让人感觉轻巧和富丽堂皇。充分利用这些质感和联想，可使人们获得艺术上的良好感受。

1.4 提高学生的实践能力

建筑装饰理论只有应用于实践才能发挥其作用，在学习了装饰材料、装饰中的历史文化意义以及装饰中的美学原则后，本课程还设计了实践教学环节，即装饰材料的市场调查、装饰方案的设计以及现场装饰的实习等。市场调查使学生对装饰材料的认识从理性到感性，更接近实际，并能了解装饰市场的新动态，学生更易掌握装饰材料方面的知识。装饰方案的设计以及现场装饰的实习有助于提高学生对装饰材料的实际应用能力，提高学生在建筑装饰中整体设计能力，使学生懂得装饰材料的选择和选购、装饰材料在实际装饰中如何施工，切实提高学生的能力，以便学生在将来的实际装饰工程中上手快，少走弯路或不走弯路。

思考题

1. 建筑装饰材料有哪些种类？其选购原则有哪些？
2. 举例说明建筑装饰中的历史文化意义。
3. 建筑装饰的美学原则是通过哪些手段来实现的？

2 建筑装饰石材

本章主要介绍了天然石材和人造石材的种类、性质、装饰效果、应用、保养以及选购方法等。

石材是建筑装饰工程中广泛使用的材料之一。天然石材是建筑装饰材料中的瑰宝，人类应用石材创造建筑艺术精品追溯甚远，在世界各国的建筑文化史上，是石材清楚地记录着其辉煌的文明。而今，在能工巧匠的手中，石材成为名牌、精品，并承载着文化，承载着艺术。特别是创建于前秦建元二年的敦煌莫高窟，秦代开始兴建的万里长城，始建于北魏时期的大同云冈石窟、河南洛阳的龙门石窟，隋初建成的河北赵州桥，元明清时期的宫殿、陵墓等，都是自然与人文完美结合的杰作和人类文化的宝贵遗产。从世界顶级的精品工程到平民百姓的房屋装修，石材因其高贵典雅、返璞归真的天然本色，成为当今室内外装饰工程的首选材料。

随着科学技术的发展，人造石材作为一种新型的饰面材料，正在广泛地应用于建筑室内外装饰，具有极其广阔的发展前途。

2.1 天然石材的特点、形成和分类

所谓天然石材，是指从天然岩体中开采出来的毛料，经过加工成为板状或块状的饰面材料。天然石材是最古老的建筑装饰材料之一，世界上许多的古建筑都是由天然石材建造和装饰而成的。早在2 000多年前的古罗马时代，就开始使用白色及彩色大理石作为建筑饰面材料。意大利著名的比萨斜塔全是由大理石建成的，总重达14.45×10^4t。古埃及的金字塔、太阳神庙，都是最有历史代表性的石材建筑。中国在战国时代就有石基、石阶，东汉时就有全石建筑，隋唐时代石建筑更是处于鼎盛时期。宋代在惠安建造了全石结构的崇武古城，石砌的城墙高达7 m，长达2 455 m，异常壮观。众所周知的河北赵州桥、福建泉州的洛阳桥，其最重的石块达200 t，均为著名的古代建筑。我国明清故宫宫殿基座、栏杆都是用汉白玉建造的。在现代建筑中，北京的人民英雄纪念碑、人民大会堂、北京火车站、毛主席纪念堂等，也都是大量使用天然石材的建筑典范。

2.1.1 天然石材的优缺点

（1）在我国，天然石材蕴藏量丰富、分布很广，便于就地取材。

（2）石材结构致密，抗压强度高，大部分石材的抗压强度可达100 MPa以上。

（3）耐磨性好。

（4）耐水性好、抗冻性好。

（5）装饰性好，即石材具有纹理自然、质感稳重、庄严、雄伟的艺术效果。

（6）耐久性很好，使用年限可达百年以上。

天然石材的主要缺点是：质地坚硬，加工困难，自重大，开采和运输不方便。

2.1.2 岩石的形成及分类

岩石由造岩矿物组成，不同的造岩矿物在不同的地质条件下形成不同性能的岩石。

1. 造岩矿物

矿物是具有一定化学成分和一定结构特征的天然化合物或单质体，岩石为矿物的集合体，组成岩石的矿物称为造岩矿物。各种造岩矿物各具不同颜色和特征，建筑装饰工程中常用装饰石材的主要造岩矿物如表2.1所示。

表2.1 常用装饰石材的造岩矿物

造岩矿物	颜 色	特征
石英	无色透明	性能稳定
长石	白色、浅灰色、桃红色、红色、青色、暗灰色	风化慢
云母	无色透明至黑色	易裂成薄片
角闪石、辉绿石、橄榄石	深绿色、棕色、黑色（暗色矿物）	开光性好、耐久性好
方解石	白色、灰色	开光性好、易溶于含 CO_2 的水中
白云石	白色、灰色	开光性好、易溶于含 CO_2 的水中
黄铁矿	金黄色（二硫化铁）	二硫化铁为有害杂质，遇水及氧后生成硫酸，污染及破坏岩石

大自然中大部分岩石都是由多种造岩矿物组成，如花岗岩是由长石、石英、云母及某些暗色矿物组成的，因此，颜色多样；只有少数岩石由一种矿物组成，如白色大理石由方解石或白云石所组成。因此，岩石并无确定的化学成分和物理性能，同种岩石，产地不同，其矿物组成和结构均有差异，因而岩石的颜色、强度等性能也均不相同。

2. 岩石的形成和分类

各种造岩矿物在不同的地质条件下，形成不同类型的岩石，按地质分类法，可分为以下三大类。

（1）火成岩：火成岩又称为岩浆岩，它是因地壳变动，熔融的岩浆由地壳内部上升后经冷却而成的。火成岩是组成地壳的主要岩石，占地壳总质量的89%。根据岩浆冷却条件的不同，又分为深成岩、喷出岩和火山岩3种。

1）深成岩。深成岩是地壳深处的岩浆，在很大的覆盖压力下缓慢冷却而成的岩石，其特征是：构造致密，结晶完整，晶粒粗大，抗压强度高，孔隙率和吸水率小，表观密度大，抗冻性好，耐磨性好，耐久性好。如花岗岩、闪长岩、正长岩、橄榄岩、辉长岩等。

2）喷出岩。喷出岩是熔融的岩浆喷出地面后，在压力降低，迅速冷却的条件下形成的岩石。由于岩浆喷出地表时，压力和温度急剧降低，冷却较快且不均匀，因而大部分岩浆来不及完全结晶，多呈隐晶质（细小的结晶）或玻璃质（非晶质）结构。当喷出的岩浆层较厚时，形成的岩石特征近似深成岩；若喷出的岩浆层较薄时，则形成的岩石常呈多孔结构，如玄武岩、辉绿岩、安山岩等。

3）火山岩。火山岩又称火山碎屑岩。火山岩是火山爆发时，岩浆被喷到空中，经急速冷却后落下而形成的碎屑岩石。由于冷却速度过快未能结晶，形成玻璃质结构及多孔构造。有散粒状的火山岩，如火山灰、火山砂、浮石等。也有由散粒状火山岩堆积而受到覆盖层压力作用并凝聚成大块的胶结火山岩，如火山凝灰岩。火山岩都是轻质多孔结构的材料，其中火山灰被大量用作水泥的混合材料，而浮石可用作轻质骨料。

（2）沉积岩：沉积岩又称为水成岩，是由地表的各类岩石经自然界风化作用破坏后被水流、冰川或风力搬运至不同地方，再经逐层沉积并在覆盖层的压力作用或天然矿物胶结剂的胶结作用下重新压实胶结而成的岩石。其主要存在于地表及不太深的地下，具有明显的层状构造，各层的成分、结构、颜色、厚度都有差异。与火成岩相比，其特征是：结构致密性较差，表观密度较小，孔隙率及吸水率均较大，强度较低，耐久性较差。根据沉积方式，又可分为以下三种：

1）机械沉积岩。它是各种岩石风化后，经流水、冰川或风力作用搬运，逐渐沉积而成。这类岩石的特点是矿物成分复杂，颗粒粗大。散状的有黏土、砂、砾石等，它们经自然胶结物胶结后就形成相应的页岩、砂岩、砾岩等。

2）化学沉积岩。原生岩石经化学分解后，其中的易溶组分常呈溶液或胶体被水流搬运至低洼处沉淀形成。这类岩石的特点是颗粒细，矿物成分较单一，物理力学性能也较机械沉积岩均匀。化学沉积岩主要有菱镁矿、白云岩、石膏及部分石灰岩等。

3）生物沉积岩。生物沉积岩由海水或淡水中的生物死亡后的残骸沉积而成。这类岩石大都质轻松软，强度极低。主要的生物沉积岩有石灰岩、石灰贝壳岩、白垩、硅藻土等。

沉积岩虽然只占地壳总质量的5%，但在地球上分布极广，约占地壳表面积的75%，加之藏于地表不太深处，故易于开采。沉积岩用途广泛，其中最重要的是石灰岩。石灰岩是烧制石灰和水泥的主要原料，更是配制普通混凝土的重要组成材料。石灰岩也是修筑堤坝和铺筑道路的原材料。

（3）变质岩：变质岩是由原生的火成岩或沉积岩，经过地壳内部高温、高压等作用后而形成的岩石。变质的结果，不仅可以改变岩石的结构和构造，甚至生成新的矿物。其中沉积岩变质后，性能变好，结构变得致密，坚实耐久，如石灰岩（沉积岩）变质为大理石；而火成岩经变质后，性质反而变差，例如，花岗岩（深成岩）变质成的片麻岩，易产生分层剥落，使耐久性变差。建筑装饰中常用的几种岩石的一般物理力学性能如表2.2所示。

表2.2 装饰用岩石的物理力学性能

岩石种类	岩石名称	主要成分	表观密度/（kg/m³）	密度/（g/cm³）	抗压强度/MPa	抗折强度/MPa
岩浆岩	花岗岩	SiO_2	2 400~2 500	2.61~2.70	107~212	10~21
变质岩	大理石	$CaCO_3$	2 450~2 530	2.64~2.72	120~344	8~24
	板岩	$CaCO_3$	2 540~2 620	2.74~2.82	69~103	62~89
	滑石	$CaCO_3$	2 750	2.73	62~70	21~36

续表

岩石种类	岩石名称	主要成分	表观密度/（kg/m³）	密度/（g/cm³）	抗压强度/MPa	抗折强度/MPa
沉积岩	石灰石	$CaCO_3$	1 950~2 530	2.10~2.75	18~147	4~14
	砂岩	$CaCO_3$	2 080~2 470	2.14~2.66	28~441	10

2.2 常用天然石材的技术性能、品种和应用

2.2.1 天然大理石

我国天然装饰石材资源丰富，主要为大理石和花岗石。大理石是大理岩的俗称，又称云石。大理石是一种变质岩，它是由石灰岩、白云岩、方解石、蛇纹石等变质而成，其主要矿物成分为方解石和白云石。大理石的主要化学成分如表 2.3 所示。

表 2.3 大理石主要化学成分

化学成分	CaO	MgO	SiO_2	Al_2O_3	Fe_2O_3	SO_3	其他（Mn、K、Na）
含量/%	28~54	13~22	3~23	0.5~2.5	0~3	0~3	微量

1. 大理石的物理力学特性

（1）结构致密，抗压强度高，一般强度可达 100~150 MPa，表观密度为 2 700 kg/m³左右。

（2）质地致密而硬度不大，属中硬石材。故大理石较易进行锯解、雕琢和磨光等加工。

（3）装饰性好，即大理石一般均含有多种矿物，故常呈多种色彩组成的花纹。开光性好，抛光后光洁细腻，如脂似玉，纹理自然。

（4）吸水率低，一般吸水率小于 1%。

（5）耐磨性较好，莫氏硬度一般为 3~4，耐磨性不如花岗石。

（6）耐久性好，一般使用年限为 40~100 年。

（7）抗风化性较差，大理石的主要化学成分为碱性物质 $CaCO_3$，易被酸侵蚀，故除个别品种（汉白玉、艾叶青等）外，一般不宜用作室外装饰。

（8）镜面光泽度好。光泽度是指在指定的几何条件（距离、角度）下，将试样置于标准光泽度测定仪上，其镜面反射光通量与相同条件下标准黑玻璃板镜面反射光通量的比值乘以 100。

大理石板材大部分需经抛光处理，抛光面应具有镜面光泽，能清晰地反映出景物。

板材光泽度标准按板材的主要化学成分进行控制，其控制值不应低于表 2.4 所示的规定。

天然大理石的表观密度应≥2.60 g/m³，吸水率≤0.5%，干燥抗压强度≥50.0 MPa，抗折强度≥7.0 MPa。

表 2.4 天然大理石板材镜面光泽度的要求

主要化学成分含量/%				镜面光泽度（光泽单位），≮		
CaO	MgO	SiO_2	灼烧减量	优等品	一等品	合格品
40~56	0~5	0~5	30~45	90	80	70
25~35	15~25	0~15	25~35			
25~35	15~25	10~25	25~35	80	70	60
34~37	15~18	0~1	42~45			
1~5	44~50	32~38	10~20	60	50	40

注：本表摘自《天然大理石》（JC 79—1992）。

2. 天然大理石板材规格、等级和标记

（1）板材规格：经矿山开采出来的天然大理石块称为大理石荒料，大理石荒料经锯切、磨光后就成为大理石板材。天然大理石板材规格分为定型和非定型两类。定型板材为正方形或矩形，其规格如表 2.5 所示。非定型板材的规格由设计单位或施工部门与生产厂家商定。

表 2.5 天然大理石板材定型产品规格（mm）

长	宽	厚	长	宽	厚
300	150	20	610	305	20
300	300	20	610	610	20
305	152	20	900	600	20
305	305	20	915	610	20
400	200	20	1 067	762	20
400	400	20	1 070	750	20
600	300	20	1 200	900	20
600	600	20	1 220	915	20

国际和国内板材的通用厚度为 20 mm，亦称为厚板。随着石材加工工艺的不断改进，厚度较小的板材也开始应用于装饰工程。在 20 世纪 90 年代，国际上曾一度流行薄型装饰石材，其厚度为 10~15 mm。所谓超薄石材，是相对于薄型石材而言的，国际上一般认定厚度在 8mm 以下的石材装饰薄板（矩形）是超薄石材，其产品可直接用胶粘贴到墙上或用作天花板吊顶。

（2）等级和标记：根据《天然大理石建筑板材》（JC 79—1992），天然大理石板材按板材的规格尺寸、允许偏差、外观质量、镜面光泽度分为优等品（A）、一等品（B）、合格品（C）三个等级。

大理石板材的命名顺序为：荒料产地地名、花纹色调特征名称、大理石代号（M）。

板材标记顺序为：命名、分类（普通板材为 N，异型板材为 S）、规格尺寸（长度×宽度×厚度，单位：mm）、等级、标准号。

例如：用北京市房山区白色大理石荒料生产的普型、规格尺寸为 600 mm×400 mm×20 mm的一等品板材表示为：

命名：房山汉白玉大理石；标记：房山汉白玉（M）N600×400×20 BJC79。

3. 天然大理石板材的技术性能

（1）规格尺寸允许误差：规格尺寸应测量长、宽两方向相对边缘及中间各 3 个数值，厚度应测量各边中间厚度的 4 个数值，再分别取平均值。

普型板材规格尺寸的允许偏差应符合标准规定，异型板材规格尺寸允许偏差由供需双方商定。板材厚度小于或等于 15 mm 时，同一块板材上的厚度允许级差为 1 mm；板材厚度大于 15 mm 时，同一块板材上的厚度允许级差为 2 mm。所谓厚度级差，是指同块板材上的厚度偏差的最大值和最小值之间的差值。

（2）平面度允许极限公差：天然大理石板材的平面度是指板材表面用钢平尺所测得的平整程度，用与钢平尺偏差的缝隙尺寸（mm）表示，平面度允许极限公差应符合标准的规定。

（3）角度允许极限公差：角度公差是指板材正面各角与直角偏差的大小。用板材角部与标准钢尺间缝隙的尺寸（mm）表示。

测量时采用内角边长为 450 mm×400 mm 的钢角尺，将角尺的长短边分别与板材的长短边靠紧，用塞尺测量板材与角尺短边间的间隙，当被检角大于 90°时，测量点在角尺根部；当被检角<90°时，测量点在距板部 400 mm 处。当角尺长边大于板材长边时，测量板材的两对角；当角尺长边小于板材长边时，测量板材的四个角。以最大间隙的塞尺读数表示板材的角度极限公差，角度允许极限公差应符合标准的规定。

拼缝板材，正面与侧面的夹角不得大于 90°，若大于 90°，板材拼镶时，板缝的宽度不宜控制。异型板材角度允许极限公差由供需双方商定。

（4）外观质量：天然大理石板材外观质量包括：

1）花纹色调。同一批板材的花纹色调应基本协调。测定时将所选定的协议样板与被检板材同时平放在地面上，距 1.5 m 处目测。

2）缺陷。板材正面的外观缺陷应符合表 2.6 的规定。测定时将板材平放在地面上，距板材 1.5 m 处明显可见的缺陷视为有缺陷；距板材 1.5 m 处不明显，但在 1 m 处可见的缺陷视为无缺陷，缺棱掉角的缺陷用钢直尺测其长度和宽度。

3）黏结和修补。大理石饰面板材在加工和施工过程中有可能由于石材本身或外界原因

表 2.6 天然大理石板材外观质量要求

缺陷名称	优等品	一等品	合格品
翘曲	不允许	不明显	有，但不影响使用
裂纹			
砂眼			
凹陷			
色斑			
污点			
正面棱缺陷长≤8 mm，宽≤3 mm			1 处
正面角缺陷长≤3 mm，宽≤3 mm			1 处

注：本表摘自《天然大理石》（JC 79—1992）。

发生开裂、断裂。在开裂或断裂不严重的情况下，允许黏结或修补，要采用专门的胶黏剂以保证质量，同时黏结或修补后不能影响石材的装饰效果和物理性能。

4. 天然大理石的品和和应用

“大理石”是以云南省大理县的大理城而命名的，大理以盛产大理石而名扬中外。云南大理县的大理石品种繁多，石质细腻，光泽柔润，多彩绚丽，享誉中外。云南大理石的品种主要有以下三大类。

（1）云灰大理石：因其多呈云灰色，或在云灰底色上泛起朵朵酷似天然云彩状花纹而得名（图 2. 1）。云灰大理石加工性能特别好，主要用来制作建筑饰面板材。

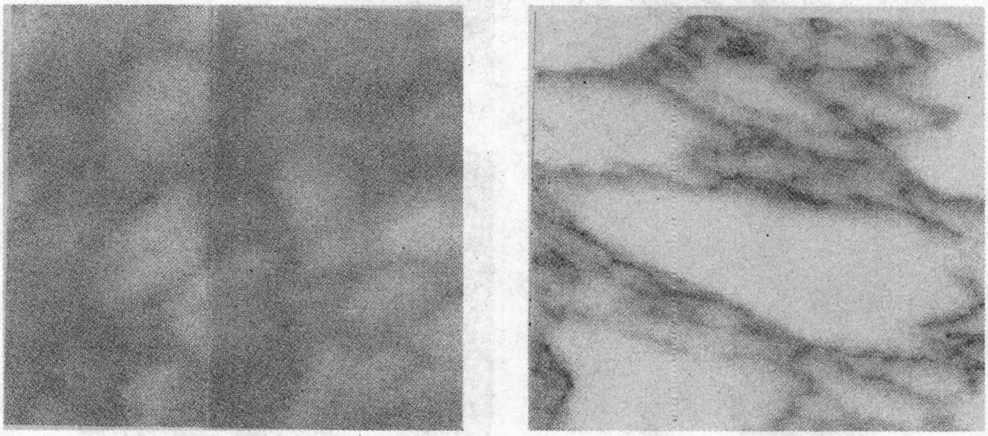

a. 中花白　　b. 大花白

图 2.1　常见云灰大理石

（2）白色大理石：白色大理石洁白如玉，晶莹纯净，倍增生辉，故又称汉白玉、苍山白玉或白玉，它是大理石中的名贵品种（图 2. 2），是重要建筑物的高级装修材料。

汉白玉是大理石中的名贵品种，虽全国许多地方都有出产，但以产于北京房山的最负盛名。它是古老的碳酸盐类岩石（距今 5. 7 亿年）与后期花岗岩侵入体接触，在高温条件下变质而成的。汉白玉的矿物结晶颗粒很细，极为均匀，粒径 0. 1 ~ 0. 25 mm 的居多数。汉白玉色彩鲜艳洁白（乳白、天白色），质地细腻而坚硬，耐风化，是大理石中可用于室外的不多品种之一。

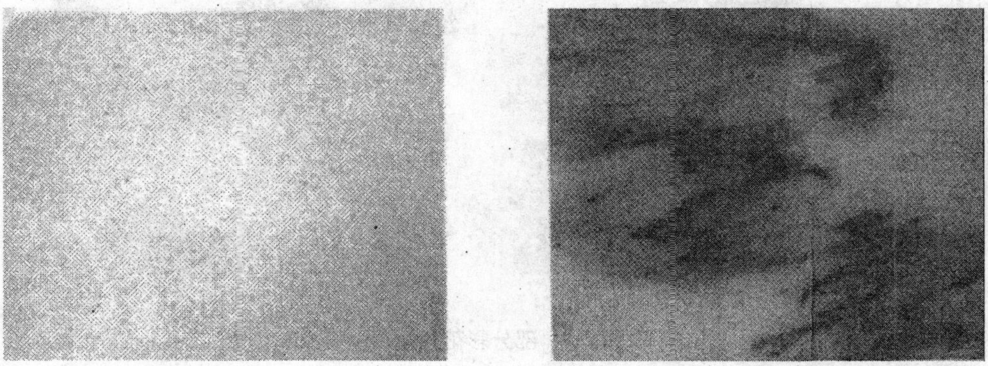

a. 汉白玉　　b. 汉白玉青花

图 2.2　汉白玉

(3) 彩花大理石：彩花大理石呈薄片状，产于云灰大理石层间，是大理石中的精品，经过研磨、抛光，便呈现色彩斑斓、千姿百态的天然图画，如山水林木、花鸟虫鱼、云雾雨雪、珍禽异兽、奇岩怪石等为世界所罕见。一些装饰效果较好的彩花大理石如图 2.3 所示。彩花大理石按其花纹、色泽的不同，又分为“绿花”“秋花”和“水墨花”三个品种，其中“水墨花”因其图案有黑色、淡黑色的花纹，酷似优美的水墨画，是大理石中最美的一种，天然石纹宛如出自丹青妙笔。

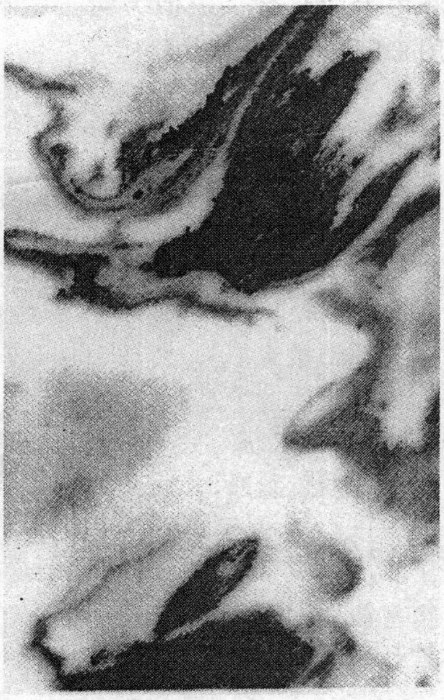

a. 鹰击鱼跃

b. 泰山舍身崖

c. 美女

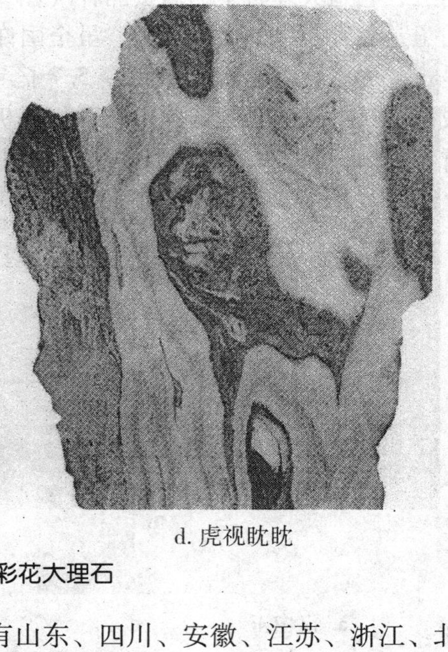

d. 虎视眈眈

图 2.3 部分彩花大理石

我国大理石主要产地除云南大理县外，还有山东、四川、安徽、江苏、浙江、北京、辽宁、广东、福建、湖北等，遍布全国24个省市。国内大理石主要品种如表2.7所示。

表2.7 国内大理石主要品种

品种	花色特征	产地
莱阳绿	深绿色，带有黑斑块，花纹斑点较大	山东莱阳
栖霞绿	浅绿色，带有灰、白、黑斑块及白线	山东栖霞
条灰	灰白色，黑白直线，线条清晰均匀	山东掖县
铁岭红	玫瑰红、肉红、深红、棕红，并带有不同花纹	辽宁铁岭
纹脂奶	底色乳白色、淡黄色，带有红色条纹	贵州贵阳
晶墨玉	全黑色，稍带白筋，以“黑桃皇后”著称	贵州贵阳
紫地满天星	咖啡色，花纹密集而均匀	重庆市
汉白玉	玉白色，微有杂点和脉	北京房山、湖北黄石
晶白	白色晶体，细致而均匀	湖北
雪花	白间有淡灰色，有均匀中晶，有较多黄杂点	山东掖县
雪云	白和灰白相间	广东云浮
墨晶白	玉白色，微晶，有黑色脉纹或斑点	河北曲阳
影晶白	乳白色，有微红至深诸色的浅纹	江苏高资
风雪	灰白间有深灰色晕带	云南大理
冰浪	灰白色，均匀粗晶	河北曲阳
黄花玉	淡黄色，有较多稻黄脉络	湖北黄石
凝脂	猪油色底，稍有深黄细脉，偶带透明杂晶	江苏宜兴
碧玉	嫩绿或深绿和白色絮状相渗	辽宁连山关
彩云	浅翠绿色底，深浅绿絮状相渗，有紫斑和脉	河北获鹿镇

天然大理石板材为高级饰面材料，主要用于建筑装饰等级要求较高的建筑物。大理石适用于纪念性建筑、大型公共建筑，如宾馆、展览馆、影剧院、商场、图书馆、机场、车站等建筑物的室内墙面、柱面、地面、楼梯踏步等的饰面材料。除少量质地纯正、杂质少、比较稳定的品种如汉白玉、艾叶青等大理石外，一般只用于室内。

用大理石边角料做成“碎拼大理石”墙面或地面（图2.4），格调优美，乱中有序，别有风韵，且造价低廉。可以用于点缀高级建筑的庭园、走廊等部位，使建筑物丰富多彩。

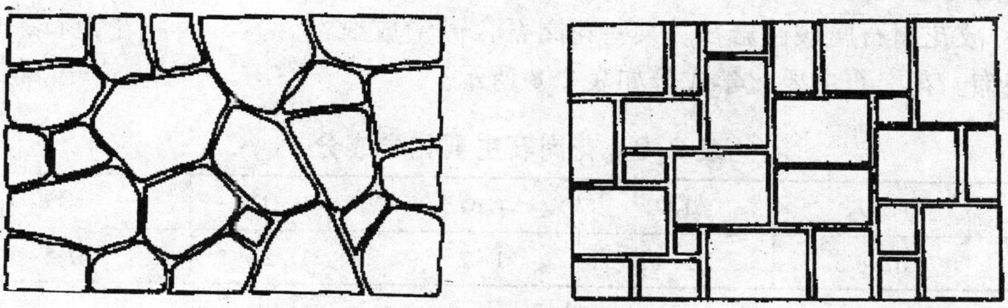

图2.4 碎拼大理石

2.2.2 天然花岗石

花岗石为典型的火成岩（深成岩），又称麻石，其矿物组成主要为长石、石英及少量暗色矿物和云母。

花岗石为全晶质结构的岩石，按结晶颗粒的大小，通常分为细粒、中粒和斑状等几种。常见品种如图 2.5 所示。花岗石的颜色取决于其所含长石、云母及暗色矿物的种类及数量，常呈灰色、黄色、蔷薇色和红色等，以深色花岗岩比较名贵。优质花岗岩晶粒细而均匀，构造紧密，石英含量多，云母含量少，不含黄铁矿等杂质，长石光泽明亮，没有风化迹象。

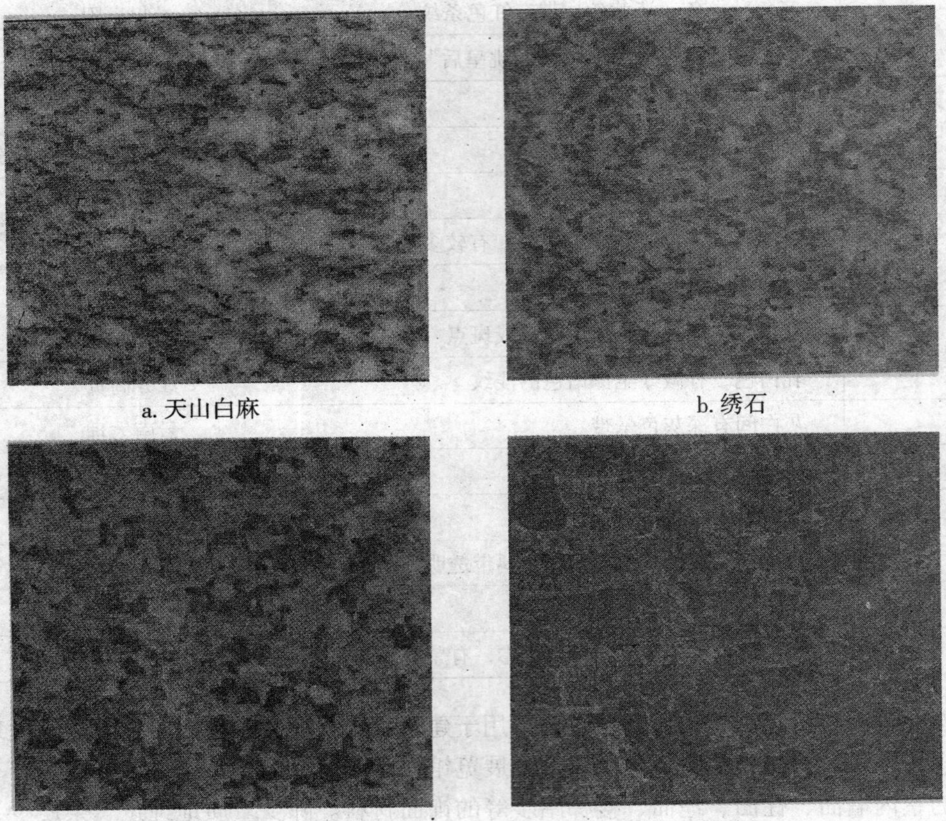

a. 天山白麻　b. 绣石　c. 西丽红　d. 枫叶红

图 2.5 常见花岗石品种

花岗石的化学成分随产地不同而有所区别，但各种花岗石 SiO_2 含量均很高，一般为 67%~75%，故花岗石属酸性岩石。某些花岗石含微量放射性元素，因此花岗石一般应避免用于室内装饰。花岗石主要化学成分如表 2.8 所示。

表 2.8 花岗石主要化学成分

化学成分	SiO_2	Al_2O_3	CaO	MgO	Fe_2O_3
含量/%	67~75	12~17	1~2	1~2	0.5~1.5

1. 花岗石主要物理力学特性

（1）密度大，表观密度为 2 600~2 800 kg/m^3。

（2）结构致密、抗压强度高，一般抗压强度可达 120~250 MPa。

（3）孔隙率小，吸水率极低。

（4）材质坚硬，具有优异的耐磨性。

（5）化学稳定性好，不易风化变质，耐酸性很强。

（6）装饰性好，磨光花岗石板材表面平整光滑，色彩莹润，质感坚实，华丽庄重。

（7）耐久性好，细粒花岗石使用年限可达 500~1 000 年之久，粗粒花岗石可达 100~200 年。

（8）花岗石不抗火，因其含大量石英，石英在 573 ℃和 870 ℃的高温下均会发生晶态转变，产生体积膨胀，故火灾时花岗石会产生严重开裂破坏。

（9）镜面光泽度较好。含云母较少的天然花岗石具有良好的开光性，但含云母（特别是黑云母）较多的花岗石，因云母较软，抛光碾磨时，云母易脱落，形成凹面，不易得到镜面光泽。

（10）少量具有天然放射性。国家建材局发布的《天然石材产品放射性防护分类控制标准》（JC 518—1993）中规定，天然石材产品（花岗石和部分大理石），根据镭当量浓度和放射性比活度限值分为三类：A 类产品不受使用限制；B 类产品不可用于居室的内饰面，但可以用于其他一切建筑物的内外饰面；C 类产品只可用于一切建筑物的外饰面。放射性水平超过此限值的花岗石和大理石产品，其中的镭、钍等放射元素衰变过程中将生成天然放射性气体氡。氡是一种无色、无味、感官不能觉察的气体，特别是易在通风不良的地方聚集，可导致肺、血液、呼吸道发生病变。

天然花岗石的表观密度应≥2.56 g/m^3，吸水率≤0.6%，干燥抗压强度≥100.0 MPa，抗折强度≥8.0 MPa。

2. 花岗石板材规格、等级和标记

天然花岗石板材按形状可分为普型板材（标记为 N）和异性板材（标记为 S）。按其表面平整加工程度可分为细面板材（标记为 RB）、镜面板材（标记为 PL）、粗面板材（标记为 RU）三类。

（1）板材规格：天然花岗石板材的规格很多，细面和镜面花岗石板材的定型产品规格如表 2.9 所示。非定型产品板材规格由设计或施工部门与生产厂家商定。

表 2.9 天然花岗石板材定型产品规格（mm）

长	宽	厚	长	宽	厚
300	300	20	610	610	20
305	305	20	900	600	20
400	400	20	915	610	20
600	300	20	1 067	762	20
600	600	20	1 070	750	20
610	305	20			

（2）等级和标记：花岗石的等级和标记如下。

1）等级：天然花岗石板材根据部颁标准《天然花岗石建筑板材》（JC 205—1992），按规格尺寸允许偏差、平面度允许极限公差、角度允许极限公差、外观质量分为优等品（A）、一等品（B）、合格品（C）三个等级。

2）命名与标记：根据部颁标准《天然花岗石建筑板材》（JC 205—1992）对天然花岗石板材的命名和标记方法进行。

花岗石板材的命名顺序为：荒料产地地名、花纹色调特征名称、花岗石代号（G）。

板材标记顺序为：命名、分类（普通板材为N，异型板材为S）、规格尺寸（长度×宽度×厚度，单位：mm）、等级、标准号。

例如，用山东济南黑色花岗石荒料生产的普型、镜面、规格尺寸为400 mm×400 mm×20 mm的优等品板材表示为：

命名：济南青花岗石。

标记：济南青（G）　NPL400×400×20 AJC205。

3. 天然花岗石板材的技术性能

（1）规格尺寸允许偏差：普型板材规格尺寸允许偏差应符合标准规定。其规格尺寸的测定方法和偏差的取值同大理石板材。异型板规格尺寸允许偏差由供需双方商定。板材厚度小于或等于15 mm，同一块板材上的厚度允许极差为1. 5 mm；板材厚度大于15 mm，同一块板材上的厚度允许极差为3. 0 mm。

（2）平面度允许极限公差：平面度允许极限公差应符合标准规定，测定方法同天然大理石板材。

（3）角度允许极限公差：角度允许极限公差应符合标准规定，测定方法同天然大理石板材。拼缝板材正面与侧面的夹角不得大于90°，异型板材角度允许极限公差由供需双方商定。

（4）外观质量：天然花岗石板材外观质量包括：

1）色调花纹：同一批板材的色调花纹应基本协调，测定方法同大理石板材。

2）外观缺陷：板材正面的外观缺陷应符合表2. 10所示的规定。

表2. 10　天然花岗石板材的外观质量要求（mm）

<table>
<tr><th>名称</th><th>规定内容</th><th>优等品</th><th>一等品</th><th>合格品</th></tr>
<tr><td>缺棱</td><td>长度不超过10 mm（长度小于5 mm不计），周边每米长/个</td><td rowspan="6">不允许</td><td rowspan="4">1</td><td rowspan="4">2</td></tr>
<tr><td>缺角</td><td>面积不超过5 mm×2 mm（面积小于2 mm×2 mm不计），周块板/个</td></tr>
<tr><td>裂纹</td><td>长度不超过两端顺延至板边总长度的1/10（长度小于20 mm不计），每块板/条</td></tr>
<tr><td>色斑</td><td>面积不超过20 mm×30 mm（面积小于15 mm×15 mm不计），周块板/个</td></tr>
<tr><td>色线</td><td>面积不超过两端顺延至板边总长度的1/10（长度小于40 mm不计），周块板/条</td><td>2</td><td>3</td></tr>
<tr><td>坑窝</td><td>粗面板材的正面出现坑窝</td><td>不明显</td><td>出现，但不影响使用</td></tr>
</table>

注：本表摘自《天然花岗石建筑板材》（JC 205—1992）。

4. 天然花岗石的品种和应用

我国花岗石储量丰富，主要产地有山东的泰山和崂山（北京人民英雄纪念碑就取材于此）、四川石棉县（毛主席纪念堂的台基取材于此，为红色花岗石，象征着红色江山坚如磐石）、湖南衡山、江苏金山和焦山、浙江莫干山、北京西山、安徽黄山、陕西华山，福建、广东、河南、山西、黑龙江等地也有出产。国内主要花岗石板材品种及规格如表 2.11 所示。

在世界石材贸易市场中，花岗石产品所占的比例不断增长，约占世界石材总产量的36%。在国际上，花岗石板材可分为三个档次：高档花岗石抛光板主要品种有巴西黑、非洲黑、印度红等，这一类产品的主要特点是色调纯正、颗粒均匀，具有高雅、端庄的深色调；

表 2.11 国内主要花岗石板材品种、特色及规格

品种	花色特征	规格/mm	生产厂
济南青	黑色，有小白点	各种规格	北京市大理石厂
白虎涧	肉粉色带黑斑	各种规格	
将军红	黑色棕红浅灰间小斑块	各种规格	
白虎涧（粗磨板）	肉粉色带黑斑	500×400×20	北京花岗石厂
白虎涧（细磨板）	肉粉色带黑斑	500×400×20	
白虎涧（踏步板）	肉粉色带黑斑	130×450×12	
白虎涧（地面板）	肉粉色带黑斑	130×450×12	
黑花岗石	黑色，分大、中、小花	600×500×20	山东临沂大理石厂
莱州白	白色黑点	900×600×20 600×600×20	山东掖县大理石厂（莱州牌）
莱州青	黑底青白点	900×600×20 600×600×20	
莱州黑	黑底灰白点	900×600×20 600×600×20	
莱州红	粉红底深灰点	600×600×20	
莱州棕黑	黑底棕色	600×600×20	
济南青	纯黑	1200×900×20 1070×750×20 900×600×20 600×600×20 600×300×20	济南市花岗石厂
红花岗石	紫红色	按需要尺寸加工，厚 20	
白花岗石	白色	1200×900×20 1070×750×20 900×600×20 600×300×20	

续表

品种	花色特征	规格/mm	生产厂
济南青	黑色	900×600×20 800×400×20 600×600×20	湖北黄石市大理石厂
芝麻青	白底、黑点	600×400×20	
红花岗石	红底起白点花	600×300×20 400×400×20 300×300×20	

中档花岗石板材主要有粉红色、浅紫罗兰色、淡绿色等，这一类产品多为粗、中粒结构，色彩均匀变化少；低档花岗石板材主要为灰色、粉红色等色泽，即一般的花岗石及灰色片麻石等，这一类的特点是色调较暗淡、结晶粒欠均匀。

花岗石自古就是优良的建筑石材，但因其坚硬，开采加工较困难，故造价较高，属于高级装饰材料，主要应用于大型公共建筑或装饰等级较高的室内外装饰工程。花岗石因不易风化，外观色泽可保持百年以上，所以粗面和细面板材常用于室外地面、墙面、柱面、基座、台阶；镜面板材主要用于室内外地面、墙面、柱面、台面、台阶等，特别适合做大型公共建筑大厅的地面。

除天然石材制成的板材外，一些奇石摆件（如鸡血石、寿山石、各种玉石）在室内也能起到很好的装饰作用。

2.2.3 天然石材发展趋势

目前，世界各国采用的天然岩石饰面板材，一般均以标准厚度 20 mm 的为主，但西方一些国家也大量生产厚度为 12~15 mm 的天然石板，特别是大理石板材。同时在一些工业高度发达的国家和地区，如美国、加拿大、澳大利亚、法国、德国和香港等地，为了适应高层建筑对建筑材料轻质化的要求，还推广使用厚度为 8 mm、10 mm、11 mm 的薄型饰面石板。

有迹象表明，今后建筑企业将会更乐于直接购买大规格的岩石毛板或大规格的抛光石板，然后在施工现场按工程实际需要的尺寸，进行现切割、现抛光、现铺贴，从而使建筑物饰面达到既美观又节约材料。

近年来国外还出现了石材与塑料或铝材相结合的复合板材产品，即将大理石薄板背面粘以泡沫聚酯或铝质蜂窝结构材料及玻璃纤维棉毡等，形成具有轻质高强、保温隔热特性的复合板材。

2.2.4 天然石材的选用原则

（1）经济性。尽量采取就地取材，以缩短石材运输距离，减轻劳动强度，降低成本。

（2）选取较高强度与耐久性好的天然石材。

（3）选取装饰丰富而又流行的天然石材。

近几年，大理石的颜色以中国红、石榴红和将军红比较走俏。以内蒙古黑套边与中国红的交替搭配最流行，成为石材地饰的重要款式。用爵士白、啡岗纹、大花绿等进口大理石铺饰地面，再配以欧式窗帘、灯饰和艺术家具等，由此衍生出的地道的“欧式风情”也颇受富有阶层人士的喜爱。米黄玉的大理石和太行红的花岗石等也因其颜色更加符合大部分中国人的审美习惯而大有市场。

从质量上来看，国产石材与进口石材的差距并不大，但是价格相差许多。原因在于进口石材更加富于变化，更具装饰性。

(4) 因有些天然石材存在放射性，因此选取时应注意安全性。天然石材中放射性物质主要为铀、镭和钍系等，放射性元素铀、镭和钍系在衰变过程中会放出 α 粒子、γ 射线和氡气，氡气进一步衰变放出 α 粒子和 γ 射线，对人体产生照射，进而对人的血液循环系统造成危害，如白细胞和血小板减少，严重的还会导致白血病；氡气浓度较高还会提高肺癌的发病率。据统计，人的一生中，如果在氡浓度 370 Bq/m^3 的室内环境中生活，每千人中将有 30～120 人死于肺癌。氡已成为人们患肺癌的主要原因，美国每年因此死亡的达 5 000～20 000人，我国每年也约有 50 000 人因氡及其子体致肺癌而死亡。

我国天然石材按放射性高低被分为 A、B、C 三类，按规定，A 类氡气浓度不高于 70 Bq/m^3；B 类氡气浓度不高于 90 Bq/m^3；C 类氡气浓度不高于 100 Bq/m^3，因此，只有 A 类可用于家居室内装修、较安全。天然装饰石材主要有大理石和花岗石两种，大理石的放射性一般都低于花岗石，大部分可用于室内装修，而花岗石不宜在室内大量使用，尤其不要在卧室、老年人和儿童的房中使用。

2.2.5 天然石材的选购方法

天然石材的选购方法主要有观、量、听和试。

一观，即肉眼观察石材的表面结构。均匀的细料结构的石材具有细腻的质感，装饰效果丰富；天然石材由于地质作用的影响常在其中产生一些细微裂缝，这些细微裂缝影响装饰效果和耐久性。

二量，即量石材的尺寸规格，不规整的尺寸会影响拼接，拼接后的图案、花纹、线条易变形，影响装饰效果。

三听，即听石材的敲击声。优质的石材敲击声清脆悦耳，其致密度高、吸水率低；而声音较沉闷的天然石材的气孔率高、吸水率高，在日常使用中茶渍、污渍易通过气孔进入石材，使石材的耐污性变差。

四试，即用简单的试验方法来检验石材的质量好坏。首先将污渍滴入石材的背面，如果在短时间内污渍不向周围扩散，表明其气孔率低、吸水率低，质量较优；若在短时间内污渍扩散，其质量较差。通过试验还可鉴别天然大理石与人造大理石，在大理石背面滴上几滴稀盐酸，天然大理石因主要成分为碳酸钙，遇酸会剧烈起泡，而人造大理石含碳酸钙较少或者不含碳酸钙，则起泡弱甚至不起泡。

2.3 人造石材的品种、性能及应用

2.3.1 人造石材概述

天然石材因其天然的装饰效果、质感而受到广泛应用，但由于存在资源有限、大面积铺贴存在色差和不同程度的放射性超标等问题，在一定程度上限制了其全方位的发展。而人造

石具有花色可调、大面积铺贴无色差、可利用天然石材开采出来的边角料和节能环保等优势，已成为目前装饰石材行业发展的重要方向。

人造石材在国外已有 50 多年的历史，1948 年意大利就已经成功试制水泥型人造大理石，1958 年美国首先采用各种树脂作为胶黏剂，加入填料和各种颜料，生产出模拟天然大理石纹理的板材。到了 20 世纪 60~70 年代，人造大理石在苏联、意大利、联邦德国、西班牙、英国和日本等国迅速发展起来，其不仅生产装饰板材，还能生产各种异型制品，甚至制作卫生洁具。

我国从 20 世纪 70 年代末，开始从国外引进人造大理石样品、技术资料及成套设备，20 世纪 80 年代进入迅速发展时期。目前有些产品的质量已达到国际同类产品的水平，并成功地应用于高级宾馆的装修。

2.3.2 人造石材特点

人造石材是采用无机或有机胶凝材料作为胶黏剂，以天然砂、碎石、石粉或工业渣等为粗、细填充料，经成型、固化、表面处理而成的一种人造石材，人造石材的特点有：

（1）质量轻、强度大、厚度薄。某些种类的人造石材表观密度只有天然石材的一半，抗折强度可达 30 MPa，抗压强度可达 110 MPa。

（2）色泽鲜艳、花色繁多、装饰性好。人造石材的色泽可根据设计而变，可仿天然花岗石、大理石或玉石，色泽花纹可达到以假乱真的程度；人造石材的表面光泽度较高，某些产品的光泽度指标可大于 100，甚至超过天然石材。

（3）耐腐蚀、耐污染。天然石材或耐酸或耐碱，而聚酯型人造石材，既耐酸又耐碱，同时对各种污染具有较强的耐污力。

（4）便于施工、价格便宜。人造石材可钻、可锯、可黏结，加工性能良好。还可制成弧形、曲面等天然石材难以加工的几何形状。一些仿珍贵天然石材品种的人造石材价格，只有天然石材的几分之一。

但人造石材也有一些缺点，如有的品种表面耐刻画能力较差，某些板材在使用过程会发生翘曲变形等，使人造石材的使用受到一定限制。

2.3.3 人造石材分类

按照生产材料和制造工艺的不同，可把人造石材分为以下几类。

1. 水泥型人造石材

水泥型人造石材是以各种水泥（白色或彩色硅酸盐水泥、铝酸盐水泥等）为胶凝材料，天然沙为细骨料，碎大理石、碎花岗石、工业废渣等为粗骨料，经配料、搅拌、成型、加压蒸养、磨光、抛光而制成。这种人造石材成本低，但耐酸腐蚀能力较差，若养护不好，易产生龟裂。

该类人造石材中，以铝酸盐水泥作为胶凝材料的性能最为优良。因为铝酸盐水泥（亦称矾土水泥）的主要矿物组成为 $CaO \cdot Al_2O_3$（CA），水化后生成的产物中含有氢氧化铝胶体，它与光滑的模板表面相接触，形成氢氧化铝凝胶层。同时，氢氧化铝凝胶体在凝结硬化过程中，不断填充粗细骨料间的空隙，形成致密结构，因而表面光亮，呈半透明状，而且花纹耐久、抗风化，耐火性、抗冻性、防火性等性能优良。缺点是为克服表面返霜，且加入价格较高的辅助材料；底色较深，颜料需要量加大，使成本增加。

2. 聚酯型人造石材

这种人造石材多以不饱和聚酯为胶凝材料，配以天然大理石、花岗石、石英砂或氢氧化铝等无机粉状、粒状材料，经配料、搅拌、浇注成型。在固化剂、催化剂作用下发生固化，再经脱模、抛光等工序制成。这种人造石材的主要优点是光泽度高、质地高雅、强度硬度较高，耐水、耐污染，花色可设计性强。缺点是填料级配若不合理，产品易出现翘曲变形。

（1）分类：根据骨料及所用树脂等主要原材料的不同，树脂型人造石分为人造岗石（简称岗石）、人造石英石（简称石英石）、人造实体面材（简称实体面材）等。

1）岗石：岗石是以大理石、石灰石等的碎料、粉料为主要原材料，添加一定量的黏合材料制成的人造石，简称岗石或人造大理石。其是将原石打碎后加入胶质与石料真空搅拌，并采用高压振动方式制成岩块，再经过切割成为建材石板。

岗石具有造型美观、色泽自然均匀、可加工性强、强度高、吸水率低、无辐射等特点，主要作为室内地面、墙面装饰材料。

2）石英石：石英石以天然石英石（砂、粉）、硅砂、尾矿渣等无机材料（其主要成分为二氧化硅）为主要原材料，添加一定量的黏合材料制成的人造石，简称石英石或人造石英石。石英石是由90%以上的天然石英和10%左右的树脂、色料和其他助剂，经过负压真空、振动成型、加温固化、定型抛光而成的板材。

石英石质地坚硬（莫氏硬度5~7）、结构致密（密度2.5 g/cm^3），具有其他装饰材料无法比拟的耐磨、耐压、耐高温、抗腐蚀、防渗透等特性，目前主要用于厨柜台面、地面等。

3）实体面材：实体面材是以甲基丙烯酸甲酯（MMA，俗名压克力）、不饱和聚酯树脂（UPR）等有机高分子材料为基体，以天然矿石粉、颗粒为填料，加入颜料及其他辅助剂，经真空浇注或模压成型的高分子复合材料。其外观表面光洁，色彩美丽，具有一定的透明度，以其优异的理化性能及天然石材无法比拟的耐污染、抗冲击、可加热弯曲和无缝拼接等成型工艺的灵活性，加之其具有装饰风格的多样性、轻质高强、无放射性等优点，迅速成为国际流行的高档环保装饰材料。目前主要应用于厨房台面、卫浴设施及酒店宾馆的柜台、护墙、护套等装饰装修工程。

聚酯合成石由于生产时所加颜料不同，采用的天然石料的种类、粒度和纯度不同，以及制作的工艺方法不同，则所制合成石的花纹、图案、颜色和质感也就不同，通常制成仿天然大理石、天然花岗石和天然玛瑙石的花纹和质感，故分别被称为人造大理石、人造花岗石和人造玛瑙石。另外，还可以制成具有类似玉石色泽和透明状的人造石材，则称为人造玉石。人造玉石甚至可以惟妙惟肖地仿造出紫晶、彩翠、芙蓉石、山田玉等名贵玉石产品，达到以假乱真的程度。

意大利、伊朗等国生产的仿天然大理石条纹的人造石材，其外貌与天然大理石极为相像，堪称独特产品，但价格昂贵。

（2）聚酯合成石特性：

1）生产设备简单，工艺不复杂。聚酯合成石可以按照设计要求制成各种颜色、纹理、光泽和各种几何形状与尺寸的板材及制品，比天然石材加工容易得多。还可根据需要加入适当的添加剂，制成兼有某些特殊性能的饰面材料。

2）色彩花纹仿真性强，装饰性好。其质感和装饰效果完全可与天然大理石和天然花岗石媲美。

3）强度高，不易碎。其能制成板材厚度薄、重量轻，可直接用聚酯砂浆或107胶水泥浆进行粘贴施工（粘贴施工前，基底应先用 1∶3 水泥砂浆打底），这对减轻建筑物结构自重及降低建筑成本有利。

4）耐腐蚀。因采用不饱和聚酯树脂作为胶结材料，故合成石具有良好的耐酸、碱腐蚀性和抗污染性。

5）会老化。聚酯合成石由于采用了有机胶结料，故它也和其他的有机材料一样，在大气中长期受到阳光、空气、热量、水分等综合作用后，随着时间的延长，会逐渐产生老化，老化后表面将失去光泽，颜色变暗，从而降低其装饰效果。但如果在室内使用，则老化速度变慢，耐久性相对较高。

3. 复合型人造石材

复合型人造石材是指该种石材的胶结料中，既有无机胶凝材料（如水泥），又采用了有机高分子材料（树脂）。

先用无机胶凝材料将碎石、石粉等集料胶结成型并硬化后，再将硬化体浸渍于有机单体中，使其在一定条件下聚合而成。若为板材，其底层就用廉价而性能稳定的无机材料制成，面层则采用聚酯和大理石粉制作。这种构造目前采用较普遍。

4. 烧结型人造石材

这种人造石材的生产与陶瓷等烧土材料的生产工艺类似，是将斜长石、石英、辉石、方解石粉和赤铁矿粉及部分黏土按比例混合（一般黏土 40%，石粉 60%），制备坯料，用半干压法成型，经窑炉 1 000 ℃左右的高温烧成；由于采用高温烧成，所以能耗大，成本高，实际应用较少。

在建筑装饰领域，人造石以其成本和性能优势，逐渐成为建筑装修的主要装饰材料，但在使用过程中，人造石存在耐酸性差、表面光泽度低、功能单一等缺点，因而功能性产品成为一种发展趋势，如发光型人造石、负离子功能人造石、防静电人造石、水晶石等。此类人造石产品在商业领域的运用中将发挥巨大的功能性作用，具有极好的市场前景，将成为未来人造石发展主流。

5. 人造石材的选购

一看：目视样品颜色清纯、不混浊，表面无类似塑料胶质感，板材反面无细小气孔。

二闻：鼻闻无刺鼻化学气味。

三摸：手摸样品表面有丝绸感、无涩感，无明显高低不平感。

四划：用指甲划板材表面，无明显划痕。

五碰：相同两块样品相互敲击，不易破碎。

六查：检查产品有无 ISO 质量体系认证、质检报告，有无产品质保卡及相关防伪标志。

思考题

1. 天然石材是怎么形成的？
2. 天然石材的分类及选购方法是什么？
3. 人造石材的种类及选购方法是什么？

3 建筑装饰陶瓷

陶瓷是建筑中常用装饰材料之一，其生产和应用有着悠久的历史。随着建筑技术的快速发展及人民生活水平的不断提高，建筑装饰陶瓷的生产更加科学化、现代化，品种、花色多样，性能也更加优良。尤其是随着我国房地产业的迅速发展，为适应市场的需求，我国引进了国外的先进生产技术及设备，使我国陶瓷生产有了根本的改变，产品质量达到了国际先进水平。

陶瓷饰面材料具有易清洁、耐蚀、坚固耐用、色彩鲜艳、装饰效果好等特点，因此建筑陶瓷在建筑装饰中得到广泛的应用。

本章主要介绍装饰用艺术陶瓷、陶瓷墙地砖、陶瓷壁画、琉璃制品、卫生洁具等的种类、特点、选购方法等。

3.1 陶瓷的基本知识

3.1.1 陶瓷的概念和分类

1. 陶瓷的概念

传统上，陶瓷的概念是指以黏土及其天然矿物为原料，经过粉碎混练、成型、焙烧等工艺过程所制得的各种制品，亦称为“普通陶瓷”。广义的陶瓷概念是用陶瓷生产方法制造的无机非金属固体材料和制品的统称。

2. 陶瓷的分类

（1）按陶瓷的概念和用途分类：陶瓷制品可分为两大类，即普通陶瓷（传统陶瓷）和特种陶瓷（新型陶瓷）。

普通陶瓷根据其用途不同又可分为日用陶瓷、建筑卫生陶瓷、化工陶瓷、化学陶瓷、电瓷及其他工业用陶瓷。

日用陶瓷包括盆、罐、茶具、餐具和艺术陈设陶瓷等。现代建筑装饰工程中应用的建筑卫生陶瓷，主要包括陶瓷墙砖、地砖，卫生陶瓷，园林陶瓷，琉璃陶瓷制品等，其中以陶瓷墙、地砖的用量最大。

特种陶瓷又分为结构陶瓷和功能陶瓷两种。

1）结构陶瓷：主要利用其机械和热性能，包括高强度、高硬度、高韧性、高刚性、耐磨性、耐热冲击、隔热、导热、低热膨胀性能等。

2）功能陶瓷：主要利用其电性能、磁性能、半导体性能、光性能、生物-化学性能及核材料应用性能等。

（2）按坯体的物理性质和特征分类：根据生产时所用原材料的不同，陶瓷可以分为陶质制品、炻质制品、瓷质制品三大类，具体内容详见表 3.1。

表 3.1　陶瓷制品的分类

名称		特点		主要制品
		颜色	吸水率/%	
粗陶器		带色	>10	日用缸器、砖、瓦
精陶器	石灰质	白色	18~22	日用器皿、彩陶
精陶器	长石质	白色	9~12	日用器皿、卫生陶瓷、装饰釉砖面
炻质制品	粗炻器	带色	4~8	缸器、建筑外墙砖、锦砖、地砖
炻质制品	细炻器	白或带色	<1	日用器皿、化工及电器工业用品、瓷质砖
瓷器	长石瓷	白色	<0.5	日用餐茶具、陈设瓷、高低压电瓷
瓷器	绢云母瓷	白色	<0.5	日用餐茶具、美术用品
瓷器	滑石瓷	白色	<0.5	日用餐茶具、美术用品
瓷器	骨灰瓷	白色	<0.5	日用餐茶具、美术用品
特种瓷	高铝质瓷	耐高频、高强度、耐高温		硅线石瓷、刚玉瓷等
特种瓷	镁质瓷	耐高频、高强度、低介电损失		滑石瓷
特种瓷	锆质瓷	高强度、高介电损失		锆英石瓷
特种瓷	钛质瓷	高电容率、铁电性、压电性		钛酸钡瓷、钛酸锶瓷、金红石瓷
特种瓷	磁性瓷	高电阻率、高磁致伸缩系数		铁淦氧瓷、镍锌磁性瓷
特种瓷	电子陶瓷	有导电性、电光性		电子元器件等
特种瓷	金属陶瓷	高强度、高熔点、高韧性、抗氧化		铁、镍、钴金属陶瓷，如火箭喷嘴
特种瓷	其他			氧化物、碳化物、硅化物瓷等

1）陶质制品：可根据原材料所含杂质的多少分为粗陶和精陶两类。粗陶是由一种或两种以上含杂质较多的黏土组成，为了减少产品在烧制时的收缩，可以加入少量的石英粉或烧结黏土。粗陶不施釉，建筑上常用的烧结黏土砖、瓦及日常用的瓦罐、瓦缸等就是最普通的粗陶制品。精陶是以黏土、少量高岭土及石英组成，坯体为白色或象牙色的多孔性制品。精陶一般经过素烧和釉烧两次烧成，也就是说精陶通常都上釉。精陶按用途不同又可以分为建筑精陶、日用精陶和美术精陶。

陶质制品具有断面粗糙无光、敲击时声音粗哑、不透明等特点。因为是多孔结构，所以吸水率较大，通常在 8%~12%，最高可达 18%以上，按国家标准规定不能超过 22%。由于含有较多的孔隙，故陶质制品机械性能较差，强度较低。精陶由于有釉面层，可使制品不透水，表面光润，不易沾污，并且提高了产品的机械强度和化学稳定性，增强了装饰效果，扩大了使用范围。

2）炻质制品：是介于陶质和瓷质之间的一种陶瓷制品，也称为半瓷，我国俗称石胎瓷。炻质制品与陶质制品的区别是陶质制品为多孔性，而炻质制品孔隙率低，比较致密，吸水率较低。

炻质制品坯体大多数带有颜色，无半透明性。根据坯体的细度和密实程度的不同，炻质制品又可以分为粗炻质制品（粗炻器）和细炻质制品（细炻器）两种。建筑装饰中用的墙砖、地砖和锦砖等均属于粗炻质制品。粗炻质制品吸水率一般为4%~8%。日用器皿、化工及电器工业用陶瓷等均属于细炻质制品，其吸水率小于2%。炻质制品的机械强度和热稳定性均优于陶质制品，并且炻质制品原料可采用质量较差的黏土，成本也较低。

3）瓷质制品：是以含杂质较少的高岭土为主要原料，经制坯高温烧成。根据原料中所含化学成分及制作工艺不同分为粗瓷和细瓷两种制品。瓷质制品多用于日用产品，如餐茶具、工艺美术品及电瓷产品。由于瓷质制品结构致密，所以吸水率低、强度高、脆性大。通常为洁白色，有一定的半透明性，表面一般都施釉。

3.1.2 陶瓷原料

陶瓷生产使用的原料品种很多，从来源讲，一种是天然矿物原料，一种是通过化学方法加工处理的化工原料。天然矿物原料主要为黏土，它是由多种矿物组成的，是生产陶瓷的主要原料。黏土中的成分决定着陶瓷制品的质量和性能。

1. 黏土成分

黏土是由天然岩石经过长期风化而成的，是多种微细矿物的混合体。黏土有白、灰、黄、黑、红等各种颜色。常见的黏土矿物有高岭石、蒙脱石、水云母等，其主要化学成分是层状结构的含水铝硅酸盐。黏土还含有石英、长石、铁矿物、碳酸盐、碱、有机物等多种杂质。黏土中所含杂质的种类及含量的多少对黏土性能影响较大。含石英较多时，会降低黏土的可塑性；黏土中铁的氧化物和钛的氧化物是影响烧结坯体颜色的主要原因；钙和镁的化合物会降低黏土的耐火度，缩小烧结范围，过量时会起泡；含有机杂质多时，吸水性强，黏土可塑性较高，干燥后强度较高，收缩性较小。

黏土中含有的有害物质为云母和铁的化合物，白云母能使陶瓷制品产生气泡、突起；黑云母能使陶瓷制品产生圆形熔融结核，或产生大量黑色和棕色斑点；铁的化合物能使陶瓷制品产生气孔、熔洞、斑点等缺陷。

2. 黏土的种类

根据黏土中杂质的含量、耐火度及用途的不同，可将黏二分为以下4种：

（1）高岭土：高岭土不含氧化铁等染色杂质，是高纯度的黏土，煅烧后呈白色，其颗粒较粗，塑性差，烧成温度高，是制造瓷器的主要原料，所以有瓷土之称。

（2）易熔黏土：这种黏土含有大量的细沙、尘土、有机物和铁矿物等杂质，烧后呈红色，是生产砖瓦及粗陶制品的原料，因此有砖土之称。

（3）难熔黏土：其杂质含量较少，比较纯净，烧后呈淡灰色、淡黄色或红色，是生产陶质制品的主要原料，因此有陶土之称。

（4）耐火黏土：这种黏土含杂质较少，耐火温度高，可达1 580 ℃，烧后呈淡黄至黄色，是生产耐火、耐酸陶瓷制品的主要原料，有火泥之称。

3. 黏土的特性

（1）可塑性与黏结性：

1）黏土的可塑性是指在黏土中加入适量水搅拌后，在外力作用下制成各种形状和尺寸的坯体而不发生裂纹和破坏，当外力停止后仍能保持原有形状的性能。可塑性是黏土制品所必须具有的一项重要技术指标。

2）与可塑性相似的性质是黏土的黏结性，黏土的黏结性是指黏土可以与非可塑性原料黏结成泥团，在干燥后有一定的强度，这种性能就称为黏土的黏结性。黏土的可塑性越强，结合力也越大。

黏土之所以有可塑性和黏结性，是因为黏土的颗粒很细，一般小于2 μm，所以有很大的比表面积，加水调和后会发生较为复杂的物理、化学作用，使黏土颗粒成为带电质点，能与极性水分子相吸附，从而形成了具有特殊性质的胶体系统。

黏土的可塑性大小取决于矿物成分的含量、颗粒形状、细度与级配，以及用水量的多少。

（2）收缩性：塑制成型的黏土坯体在干燥和煅烧过程中体积收缩的性能称为收缩性。黏土在干燥过程中体积收缩称为干缩。干缩是由于黏土在干燥过程中水分蒸发，微小的黏土粒子相互靠拢而产生体积收缩，黏土的干缩值通常为3%~12%。黏土在煅烧过程中的体积收缩称为烧缩。烧缩是由于在煅烧过程中，黏土中的化合水被排除，易熔物质熔化填充于未熔颗粒的空隙间，使黏土体积进一步缩小所致。黏土的烧缩值一般为1%~2%。

（3）烧结性：黏土坯体在煅烧过程中将发生一系列的物理、化学反应。随着煅烧温度的不断提高，黏土中的游离水不断蒸发，黏土中的孔隙率增大。当温度升高到一定值时，黏土中的某些易熔矿物熔化形成熔融液相，熔融物流入黏土不熔的颗粒孔隙中而黏结，这时坯体孔隙率下降，强度提高，这一过程称为烧结。若温度继续升高，坯体会软化变形。所以黏土坯体在煅烧时要严格控制煅烧温度，以保证制品的质量。

黏土烧结程度随煅烧温度升高而增加，温度越高形成的熔融物越多，制品的密实性越好，强度越高，吸水率越小。能使黏土中未熔化颗粒的空隙基本上被熔融物填满时的温度作为黏土的烧结极限温度，这时黏土达到了完全烧结的程度。黏土从开始烧结至烧结极限时的温度，称为烧结温度范围。烧结温度范围越宽，燃烧的制品越不易变形，并且可以获得烧结程度高、密实性好的陶瓷制品。

在制备陶瓷的原料中，除黏土外，还包括瘠性原料和溶剂原料等。为了防止坯体收缩所产生的缺陷，常加入无可塑性而在焙烧过程中不与可塑性物料起化学作用，并在坯体和制品中起骨架作用的原料，称为瘠性原料或非可塑性原料，如石英。石英在高温时发生晶型转变并产生体积膨胀，可以部分抵消坯体烧成时产生的收缩，同时，石英可提高釉面的耐磨性、硬度、透明度及化学稳定性。

最常用的熔剂原料是长石，它可以降低烧成温度，提高陶瓷坯体的机械强度和化学稳定性，促进坯体致密，从而提高其透光度。

有时还加入其他原料，如碳酸钙、滑石和硅灰石等。碳酸盐类原料在高温下可起熔剂作用。天然腐殖质或锯末、糖皮、煤粉等有机原料可提高原料的可塑性，但掺入量过多会使成品产生黑色熔洞。

滑石的加入可改善釉层的弹性、热稳定性，加宽熔融的范围，也可使坯体中形成含镁玻璃，这种玻璃湿膨胀小，能防止后期龟裂。

硅灰石在陶瓷中使用较广，加入制品后，能明显地改善坯体收缩、提高坯体强度和降低烧结温度。此外，它还可使釉面不会因气体析出而产生釉泡和气孔。

3.1.3 建筑装饰陶瓷生产工艺

陶瓷的生产工艺发展经历了由简到繁、由粗到细、由无釉到施釉的过程，每个阶段陶瓷产品都发生着不同的变化。

随着陶瓷生产技术的进步与生产条件的改善，陶瓷原材料的物理性质与化学性质得到充分的利用，生产了许多新的品种，如氧化物陶瓷、金属陶瓷等。这些新的陶瓷品种虽沿用了原料处理、成型、煅烧等传统生产工艺，但是原材料已扩展到化工原料和合成矿物，其组成成分也伸展到无机非金属范畴，其生产规模也由原来的小作坊发展到机械化大生产。

陶瓷的生产工艺是以无机硅酸盐材料为主，经准确配料、混合加工后，按一定的工艺方法成型并经烧制而成。其生产工艺流程如图 3.1 所示。

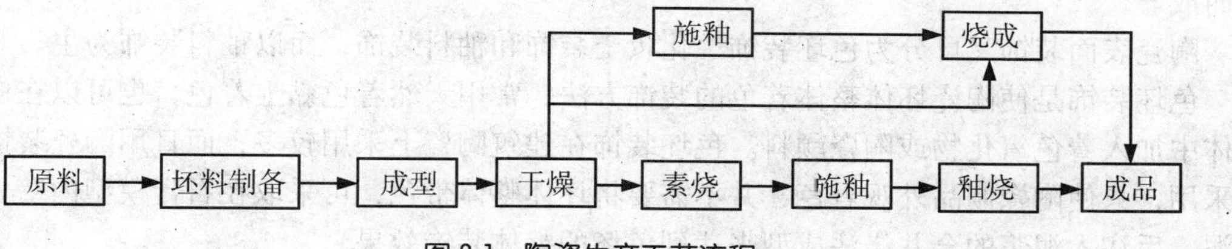

图 3.1 陶瓷生产工艺流程

3.2 陶瓷制品的装饰艺术

陶瓷制品的装饰包括陶瓷坯体的装饰和陶瓷表面装饰。

3.2.1 陶瓷坯体的装饰

陶瓷坯体装饰技法是对坯体本身进行加工装饰，主要概括为如下几种。

1. 跳刀

跳刀装饰是随着轮制工艺的运用自然而然地出现的，是修坯刀在高速运转的坯体上有规律地振动而产生的。“跳刀”技法的使用，要根据器物造型、坯体的干湿、釉色的特点而进行。

2. 刻划花装饰

刻划花装饰是运用刻、划、剔等方法相结合刻制而成的，因此统称为“刻划花”。刻划花在龙泉青瓷装饰中普遍使用，它是在已干或半干的陶瓷坯体上用刀刻出有深浅装饰的纹样，然后施上透明青釉，入窑高温烧成，从釉中透出极富层次感的纹饰。

3. 捏雕

捏雕是用手工将柔软的泥料捏塑成各种形象，然后粘于器皿适当部位的一种装饰技法，带极强的手捏痕迹，极好地保持和发挥了材质自身的特质美。

4. 镂雕

镂雕又称镂花、镂空、通花或者透雕。按设计好的花纹，将瓷胎镂成浮雕状或将花纹外面的空间镂通雕透，以产生一种玲珑剔透的装饰效果，称作镂雕。

5. 浮雕

浮雕是在坯体表面上用工具蘸取和坯体相同性质的泥浆或用高白泥填堆出各种纹样，烧成后，花纹凸出器面，具有浮雕装饰效果的一种陶瓷装饰技法，又称堆雕。

6. 绞泥装饰

绞泥装饰是唐代晚期陶瓷业始创的一种全新的成型工艺，即运用不同颜色的泥料相互糅合、挤压形成自然纹路的陶瓷装饰技法。

3.2.2 陶瓷表面装饰

陶瓷表面装饰是指将陶瓷坯体表面通过施釉、贴花、丝网印花、渗彩等方法进行装饰。具体可分为素坯装饰和生坯装饰两大类。素坯装饰是指在素烧后的坯体上进行装饰，再经二次烧成而得到预期的装饰效果；生坯装饰为直接在成型后的生坯上进行装饰，再入窑一次烧制而成。

陶瓷表面装饰又可分为色坯装饰、化妆土装饰和釉料装饰，而以釉料装饰为主。

色坯装饰是使陶瓷坯体整体着色的装饰方法，常用天然着色黏土着色，也可以在白色的坯体中加入着色氧化物或陶瓷颜料。色坯装饰在建筑陶瓷上采用较多，而日用陶瓷装饰不常被采用，只使陶瓷制品外观着色，并不需要将坯体整体带色，可采取在石膏模型内壁先注上色泥，后注入泥浆的合并浇注成型来达到色坯的整体装饰效果。

化妆土装饰是利用化妆土的色彩和细度掩盖坯体杂质的特点，达到装饰陶瓷的目的。化妆土是一种天然黏土，或是由一种黏土、熔剂和非可塑性物料混合制成的泥浆，将它薄薄地施于陶瓷坯体用来掩盖坯体表面的颜色、缺陷或粗糙表面，起到化妆的作用。化妆土一般均为白色，也有特意添加着色剂或利用带色黏土制成彩色化妆土用来装饰坯体表面。化妆土主要用于粗料制品，使坯体光洁而不露杂色，从而使面釉不受坯体干扰。

陶瓷表面装饰主要通过在陶瓷表面施釉来实现。

1. 釉的种类和性质

（1）釉的定义和作用：

1）定义：釉是指覆盖在陶瓷坯体表面上的一层连续的薄薄的玻璃态物质（厚度为120~140 μm），釉料主要由氧化钠/氧化钾、氧化钙、三氧化二铝和二氧化硅组成，釉式如下：

[0~1.0 $K(Na)_2O$+1.0−0~CaO] ·（0.46~1.3）Al_2O_3 ·（2~12）$SiO_2$1.0~0CaO

制釉原料分天然矿物原料和化工原料及辅助原料。天然矿物原料主要有长石、高岭土、滑石、石灰、含锂矿物、含硼矿物等。化工原料主要有硼砂、硝酸钠、铅丹、碳酸钙、氟硅酸钠等。辅助原料有乳浊剂、着色剂和悬浮剂。

2）作用：一般情况下，烧结的陶瓷坯体表面都较粗糙无光，不仅影响陶瓷制品的美观和力学性能，还容易沾污和吸湿。如果坯体表面施釉经高温煅烧后，釉与坯体表面之间发生相互反应，在坯体表面形成一层玻璃质，它具有玻璃般的光泽和透明性，从而使坯体表面变得平整、光亮、不吸水、不透气，易保持清洁，还提高了制品的艺术性和机械强度、电光性能、化学稳定性和热稳定性。同时，对釉层下的图案画面有透视及保护作用，并有防止彩料中有毒元素溶出的作用，还可以掩盖坯体的不良颜色和某些缺陷，从而可以扩大陶瓷的应用范围。

3）釉的性质和技术性能：①釉料能在坯体烧结温度下成熟，一般要求釉的成熟温度略低于坯体烧成温度；②釉料要求与坯体牢固地结合，其热膨胀系数稍小于坯体的热膨胀系数；③釉料经高温熔化后，应具有适当的黏度和表面张力；④釉层质地应坚硬、耐磕碰、不易磨损。釉的技术性能见表 3.2。

（2）釉的种类及特性：

1）种类：釉可以是有色的或无色的、透明的、半透明的或不透明的，釉料种类繁多，常见种类及分类见表 3.3。

表 3.2 釉的技术性能

项目	性能指标
始熔温度/℃	1 150~1 200
成熟温度/℃	1 300~1 450
高温流动度（斜槽法）/mm	30~60
平均膨胀系数（20~100 ℃）/1×10^{-6}/℃	2.9~5.3
釉面显微硬度/MPa	6 000~9 000
热稳定性/℃	220（不裂）
光泽度/%	>90
白度/%	>80

表 3.3 釉的分类

分类方法	种类
按坯体种类	瓷器釉、陶瓷釉、炻器釉
按化学组成	长石釉、石灰釉、滑石釉、铅釉、硼釉、铅硼釉、食盐釉
按烧成温度	易熔融（1 100 ℃以下） 中温釉（1 100~1 250 ℃） 高温釉（1 250 ℃以上）
按制备方法	生料釉、熔块釉、盐釉（挥发釉）、土釉
按外表特征	透明釉、乳浊釉、有色釉、光亮釉、无光釉、结晶釉、砂晶釉、碎纹釉、珠光釉、花釉

2）特性：

A. 长石釉：由石英、长石、石灰石、高岭土、黏土及废瓷粉等配制而成。长石釉烧结温度较高，属高温透明釉，是瓷器、炻质陶瓷及硬质精陶广为使用的一种釉层原料。其特点是硬度大、透明、光泽强、有柔和感、烧结温度范围宽。

B. 滑石釉：是在长石釉基础上加入滑石粉配制而成的。此种釉的白度高，透明度好，不易发生裂纹、烟熏现象。缺点是附着力差，烧结后光亮度差。

C. 混合釉：是在长石-石英-高岭土中加入滑石、白云石、方解石、氧化锌等多种助熔剂制成的釉料，并根据各种助熔剂的特性配制而成的。现代釉料都是趋于这种混合釉，因为这种混合釉可以充分利用各种助熔剂及各种釉料的优点，较大限度地克服釉料的缺点，可以获得满意的使用性能。

D. 食盐釉：食盐釉不是在陶瓷生坯上直接施釉，而是当制品煅烧到一定温度时，把食盐投入到燃烧窑中。在高温及水蒸气的作用下，食盐分解为 Na_2O 和 HCl，以气态均匀分布于窑内，这两种物质与坯体表面的黏土及 SiO_2 作用在坯体表面形成一种玻璃质的釉层。它具有坚固不脱落、不开裂、耐久性强的特点。

E. 色釉：是在釉料中加入着色氧化物或某些盐类化合物配制而成的。色釉按烧结温度不同，可分为高温色釉和低温色釉两种，其界限为 1 250 ℃，陶制品通常采用低温色釉，而炻器和瓷器则用高温色釉。色釉具有一定的装饰效果，操作方便，价廉，可以遮盖有瑕疵的坯体，广泛用于陶瓷工业中。

F. 透明釉和乳浊釉：

a. 透明釉：釉料涂于坯体表面，经高温焙烧熔融所形成的玻璃质层，是能透视坯体本身颜色的釉。

b. 乳浊釉：人为地往透明釉中引入一定量的乳浊剂，使釉产生一定的细微晶粒，或细微的气泡，或残留的细晶等，这样就成为乳浊釉。卫生陶瓷一般采用高温乳浊釉，而精陶质釉面砖常采用低温乳浊釉。

G. 其他：包括生料釉、熔块釉、土釉。

a. 生料釉：即直接将原料制成釉浆，这些原料在调制的时候不溶于水，但在高温下能相互熔融。

b. 熔块釉：在制浆前，先将部分原料熔成玻璃状物质，再用水淬成小块，然后再与其他原料混合研磨成釉料。

c. 土釉：是将一种天然有色黏土，经淘洗后加入一定量的方解石或长石，经加工而制备成的一种釉料。其特点是熔融温度低，光泽好，价格低廉。

2. 陶瓷表面釉料装饰方法

在陶瓷制品表面绘以彩色图案花纹，可极大地提高陶瓷制品的装饰性。陶瓷表面彩绘可分为釉下彩绘、釉中彩绘和釉上彩绘三种，也可称为釉下装饰、釉中装饰和釉上装饰。

（1）釉下装饰：釉下装饰是在陶瓷生坯或经素烧过的坯体上进行彩绘，然后施一层透明釉料，再经釉烧而成。

釉下装饰的优点在于陶瓷制品表面的画面受到釉层的保护，在使用中不会被磨损，而且画面显得清秀光亮。青花瓷器、釉里红以及釉下五彩是我国名贵的釉下彩制品。然而，釉下装饰的画面与色调远不如釉上装饰那么丰富多彩，且其多为手工彩画，难以实现机械化生产，因此生产效率低，制品价格较贵。釉下装饰的陶瓷制品种类较多，现举例如下。

1）青花瓷：是中国瓷器的主流品种之一，是用含氧化钴的钴矿为原料，在陶瓷坯体上描绘纹饰，再施上一层透明釉，经高温还原气氛一次烧成。钴料烧成后呈蓝色，具有着色力强、发色鲜艳、烧成率高、呈色稳定的特点。青花始于唐代，明清时期达到鼎盛，主题纹饰的题材有人物、动物（龙凤、麒麟、鸳鸯、游鱼等）、植物（牡丹、莲花、兰花、松竹梅、灵芝、花叶、瓜果等）、诗文等吉祥如意的图案。

2）釉里红瓷：是元代中期景德镇的重要发明之一，它是以氧化铜作为着色剂，在陶瓷坯体上绘画纹饰后，施透明釉，在高温（1 300 ℃）还原气氛中烧成，因红色花纹在釉下，故称釉里红瓷。由于釉里红以铜红料为呈色剂，铜红釉在烧制技术上难度很大，成品率极低，产量较小，因其正常显色不仅与彩料中的铜含量和基釉的成分有关，并且对烧造的气氛和窑温的要求都十分敏感，配方和烧成条件的任何细小变化都会导致色调不正，因此发色纯正的釉里红瓷在元代很少见，大多是灰红色，真正色彩鲜艳的极为罕见。

3）釉下五彩：是首创于清末的传统名瓷，“白如玉，明如镜，薄如纸，声如罄”，具有较好的装饰效果，名扬天下。釉下五彩的基础颜料是用金属氧化物或它们的盐类为着色剂，与一定量的硅酸盐原料配制而成，材料本身不含铅毒，这种颜料不需要釉上颜料那样采用含铅很高的熔剂辅助发色和降低焙烧温度，而是在 1 350~1 400 ℃高温烧成，彩料中的熔融物与熔融状态的坯釉互相黏合，覆盖的釉层能抵抗自然酸碱的侵蚀，且耐磨损、永保花色清晰、鲜艳、明亮。

（2）釉上装饰：釉上装饰是在已经釉烧的陶瓷釉面上，采用低温材料进行彩绘，然后再在较低温度（600~900 ℃）下经彩烧而成。

由于釉上装饰的彩烧温度低，许多陶瓷颜料均可采用，故釉上彩绘的色彩极其丰富。同时，釉上装饰是在强度相当高的陶瓷坯体上进行的，故可采用半机械化生产，生产效率高，劳动强度低，成本低，因而价格便宜。但釉上装饰画面易被磨损，表面光滑性差，另外彩料中的铅容易被酸所溶出，从而引起铅中毒。我国釉上装饰中的陶瓷制品种类繁多，其中手工彩绘较出名，手工彩绘的技术有釉上古彩、粉彩与新彩三种。

1）古彩：釉上古彩因其彩烧温度较高，故彩烧后彩图坚硬耐磨，色彩经久不变，特别是矾红彩料，使用年代越久，则越红亮可爱。古彩的技艺特点是用不同粗细线条来构成图案，线条刚坚有力，且用色较浓，具有强烈的对比性。但古彩的彩料品种少，色调变化不多，这在艺术表现上有一定局限性。

2）粉彩：粉彩由古彩发展而来，所不同的是粉彩在填色前须将图案中要求凸起的部分先涂上一层玻璃白粉，然后在白粉上再渲染各种彩料，使之显示出深浅与阴阳状，给人以立体感。粉彩可用的颜料种类很多。

3）新彩：新彩来自国外，故又有“洋彩”之称。新彩采用的是人工合成的颜料，它易于配色，且烧成温度范围较宽，故色彩极为丰富，成本亦低，是一般日用陶瓷普遍采用的釉上彩绘方法。另外，目前广泛采用的釉上贴花、刷花、喷花以及堆金等，可认为是新彩的发展。其中贴花是釉上彩绘中应用最广泛的一种方法。现代贴花技术是采用塑料薄膜贴花纸，用清水就可把彩料移至釉面上，操作简便，质量可靠。

（3）釉中装饰：釉中装饰是指在坯体上施一层底釉（化妆土），然后在其上进行印彩等装饰，再施上一层透明或半透明釉，在低于釉烧温度下进行烤烧（高温快烧），制品表面软化熔融，彩料渗透到釉层表面里，冷却后釉面封闭，形成“釉中彩”。

3. 其他釉面装饰

（1）贵金属装饰：对于高级细陶瓷制品，通常采用金、铂、钯、银等贵重金属在陶瓷釉上进行装饰，其中最常见的是饰金，如金边、图画描金等。

金装饰陶瓷有亮金、磨光金及腐蚀金等方法，其中亮金在陶瓷装饰中最为广泛。无论用哪种金饰方法，使用的金材料基本上只有两种，即金水（液态金）与粉末金。

亮金为采用金水作为着色材料，在适当温度下彩烧后，直接获得发光金属层的装饰。金水的含金量必须控制在10%~12%，含金量不足的金水，金层易脱落且耐热性降低。磨光金层中的含金量较亮金高得多，故经久耐用。采用贵金属腐蚀技术，其特点是能造成发亮金面与无光金面互相衬托的艺术效果。

（2）结晶釉与砂金釉装饰：

1）结晶釉是在含 $A1_2O_3$ 低的釉料中加入 ZnO、MnO_2、TiO_2 等结晶形成剂，并使它们达到饱和程度，在严格控制的烧成过程中，形成明显粗大结晶的釉层。煅烧时要对结晶的大小、形状及出现部位进行控制，故烧制过程比较复杂，在一定程度上会带有偶然性。

2）砂金釉是釉内氧化铁微晶呈现金子光泽的一种特殊釉，因其形似自然界中的砂金石而得名。微晶的颜色因其粒度大小而异，最细的发黄色，最粗的发红色，结晶越多，透明性越差。

（3）光泽彩饰：光泽彩饰是指在经釉烧过的陶瓷釉面上，喷涂一薄层金属或金属氧化物彩料，经600~900 ℃彩烧后形成一层能映现出光亮的彩虹颜色的装饰层，其装饰工艺与釉上彩相似。

光泽彩形成的光泽彩虹，是由于入射光与光亮的光泽彩料薄层的反射光产生相互干扰的结果。

(4) 裂纹釉饰：陶瓷表面选用比其坯体热膨胀系数大的釉，可在烧后迅速冷却的过程中使釉面产生裂纹，以此获得装饰效果。

按釉面裂纹的形态，可分为鱼子纹、百圾碎、冰裂纹、蟹爪纹、牛毛纹及鳝鱼纹等多种。按釉面裂纹颜色显现技法的不同，又有夹层裂纹釉与镶嵌裂纹釉之分。

(5) 变色釉装饰：变色釉在不同光源照射下，釉面呈现不同的颜色，而且这种光敏特性是可逆的。

变色釉的颜色变化取决于可见光范围内波长反射的各种颜色的比例，实际上取决于照射光源的波长（能量）。如在太阳光下呈淡紫色；在普通灯光下是玫瑰色，在日光灯下呈天青色；在水银灯下显深绿色；在高压钠灯下呈橙红色；在钪钠灯下呈深蓝色。

(6) 无光釉装饰：无光釉的表面对光反射不强烈，没有玻璃那样高的光泽度，只在平滑的表面上呈绢状、蜡状或玉石状的光泽。这种釉用在艺术陶瓷和建筑陶瓷上可以获得特殊的艺术效果。

无光釉可用以下三种方法来制得：

1）降低釉烧温度或增加釉料中的 $A1_2O_3$ 含量。

2）用稀氢氟酸溶液轻度腐蚀釉面。

3）冷却时使透明釉析出微晶。

不仅艺术陶瓷、日用陶瓷等采用此装饰方法，陶瓷墙地砖中的釉面砖也采用此装饰技法。

3.3 建筑装饰陶瓷砖

3.3.1 建筑装饰陶瓷砖的基本知识

陶瓷砖是人们常用的装饰装修材料，是指由黏土和其他无机非金属原料，经成型、烧结等工艺生产的，用于装饰和保护建筑物墙面及地面的板状或块状陶瓷制品。在建筑装饰装修中，陶瓷砖因为其强度高、耐磨，使用寿命长，耐水耐化学腐蚀，加上施工方便，易打理，价格适宜等特点得到广泛采用。

陶瓷砖的生产工艺流程：将生产陶瓷砖所需的原料按一定比例混合、混练加工后，按一定的工艺方法成型并经烧制而成。

常用的成型方法有两种：半干压法成型和浇注法。

焙烧陶瓷砖的窑炉常用辊道窑、隧道窑。用半干法成型的陶瓷面砖的典型生产如图 3.2 所示。

陶瓷砖分类方法：

(1) 陶瓷砖按使用部位不同可分为内墙砖、外墙砖、室内地砖、室外地砖、广场地砖和配件砖。

(2) 陶瓷砖按其表面是否施釉可分为有釉砖和无釉砖。有釉砖又称釉面砖，是指用陶

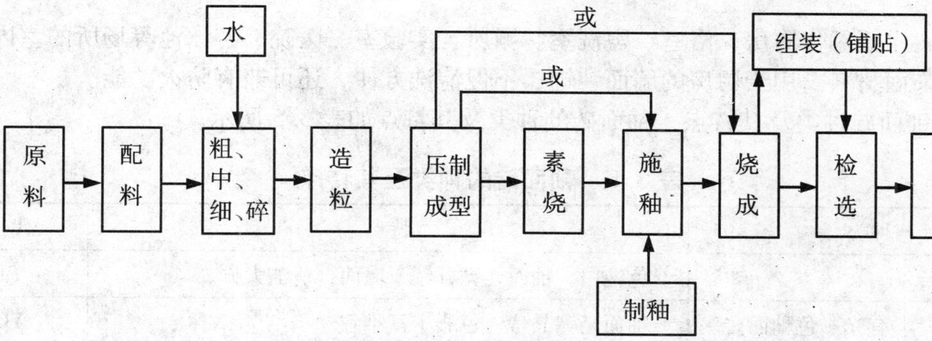

图 3.2 半干法成型的陶瓷砖生产工艺

土或者瓷土上釉料后烧制成的装饰砖；无釉砖又称通体砖，这种砖不上釉，烧制后对表面打磨，里外都带有花纹，具有较好的防滑效果。通体砖经抛光处理形成抛光砖，这种砖薄轻且坚硬。

（3）陶瓷砖按其表面形状可分为平面装饰砖和立体装饰砖。平面装饰砖是指正面为平面的陶瓷砖，立体装饰砖是指正面呈凹凸纹样的陶瓷砖。

陶瓷砖按吸水率（E）不同可分为五大类，见表 3.4。

表 3.4 陶瓷砖的分类

吸水率 E/%	$E \leqslant 0.5$	$0.5<E \leqslant 3$	$3<E \leqslant 6$	$6<E \leqslant 10$	$E>10$
陶瓷砖名称	瓷质砖	炻瓷砖	细炻砖	炻质砖	陶瓷砖，正面施釉也可称釉面砖

3.3.2 装饰陶瓷砖的种类及特点

1. 釉面砖

釉面砖是指吸水率 $10\%<E<20\%$ 的正面施釉的陶瓷砖，主要用于建筑物内墙面。其制备方法为：将磨细的泥浆脱水干燥并进行半干法压制成型、素烧后施釉入窑釉烧，或生坯施釉一次烧成。也有采用注浆法成型的。其化学成分为 SiO_2 60%~70%；$A1_2O_3$ 15%~22%；CaO 1.0%~10%；MgO 1.0%~3.0%；$R_2O<1.0\%$。按其组成可分为：石灰石质、长石质、滑石质、硅灰石质、叶蜡石质等。按形状可分为正方形、矩形、异形配件砖等。

釉面砖表面可施透明釉、乳浊釉、无光釉、花釉、结晶釉等艺术装饰釉。釉面砖分为白色、彩色、图案、无光、有光等多种色彩。为了消除陶瓷砖冬季寒冷的质感，釉面可采用皮革纹理和木材的纹理，看上去自然柔和，仿佛可以用手触摸到皮革的柔软与温和以及木材的温暖，这样的釉面陶瓷砖适合家庭卫生间使用。

（1）釉面砖特点：用釉面砖装饰的内墙，可使装饰面具有卫生、易清洗和清新美观的效果。主要物理性能为吸水率在18%以下，抗折强度2~4 MPa，具热稳定性（即140 ℃反复三次不裂）。

（2）釉面砖用途：釉面砖是多孔的釉陶坯体，在长期与空气的接触过程中，特别是在潮湿的环境中使用，会吸收大量的水分而产生吸湿膨胀的现象。由于釉的吸湿膨胀非常小，当坯体膨胀的程度增长到使釉面处于张应力状态，且超过釉的抗张强度时，釉面发生开裂。如果用于室外，经长期冻融，更易出现剥落掉皮现象。所以釉面砖只能用于室内，而不应用于室外。

釉面砖主要用作厨房、浴室、盥洗室、厕所、实验室、医院、游泳池等场所的室内墙面和台面的饰面材料。用于厨房的墙面装饰，不但清洗方便，还可兼有防火功能。

（3）釉面砖种类及其特点：釉面砖的种类及其特点如表 3.5 所示。

表 3.5　釉面砖的种类及其特点

种类		特点	代号
白色釉面砖		色纯白，釉面光亮，镶于墙面，清洁大方	FJ
彩色釉面砖	有光彩色釉面砖	釉面光亮晶莹，色彩丰富雅致	YG
	无光彩色釉面砖	釉面半无光，不晃眼，色泽一致，色调柔和	SHG
装饰釉面砖	花釉砖	花纹千姿百态，有良好的装饰效果	HY
	结晶釉砖	晶花辉映，纹理多姿	JJ
	斑纹釉砖	斑纹釉面，丰富多彩	BW
	理石釉砖	具有天然大理石花纹，颜色丰富，美观大方	LSH
瓷砖画及色釉陶瓷字	瓷砖画	用各种釉面砖拼成各种瓷砖画，或根据图画烧成釉面砖，清洁优美，永不褪色	—
	色釉陶瓷字	以各种色釉、瓷土烧制而成，色彩丰富，光亮美观，永不褪色	—

（4）釉面砖的质量标准：

1）品种、形状、规格尺寸。

A. 品种：按釉面颜色分为单色（含白色）、花色和图案砖。

B. 形状：按正面形状分为正方形、长方形和异形配件砖；按釉面砖的侧面形状可分为小圆边、平边、大圆边、带凸缘边。

2）技术要求。

A. 尺寸允许偏差：釉面砖的尺寸允许偏差应符合国家标准规定。

B. 外观质量：根据外观质量分为优等品、一级品、合格品三个等级；表面缺陷允许范围、色差、平整度、边直度和直角度、白度均应符合国家标准规定。

C. 物理性能：吸水率不大于 21%；耐急冷急热性试验，釉面无裂纹；弯曲强度平均值不小于 16 MPa，当厚度大于或等于 7.5 mm 时，弯曲强度平均值不小于 13 MPa；抗龟裂性试验，釉面无裂纹。

D. 釉面抗化学腐蚀性：需要时由供需双方商定级别。

2. 无釉砖

无釉砖是无釉墙地砖的简称，是以优质瓷土为主要原料加一种或数种着色喷雾料（单色细颗粒）经混匀、冲压、烧成所得的制品。其温暖的色调、过渡自然的色差，以及特殊的外观质地，不仅具有自然美，更凝聚着厚重的价值感。

这种制品再加工后分抛光和不抛光两种。无釉砖吸水率较低，常为无釉瓷质砖、无釉炻瓷砖、无釉细炻砖范畴。

无釉砖的主要规格有 300 mm×300 mm、400 mm×400 mm、450 mm×450 mm、500 mm×

500 mm、600 mm×600 mm 和 800 mm×800 mm，厚度为 7~12 mm。

无釉瓷质抛光砖富丽堂皇，适用于商场、宾馆、饭店、游乐场、会议厅、展览馆等的室内外地面和墙面的装饰。

无釉的细炻砖、炻质砖，是专用于铺地的耐磨砖。

3. 玻化砖

玻化砖是由石英砂、泥按照一定比例配料、混炼、成型，然后在 1 230 ℃以上的高温下，使砖中的熔融成分形成玻璃态后制成的砖。该砖具有玻璃般的亮丽质感，是一种新型高级铺地砖，也有人称为瓷质玻化砖。根据欧洲 EN-176 的标准，其吸水率≤0. 50%，抗折强度>27 MPa，莫氏硬度>6，线性热膨胀系数<9×10^{-6}/K，因此，具有低吸水率、高耐磨性、高强度、耐酸碱且尺寸准确、表面平整、色泽均匀等优点。

它不仅有豪华大气、富丽堂皇、大空间的视觉效果，在某种程度上也是身份与形象的代表。

但因为陶瓷工艺进步非常快，大部分瓷砖都能达到低吸水率，所以市场上玻化砖、玻化抛光砖、抛光砖实际是同类产品。吸水率越低，玻化程度越好，产品理化性能越高。

玻化砖可广泛用于各种工程及家庭的地面和墙面，常用规格是 400 mm×400 mm、500 mm×500 mm、600 mm×600 mm、800 mm×800 mm、900 mm×900 mm、1 000 mm×1 000 mm。

4. 劈离砖

劈离砖是以软质黏土、页岩、耐火土和熟料为主要原料，再加入色料等，经配料、混合细碎、脱水练泥、真空挤压成型、干燥、高温焙烧而成的。由于成型时为双砖背联坯体，烧成后劈开成两块砖，故又称劈裂砖。其是具有较高艺术品位的高档建筑装饰瓷砖。

劈离砖胚体密实、强度高，其抗折强度不低于 20 MPa；吸水率小，低于 6%；表面硬度大，耐磨、防滑，耐腐蚀、抗冻、耐急冷急热性能好，耐酸碱能力强。背面凹槽纹与黏结砂浆形成楔形结合，可保证铺贴时黏结牢固，如图 3. 3 所示。

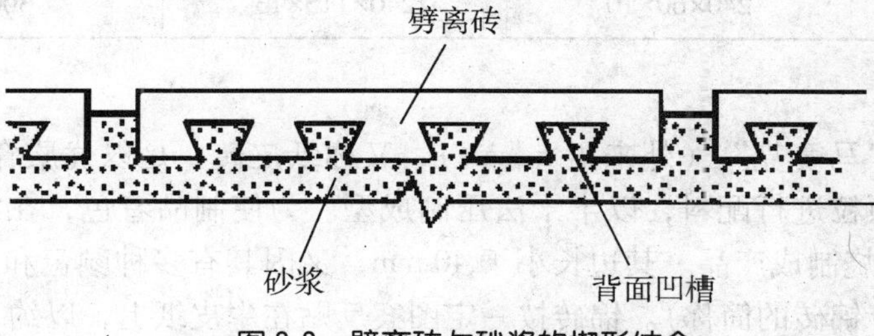

图 3.3　劈离砖与砂浆的楔形结合

劈离砖种类很多、色彩丰富、有红、黄、青、绿、褐五大色系，颜色自然柔和、表面质感变化多样——细质的清秀，粗质的浑厚；最具表现泥土的质感，外观稳重大方、自然飘逸、时尚摩登、温馨典雅，其装饰效果令人赏心悦目。

在劈离砖的生产中，为增加塑性，往往在坯料中引入较多的含铁量高的红泥原料。在氧化气氛中烧成，劈离砖呈均匀的红色；在还原气氛中烧成，瓷砖呈现色彩斑斓、自然天成的纹理图案，这些图案和纹理效果是采用印刷工艺根本无法达到的。劈离砖的生产无须加入高价色料，只要通过合理控制还原气氛，在较低的烧成温度下，就可以烧出介于红色和青色之间的各种颜色的艺术瓷砖。不仅生产成本低，而且可以批量生产色彩变化丰富的个性化瓷砖产品。

在还原气氛烧成时，瓷坯中的氧化铁含量高于 0. 8%时，出现灰色或黄色；氧化铁含量为0.35%时，就会出现明显的黄色。氧化亚铁占到0.8%左右时，就呈现淡绿色调；如果达到1%~3%时，就会出现美丽的绿色或青绿色；达到5%时，呈米黄色；到8%时，就呈赤褐色或暗褐色。

劈离砖是一种新型环保建材，有五大特点：

（1）颜色通体，以国家鼓励使用的烧制材料优质页岩为主的自然原料经高温焙烧而成，永不褪色。

（2）砖背具有燕尾形凹槽，粘贴牢固不会脱落。

（3）外墙砖模拟年代久远的红砖尺寸（240 mm×53 mm×12 mm），可勾勒较深的砖缝，层次感立体感强；有自然天成的色彩纹理、返璞归真的审美趣味。

（4）色彩丰富且规格多样；表面上釉的光泽晶莹、富丽堂皇；表面无釉的质朴、典雅大方，无反射强光。

（5）产品采用现代烧成工艺，强度高，耐酸碱，防滑防腐，并具有透气性，对调节空气温度和湿度、净化环境有一定效果，是名副其实的绿色环保建材。

劈离砖主要用于建筑内、外墙装饰，也适用作车站、机场、餐厅、楼堂馆所等室内地面的铺贴材料。厚型砖也可适用于甬道、花园、广场、跑马场、游泳池等体育场馆设施，以及空港，码头等建筑上、露天地面的铺地用砖；形态古朴、典雅，质感柔润、自然。

劈离砖的规格尺寸如表3.6所示。

表3.6 劈离砖的主要规格尺寸（mm）

240×52×11	194×94×11	194×52×13	190×190×13
240×71×11	120×120×12	194×94×13	150×150×14
240×115×11	240×115×12	240×52×13	200×200×14
200×100×11	240×60×10	240×115×13	300×300×14

5. 陶瓷锦砖

陶瓷锦砖又称“马赛克”（外来语 mosaic），又称纸皮砖，是以优质瓷土为主要原料，按技术要求对瓷土颗粒进行配料，以半干法压制成型。为使制品着色，在泥料中引入着色剂，经1 250 ℃高温烧制成产品。其边长小于40 mm，又因其有多种颜色和多种形状的花色品种，故称锦砖（什锦砖的简称）。锦砖按一定图案反贴在牛皮纸上，以约0.092 m^2 组成为一联。其具有抗腐蚀、耐磨、耐火、吸水率小、抗压能力强、易清洗和永不褪色等特点。陶瓷锦砖可用于工业与民用建筑的清洁车间、厅门、走廊、卫生间、餐厅、厨房、浴室、化验室等内墙和地面，并可用于装饰外墙面或横竖线条等处。施工时可以不同花纹和不同色彩排成多种美丽图案。

（1）陶瓷锦砖特点：陶瓷锦砖是以优质瓷土烧制而成的小块瓷砖，有施釉和不施釉两种。不施釉的陶釉锦砖，具有美观、耐磨、不吸水、易清洗又不太滑等优点。

（2）陶瓷锦砖用途：陶瓷锦砖主要用于室内地面和墙面的铺装。为使其不易踩碎，又不太厚，其规格均较小。常用的有18.5 mm见方、39 mm见方、39 mm×18.8 mm、25 mm六角形等形状规格。其厚度一般为5 mm。由于可以做成各种颜色，而且色泽稳定、耐污染、坚固耐用、装饰质量好，与墙贴面砖相比，有造价略低、面层薄、自重较轻的优点。目前，陶瓷锦砖更多地用于公共浴室、厕所地面。

陶瓷锦砖可作为陶瓷艺术地毯，在客厅茶几下方铺设，与纤维质地毯相比，具有美观大方、造价低、好打理、耐久性好等优点。

（3）陶瓷锦砖性能和规格：陶瓷锦砖一般出厂前都已按各种图案粘贴在牛皮纸上。每张约 30 cm 见方，其面积约为 0.092 m^2，重量约为 0.65 kg，每 40 张为一箱，每箱约为 3.7 m^2。陶瓷锦砖的几种基本形状和拼花图案如图 3.4 所示。

（4）陶瓷锦砖的质量标准：陶瓷锦砖的吸水率不得大于 0.2%；陶瓷锦砖铺贴后的四周边缘与锦砖贴纸四周边缘的距离不得小于 2 mm；锦砖与铺贴纸结合牢固，不允许脱落；锦砖的脱纸时间不得大于 40 min。

6. 其他种类陶瓷砖

除以上几种装饰陶瓷砖外，还包括以下几种装饰陶瓷砖。

（1）仿石砖：仿石砖是指模仿自然石料图案、色泽、纹理、外形的陶瓷砖，如仿大理石、仿花岗石、仿玉石、仿砂金石等，用于建筑物的地面和墙面装饰。

（2）彩胎砖：彩胎砖是一种本色无釉瓷质饰面砖，又称同质砖。系采用彩色颗粒土原料混合配料，压制成多彩胚体后，经一次烧成即呈多彩细花纹的表面，具有天然花岗岩的纹理，颜色有红、绿、黄、蓝、灰、棕等多种基色，多为浅色调，纹理细腻，色调柔和，质朴高雅。

彩胎砖表面有平面和浮雕型两种，又有无光与磨光、抛光之分。吸水率小于 1%，抗折强度大于 27 MPa，表面莫氏硬度为 7~9，耐酸碱侵蚀，抗冻、耐磨性好，图案质感好。特别适合于铺设于人流量大的商场、影剧院、宾馆等公共场所的地面，也可用于镶贴住宅厅堂的墙面和地面，既美观又耐用。

（3）麻面砖：麻面砖是采用仿天然岩石色彩的配料，压制成表面凹凸不平的麻面坯体后，经一次烧成的炻质面砖。砖的表面酷似人工修凿过的天然岩石面，纹理自然，有白、黄、红、灰、黑等多种颜色。麻面砖吸水率小于 1%，抗折强度大于 20 MPa，防滑耐磨。薄型砖适用于装饰建筑物外墙，厚型砖适用于铺设广场、停车场、码头、人行道等地面。

（4）陶瓷艺术砖：陶瓷艺术砖的坯体采用优质黏土、石英、无机矿物等为原料，生产方法与普通瓷砖相似。所不同的是要进行图案的设计，最后按设计的图案要求压制成不同形状和尺寸的单块瓷砖。为取得立体凹凸变化及艺术造型，瓷砖的色彩及厚薄尺寸等都可能不同，一幅完整的立面图案一般由许多类型的单块瓷砖组成。所以陶瓷艺术砖的制作工艺较复杂，造价也较高。

陶瓷艺术砖主要用于建筑物内外墙面的装饰，具有夸张性，空间组合自由性大。它充分利用砖的高低、色彩、粗细及环境光线等因素组合成各种抽象的或具体的图案壁画，给人以强烈的艺术感受。

陶瓷艺术砖的吸水率小、强度高、抗风化、耐腐蚀、质感强，适用于宾馆、会议厅、艺术展览馆、酒楼、公园及公共场所的墙壁装饰。

（5）金属光泽釉面砖：金属光泽釉面砖是一种高级墙体饰面材料，可给人以清新绚丽、金碧辉煌的特殊效果。适用于高级宾馆、饭店及酒吧、咖啡厅等娱乐场所的内墙饰面，以及商店柱面和门面的装饰，其特有的金属光泽和镜面效果，使人在雍容华贵中享受到浓郁的现代气息。

基本形状		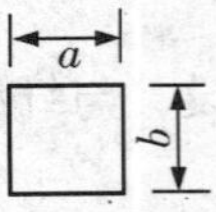				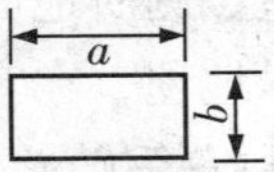	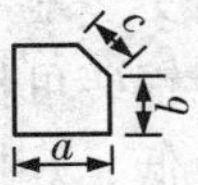	
名称		正方				长方	对角	
		大方	中大方	中方	小方	（长条）	大对角	小对角
规格/mm	*a*	39.0	23.6	18.5	15.2	39.0	39.0	32.1
	b	39.0	23.6	18.5	15.2	18.5	19.2	15.9
	c	—	—	—	—	—	27.9	22.8
	d	—	—	—	—	—	—	—
	厚度	5.0	5.0	5.0	5.0	5.0	5.0	5.0

基本形状		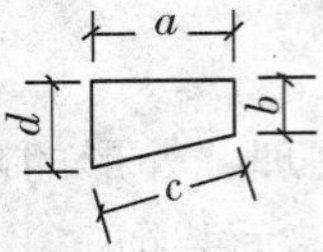	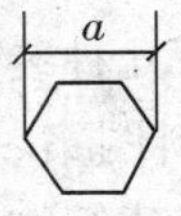	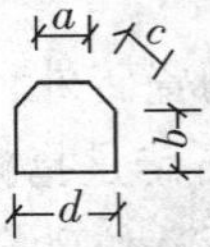	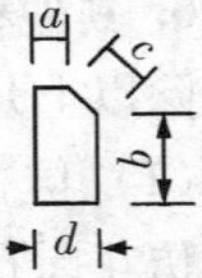
名称		斜长条（斜条）	六角	半八角	长条对角
规格/mm	*a*	36.4	25	15	7.5
	b	11.9	—	15	15
	c	37.9	—	18	18
	d	22.7	—	40	20
	厚度	5.0	5.0	5.0	5.0

a. 陶瓷锦砖的基本形状

拼花编号	拼花说明	拼花图案
拼-1 拼-2 拼-3 拼-4	各种正方形与正方形相拼 正方形与长条形相拼 大方形、中方形及长条形相拼 中方形及大对角相拼	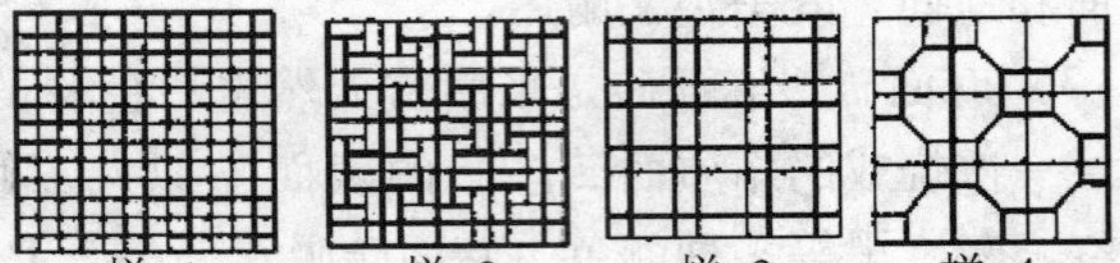 拼-1 拼-2 拼-3 拼-4
拼-5 拼-6 拼-7 拼-8	小方形及小对角相拼 中方形及大对角相拼 小方形及小对角相拼 斜长条形对斜长条形相拼 斜长条形对斜长条形相拼	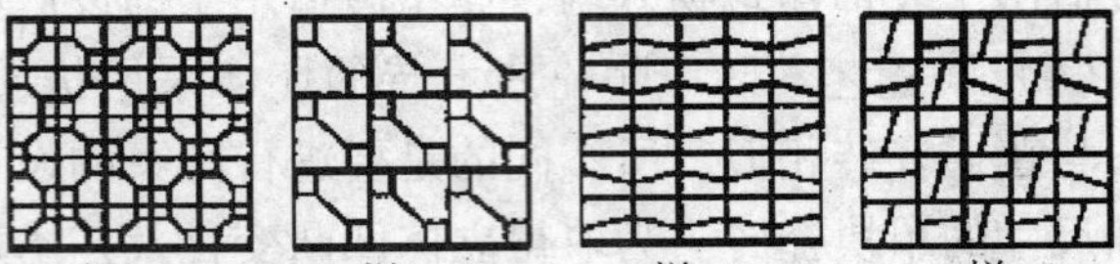 拼-5 拼-6 拼-7 拼-8
拼-9 拼-10 拼-11 拼-12	长条形对角与小方形相拼 正方形与五角形相拼 半八角形与正方形相拼 各种六角相拼	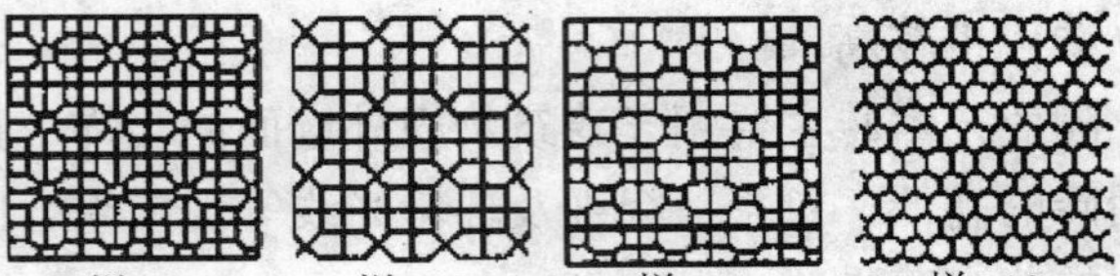 拼-9 拼-10 拼-11 拼-12
拼-13 拼-14 拼-15	大方形、中方形、长条形相拼 小对角、中大方形相拼 各种长条形相拼等	 拼-13 拼-14 拼-15

b. 拼花图案

图 3.4 陶瓷锦砖基本形状和拼花图案

金属光泽釉面砖中的钛金砖采用钛的化合物，以真空离子溅射法，将釉面砖表面处理成金黄、银白蓝、黑等多种颜色，光泽灿烂辉煌，给人以坚固、豪华的感觉。钛金砖釉面的耐磨度较高，当用螺丝刀敲打钛金砖的表面时，则出现如金属经猛烈撞击时才会产生的火花，而钛金砖表面却没有磨损的痕迹。

钛金砖经 1 180 ℃高温一次烧成，其坯体完全玻化，平均吸水率小于 0.5%。高致密度从根本上解决瓷砖吸色和浸潮难题，抗龟裂、防色变性能好；添加了无机环保复合抗菌剂的钛金砖，还具有抑菌功效。

（6）渗花砖：渗花砖的生产不同于在坯体表面施釉的墙地砖，它是利用呈色较强的可溶性无机化工原料，经过适当的工艺处理，采用丝网印刷方法将预先设计好的图案印刷到瓷质砖坯体上，依靠坯体对渗花釉的吸附和助溶剂对坯体的润湿作用，当渗入到坯体 2 mm 以上时，经过高温烧成后，这些可溶性无机盐与坯体发生化学反应而着色，抛光后可呈现清晰的彩色图案。

渗花砖的生产大致可分为一次烧成渗花砖和二次烧成渗花砖。渗花砖强度高、耐磨、耐腐蚀，不吸污、经久耐用，表面抛光处理后光滑晶莹，亮如镜面，色泽花纹丰富多彩，可广泛应用于各类高级建筑和现代住宅的室内外地面和墙面的装饰。一、二次渗花砖的工艺流程如图 3.5 所示。

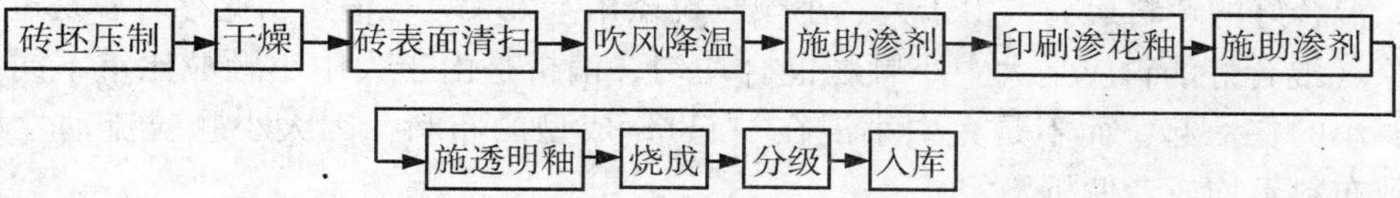

a. 一次烧成渗花工艺

b. 二次烧成渗花工艺

图 3.5　渗花砖的制备工艺流程

（7）仿古砖：仿古砖在意大利等国已兴起多年，但在我国则是近几年的事，其中以广东东莞唯美公司的马可波罗仿古地砖引人注目。仿古砖在我国刚出现时，主要用于铺贴广场，又名广场砖。目前品种很多，应用范围也已扩大，也用于装饰外墙和地面，作为饱蕴文化内涵的产品，深受城市居民的欢迎。

仿古砖本质上是一种釉面装饰砖。其表面一般采用亚光釉或无光釉，产品不磨边，砖面采用凹凸模具。其坯体有两种：一种是直接采用瓷质砖坯体原料，烧成后的吸水率在 3%左右，即瓷质仿古砖；另一种是吸水率在 8%左右，类似一次烧成水晶地板砖，即炻质仿古。这两种产品在市场上均有销售。

仿古砖的生产流程与普通釉面砖相似，只是在施釉线上增加了一些设备，如图 3.6 所示。它适用于各类公共建筑室内外地面和墙面及现代住宅的室内地面和墙面的装饰。

（8）大颗粒瓷质砖：大颗粒瓷质砖是在基料（白坯料）中加入一定比例的色料使其着色，经喷雾干燥造粒，制成彩色粉料。而后将其与喷雾干燥制得的白色粉料按一定比例混合均匀后，经压制、干燥、施透明釉（或不施釉）烧成，最终可制得各种彩色斑点分布于其中的陶瓷砖。

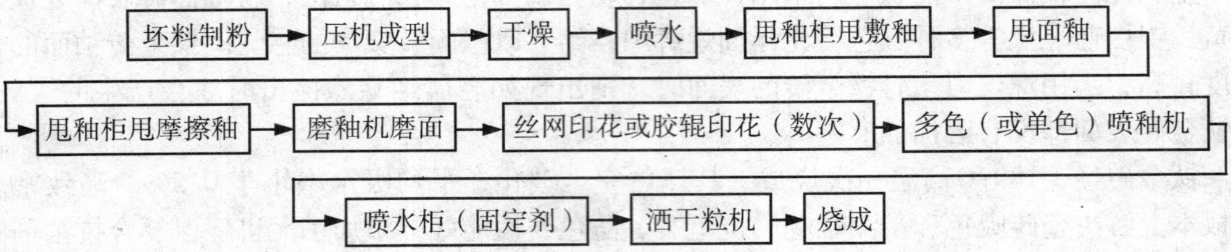

图 3.6　仿古砖的生产流程

大颗粒瓷质砖是相对无釉瓷质砖的喷雾造粒的小斑点而言的。它使用专用的造粒机，把部分喷雾干燥的粉料加工成 1~7 mm 大的颗粒，用专门的布料设备布料，再机压成型，经干燥、焙烧而成。大颗粒瓷质砖抛光后显示出大斑点效果，表面光洁异常，加强了表面纹理装饰，具有极佳的仿天然花岗岩效果，并无天然花岗岩的放射性元素危害问题。

大颗粒瓷质砖不仅具有花岗岩外观质感和传统陶瓷马赛克的斑点装饰外观，而且有极好的耐磨、抗折、抗冻和防污等特性，适用于各类公共建筑室内外地面和墙面及现代住宅的室内地面和墙面的装饰。

大颗粒瓷质砖生产技术难度大，主要面临的几个问题有：造粒问题，这是大斑点造粒核心技术；混合好的坯料运输，由于大、小颗粒粒径相差太大，在输送与储存时容易造成颗粒偏析现象（混合好的料应是大中小颗粒混合均匀，偏析是由于大中小颗粒比重不同，大的在一起，小的在一起，而不是大中小混在一起）；成型的布料，因大小颗粒流动性相差悬殊，导致布料不均或者偏析。

（9）微晶玻璃陶瓷复合板：微晶玻璃陶瓷复合板是指将微晶玻璃熔块平铺于普通瓷质砖基板上，一起进行烧成处理，制备出表层为微晶玻璃、基底为普通陶瓷的复合材料。这种复合材料既具有微晶玻璃的各种优良特性和装饰效果，又比纯微晶玻璃板材成本低，铺贴也非常方便。

微晶玻璃陶瓷复合板生产工艺精细，产品具有强度高、防污、防碱侵蚀等优点，适用于高级公共建筑的墙面和地面装饰材料，是一种高档装饰材料。

7. 新型功能装饰陶瓷

（1）自洁、保健瓷砖：添加纳米二氧化钛的瓷砖能增加灰尘和水珠与瓷砖、洁具表面的接触角度，灰尘、水珠就很容易滑落，可起到抗菌（杀灭 98% 的大肠杆菌）、自清洁的作用。

具有保健功能的建筑陶瓷远红外钒钛瓷砖，运用了远红外辐射原理，将保健功能与装饰功能完美结合起来，起到改善居室环境和促进人体健康的作用；它还具有优良的抗静电功能。

（2）调温调湿陶瓷：日本伊奈公司研制开发出一种保健型陶瓷，不仅降低了有害化学成分含量，而且具有调节室内温度的作用。

这种名为 ELKOKALATTO 的瓷砖利用富含矿物质且有微细小孔的黏土为原料烧制而成。室内温度过高时，这些小孔便会适当地吸收水分，储存在瓷砖内部，待温度下降时再缓慢挥发，以此有效控制室内温度、湿度。

（3）发光陶瓷：国外市场上推出的这种发光陶瓷，是在瓷砖光泽釉或无光泽釉表面，利用丝网印刷的方法在所定图案下放以仅在紫外线照射下产生荧光的颜料，并采用荧光颜料与热固性树脂混合加热或在 800 ℃下烘烤处理而成的。该陶瓷用于室内外墙面装饰具有独特的装饰效果。

（4）超轻陶瓷：日本研制出一种比木头更轻的能浮在水上的超轻量陶瓷，它是将一种被称为“中空树脂填料”按一定数量的比例同黏土掺和而成的，用这种材料制成的陶瓷器，其相对密度下降至 0.3，但其强度却与传统陶瓷无异。用这种超轻陶瓷材料烧制铺盖屋顶的瓦片，重量轻、耐地震，而且降低了运输成本。

（5）木材陶瓷：美国科研人员发明了一种增强木材陶瓷。它是将木材浸入四乙氧基硅烷中，待吸足后放入 500 ℃的固化炉中，在炉内木材细胞内的热量和水分将四乙氧基硅烷变成陶瓷，取代了纤维素。这种木材陶瓷与普通木材相比，硬度更大，强度更秘，是一种具有广泛用途的装饰材料。

（6）柔软陶瓷：美国市场上推出一种软性陶瓷，其成分中除含有黏土外，还含有合成橡胶，因而具有柔软性。用这种软陶瓷可制作砖面、卫生洁具、贴面层等柔软陶瓷，具有一定的韧性，不易破碎，其表面光滑阻燃、隔音、便于储藏。

（7）防盗陶瓷：匈牙利研制成一种防盗陶瓷，当盗贼把防盗陶瓷击碎时，会立即响起警报。该产品系多层结构，每层之间嵌有极细的金属丝与警报系统相连，其透明度与一般玻璃相同。

（8）弯曲陶瓷：日本有一种能像橡胶一样弯曲的陶瓷，其是在铝和乙醇的化合物中加入类似硅酮树脂的链状有机分子，然后加热固化。如不用铝而且钛或钽与乙醇的化合物，也可制造具有同样性质的陶瓷。该弯曲陶瓷既柔软又耐高温，适用于生产各种防震材料。

8. 陶瓷砖选购方法

陶瓷选购时要采用“一看、二听、三量、四比、五查”等方法。

（1）看外观是否平直。好的瓷砖要边直面平，这样的产品变形小，施工方便，铺贴后平整美观。

看表面是否有斑点、裂纹、磕碰、波纹、剥皮，是否缺釉等；侧面与背面是否有妨碍黏结的明显附着釉及其他影响使用的缺点；产品背面是否有清晰的商标图案等。

看花色图案。好的产品花色图案细腻、逼真，没有明显的缺色、断线、错位等。

看背面颜色。全瓷砖的背面应呈现乳白色，釉面砖的背面应是红色的。

看硬度。胚体坚硬、密度越大的产品质量越好，有颗粒状的不好。

看吸水率。可将一滴墨水滴在产品背面，看墨水是否自动散开。一般来讲，墨水散开速度越慢，吸水率就越小，内在品质越优，产品越经久耐用。

（2）“听”就是用一手的拇指、食指和中指夹住瓷砖一角，轻松垂下，另一手食指轻击瓷砖中下部，如声音清亮、悦耳为上品，如声音沉闷、涩浊为次品。

（3）“量”即是用尺量的方法检查砖几何尺寸误差是否在允许范围内。任何品牌的釉面砖，几何尺寸都会有误差，只要误差大小不同而已。好的釉面砖对误差的范围有严格的要求，一般来说，长度和宽度的误差正负不应超过 0.8 mm；厚度误差，正负不应超过0.3 mm。检查的时候，应随机抽样，即在不同的箱子里取样检查，数量为总数的 10%左右，不要少于 3 块。

（4）“比”是指对砖的方正和平整，我们可以采用“比”的方法来检查。随机抽取 4 块砖，面对面地贴在一块，看一看是否有鼓翘。再将砖相对旋转 90°，看一看周边是否依然重合。如果砖面相贴紧密，无鼓翘，旋转后周边基本重合，就可以认为所查釉面砖的方正度和平整度比较好。

（5）“查”。以上检查是一些常用的简单易行的“土办法”，对釉面砖的正规检验需要在实验室进行。正规商家销售的品牌产品，都应该附有出厂检验报告，购买时应注意索要，并认真核对“证物”是否相符。

（6）耐磨度。购买陶瓷砖时还要注意耐磨度，耐磨是一个衡量陶瓷砖质量的重要标准，一般分为五度：1 度耐磨性较差，一般用于展示墙面及活动极少的地方；2 度耐磨性稍好一些，可以用于浴室和卧室等没有硬摩擦的地方；3 度是耐磨性适中的瓷砖，可用于人员流动比较大的地方，如客厅和厨房等地方；4 度是属于高耐磨性瓷砖，豪华装修时，在住宅的门厅和走廊及公共场所使用是非常合适的；5 度是超高耐磨性的瓷砖，家庭使用是没有必要的，一般用于机场、车站等人流量极大的公共场所。

（7）防污性。抛光砖防污性能没有国家标准，各厂家也都在挖空心思做表面文章，如将砖面打蜡增厚等，但这类手段的效果都维持不了几天。应对以上手段，可用干抹布或刀片把砖面的蜡去掉，在砖的正中滴污油、茶渍或墨水等污染物，停留 10 min，用清水冲洗，然后用抹布擦拭。如果一抹就干净，说明该砖防污性好；如果还有黑点残留，说明该砖防污能力差。

（8）辐射性。瓷砖辐射与石材辐射的本质相同——来自原材料中的 β、γ 线照射，来自氡。在所有瓷砖中，抛光砖中超白砖的辐射更强，彩釉砖表面放射性元素氡的析出率比普通砖要高。因此买奖瓷砖应到正规建材市场购买品牌产品；向经销商索要产品放射性检测报告，注意观察检测结果类别（A 最好，B 居中，C 最差）。

（9）光污染。居室的墙壁、地面用某些瓷砖（主要指抛光砖和一部分仿古砖）装饰后，光反射系数高达 90%，大大超过人体所能承受的生理适应范围，会造成光污染，损害人体健康。

家庭装修时，最好选择亚光砖；书房和儿童房尽量用地板代替地砖；如果使用了抛光砖，平时家中尽量开小灯，还要避免灯光直射或通过反射影响到眼睛；由于白色和金属色瓷砖反光较为强烈，不适合大面积在居室使用。

陶瓷砖铺贴后，还要注意使用方法和保养。应经常清理地面，减少灰尘。要用拧干的湿毛巾或拖布轻擦地面；避免特殊的鞋袜（如带钉的鞋子）直接接触地面；这样可以减少地面划痕，保持地面的美观；不要将污水，或腐蚀性物品倒在地面，减少对地面的污染、腐蚀；要保持地面的干燥，不要将水洒在地面，防止滑倒、跌伤；防止重物砸击地面，以免砸碎砖面，影响美观。

瓷砖常会被油腻、水锈、皂垢等沾污，尤其瓷砖接缝处更易藏污纳垢。为保持瓷面清洁又不损坏瓷面光亮，可以使用多功能去污膏进行清洁。至于瓷砖缝隙处，则应先使用牙刷蘸少许去污膏刷去污垢，再在缝隙处用毛笔刷一道防水剂即可，这样不仅能防渗水且能防真菌生长。

3.4 琉璃制品

建筑琉璃制品是以黏土为主要原料经原料处理加工、成型、干燥、素烧、施釉、釉烧等工序制成，为表面或使用面附着彩色铅釉的陶质建筑外装修材料。色釉颜色有黄、绿、蓝、白等色。

建筑琉璃制品具有中国民族风格与特色。传统规格形式的琉璃瓦及配套的兽、脊等构件，可用于中国古典建筑或具有中国古典建筑屋顶结构形式的现代建筑的屋面装修。根据设计意图与要求，加工成特定形状。经过各种艺术处理的琉璃制品，可用于建筑物的檐口、墙壁、柱头以及设计者欲加美化的各个部位的外部装修。琉璃檐是将琉璃瓦挂贴在预制混凝土槽形板上，然后整体安装，其美观大方、幽雅别致，在我国西安、北京、成都、苏州等地应用较多。琉璃瓦因价格较贵且自重大，故主要用于具有民族色彩的宫殿式房屋以及少数纪念性建筑物上。其还常用以建造园林中的亭、台、楼、阁，以增加园林的景色。琉璃瓦品种繁多，造型各异，主要有板瓦（底瓦）、筒瓦（盖瓦）、滴水、勾头等，另外还制有飞禽走兽、双龙戏珠等形象，用作槽头和屋脊的装饰物。琉璃瓦色彩艳丽多样，常用的有金黄、翠绿、宝蓝等色。

建筑琉璃制品理化性能标准为：

（1）光泽度：测平面处不低于 60 度。

（2）吸水率：吸水率为 8%~15%。

（3）抗折强度：抗折强度>7.5 MPa。

（4）热稳定性：热稳定性要求为（100~200）℃±1 ℃水冷三次坯体不炸裂，釉面无剥落。

（5）抗冻性能：抗冻性能要求为（−30~20）℃±1 ℃冻融循环 10 次，坯体无缺棱角、炸裂，釉面无剥落现象。

3.5　陶瓷壁画

陶瓷壁画是以陶瓷面砖、陶板、锦砖等为材料而制作的具有较高艺术价值的现代建筑装饰材料。陶瓷壁画不是原画稿的简单复制，而是艺术的再创造，它巧妙地融绘画技法和陶瓷装饰艺术于一体，经过放样、制版、刻画、配釉、施釉、焙烧等一系列工艺，采用浸、点、涂、喷、填等多种施釉技法，以及丰富多彩的窑变技术，创造出神形兼备，巧夺天工的艺术作品。

陶瓷壁画可分为以下几种。

3.5.1　釉上彩壁画

釉上彩壁画是以白釉砖为载体，运用低温陶瓷颜料和调合剂绘制，经 700~900 ℃烧成的壁画。其中以新彩壁画的制作最为简便，因而具有广泛性。它的表现手法十分丰富，可将任何对象和境界表现得惟妙惟肖。壁画绘成后，入窑前给每块瓷砖背面编号，以便上墙安装不出差错，其他各种壁画也应该注意这点。以精陶质釉面内墙砖为载体绘制的釉上彩壁画，适合于室内装饰；以釉面外墙砖为载体的釉上彩壁画，可以装饰外墙。

3.5.2　釉下彩壁画

釉下彩壁画是指运用釉下彩颜料和传统技法绘制的一种陶瓷壁画。将矿物质陶瓷颜料绘制在生坯或素坯上，然后施透明釉，再经 1 300 ℃左右的高温烧制。此类陶瓷壁画适于室内、外壁面装饰。

3.5.3 综合装饰陶瓷壁画

综合装饰陶瓷壁画是由两种或两种以上装饰方法集于一体的一种壁画形式。比如，釉上彩、釉下彩与浮雕结合的陶雕壁画，或镶嵌与彩绘融于一身的陶瓷画，都属于此类。

3.5.4 唐三彩壁画

唐三彩壁画是直接以流动性极好的多彩低温釉作为彩料，在精陶坯体（素坯）上绘制，经 900 ℃左右烧成的一种历史悠久而形式新颖的陶瓷壁画。唐三彩原本是唐代多彩釉质陶的统称，主要有黄、绿、褐等三种釉色。它是由现代壁画艺术家，在继承传统釉色基础上，加以发展而创造出来的三彩平面壁画。这种壁画具有釉质莹润、色彩绚丽明亮、风格古朴、浮雕感强等特色，适用于室内壁画装饰。

3.5.5 微晶多彩窑变釉壁画

微晶多彩窑变釉壁画是采用精陶质或炻质素坯砖作为壁画载体，以铅、硼、锆等多种熔块配制的各种微晶多彩釉作为绘画色调，绘制后在 1 150 ℃左右的中温条件下焙烧而成的一种微晶多彩壁画。它巧妙地利用流动性小的无光釉作为底色，用金砂、珠光、虹彩、金光等窑变釉填绘形象，烧成后，无光与有光釉产生强烈对比，可获得锦缎般的艺术效果。适于室内外装饰。

3.5.6 浮雕陶瓷壁画

浮雕陶瓷壁画是一种整体感好，立体感强的陶瓷壁画。它有素面浮雕壁画、画面（多无光或蜡光）浮雕壁画及二者结合浮雕壁画等多种。此类壁画适合于室外装饰，在阳光照耀下更具艺术魅力。

3.5.7 镶嵌陶瓷壁画

镶嵌陶瓷壁画是运用普通小四方或异形陶瓷锦砖，或利用各种颜色碎瓷片，裁成所需形状来镶嵌的一种平面陶瓷壁画。它具有形象的色彩和高度的概括性，装饰性强，适合于远距离观赏等特点。

现代陶瓷壁画具有单块砖面积大、厚度薄、强度高、平整度好、吸水率小、抗冻、抗化学腐蚀、耐急冷急热等特点。陶瓷壁画施工较方便，且可同时具有绘画、书法、条幅等多种功能。陶瓷板表面可制成平滑面，也可做成各种浮雕花纹图案。

陶瓷壁画适于镶嵌在大厦、宾馆、酒楼等高层建筑物上，也可镶贴于公共活动场所，如用于机场候机室、车站的候车室、大型会议室、会客室、园林旅游区等地及码头、地铁站、隧道等公共设施的装饰，给人以美的享受。

3.6 卫生洁具

卫生洁具是现代建筑中室内配套不可缺少的组成部分。卫生器具的材质，使用最多的是陶瓷，其次还有搪瓷生铁、搪瓷钢板及水磨石等。卫浴器具的种类繁多，但对其共同的要求是表面光滑、不透水、耐腐蚀、耐冷热，易于清洗和经久耐用等。

卫生洁具包括面盆、坐便器和浴缸。

3.6.1 面盆

面盆可分为台式、挂式和立柱式三种。

1. 台式面盆

台式面盆又分为修边式台上面盆和台下式面盆。

（1）修边式台上面盆：是直接安装在台上，脸盆修边可修饰台面。

（2）台下式面盆：是配合坚固台面材料，安装在台面下的面盆。

2. 悬挂式面盆

悬挂式面盆又称挂墙式面盆，这种面盆要在装修时砌起一道矮墙，将水管包入墙体中。

3. 立柱式面盆

立柱式面盆引人注目的视觉焦点是脸盆下空间开阔，易于清洁。

目前，市场上较多的是悬挂式洗面器，采用支架固定在墙壁上，洗面用的新型水龙头增加了钢网，能减压，使水流到皮肤上轻柔舒适。

较高级的单把拨摆式冷热水调和式水龙头，有的还安装高温限制安全器，可避免高温对人体的烫伤；还有靠红外线自动开闭式水龙头，防止洗手后的二次污染。

特别是一些较高档的排水使用金属提拉式排水组件，替代了排水器用强链式橡胶塞，充分体现了现代家庭的时尚化。

3.6.2 坐便器

坐便器可分为冲落式和虹吸式两大类。

坐便器按外形可分为单体式、壁挂式和分体式两种。

高档的坐便器在排污时呈缸吸旋涡式转动冲水，无响声、无臭味。

中档的坐便器多为虹吸式坐便器，有底部出水和横向后排两种。

目前较先进的坐便器都设置了智能化装置。人一坐上就会感到坐圈在自动升温，便后脚踏踩板，便器内就有温水自动冲洗肛门，继而热风吹干。新型的坐便器还带有保温和净身功能。

3.6.3 浴缸

陶瓷浴缸是高档卫生间的设备之一，形式花样繁多。

浴缸按浴洗方式分，有坐浴、躺浴。

浴缸按功能分，有泡澡浴缸和按摩浴缸。

浴缸按材质分，有陶瓷浴缸、压克力浴缸、钢板浴缸、铸铁浴缸等。

目前，较先进的浴缸为环保全功能浴缸，其特点为：

（1）休闲 40.6 cm（16 in）液晶屏幕。

（2）数码视听音响功能。

（3）臭氧洁净消毒。

（4）科学房屋管道排水功能，使管道内无污水积存。

（5）环保型 ABS（丙烯腈/丁二烯/苯乙烯共聚物）板材，无污染环保型。

（6）水疗按摩冲浪淋浴，特别是首创的管道自动排水功能已彻底解决了按摩浴缸二次污染的难题，能使洗浴更加洁净、健康。

3.6.4 卫生洁具的选择

（1）区别卫生洁具陶瓷质量的好坏：一般高品质的洁具釉面光洁，没有瘪塘、色差、针眼和缺釉等现象，用硬质物敲击陶瓷发出的声音清脆。而劣质产品一般釉面有较多的针眼斑点、磕碰、裂纹和缺釉，外观有轻度变形（台面盆反扣在台面上不平整，坐便器放在地面上会左右摇晃等），商标模糊不清，敲击时发出的声音沉闷，无清脆声。

（2）顾客在选择卫生洁具时还应考虑家庭中老年人和小孩，对浴缸选择要配有扶手和防滑措施，避免沐浴时发生人身安全事故；同时还应从价格上考虑自己的承受能力。可以找一些内行人帮忙，选择经济，美观，耐用的卫生洁具。

思考题

1. 陶瓷分为哪些种类？常用哪些原料来制备陶瓷？
2. 艺术陶瓷的装饰技法有哪些？
3. 陶瓷釉的种类及其特点是什么？
4. 建筑装饰陶瓷砖的分类及选购方法是什么？

4 建筑装饰玻璃

本章主要介绍玻璃的装饰性；玻璃的基本知识，包括玻璃的组成和性质；节能型建筑装饰玻璃、安全型装饰玻璃和其他装饰玻璃的性能及应用；建筑装饰玻璃的选购。

4.1 玻璃的装饰性

玻璃具有悠久的发展历史，最初由火山喷出的酸性岩凝固而得。约公元前 3 700 年前，古埃及人已制出玻璃装饰品和简单玻璃器皿，当时只有有色玻璃；约公元前 1 000 年前，中国制造出无色玻璃；12 世纪，出现了商品玻璃，并开始成为工业材料；18 世纪，为适应研制望远镜的需要，研制出光学玻璃；1873 年，比利时首先制出平板玻璃；1906 年，美国制出平板玻璃引上机，开始采用垂直引上法生产玻璃。此后，随着玻璃生产的工业化和规模化，各种用途和各种性能的玻璃相继问世。现在，玻璃已成为日常生活、生产和科学技术领域的重要材料。

玻璃是现代建筑常用的室内外装饰材料之一，其在建筑上的应用量、应用种类和具有的功能可以作为评价建筑物现代化程度的标志。建筑装饰玻璃之所以在建筑上占有如此重要的地位，是因为建筑装饰玻璃的功能不再是过去的遮风、避雨、采光，而是发展为集保温、隔热、隔音、阻隔电磁波、遮光及装饰等于一身。建筑装饰玻璃的装饰性能很丰富，其装饰特性可通过玻璃的透光性、玻璃的透明性、玻璃的半透明性、玻璃的折射性、玻璃的反射性、玻璃的多色性、玻璃的光亮性、玻璃表面图案的多样性、玻璃形状多样性、玻璃安装结构的多样性等来体现。

4.1.1 玻璃的透光性

玻璃的透光性具有很好的装饰效果，应用玻璃的透光性，可使室内的光线柔和、恬静、温暖。室内光线过强会刺激人眼，使人躁动不安。应用玻璃的透光性可消除这些不利因素，同时增加建筑的隐蔽性。例如，用压花玻璃装饰卫生间的门和窗，不但阻隔了外界的视线，同时也美化了卫生间的环境。用磨砂玻璃当作室内隔断，既节省室内空间，又显得富丽堂皇。用透光玻璃装饰的室内过道窗，透出淡淡的纤细柔光，朦胧中充满神秘感。可以说，现代化建筑正在越来越多地运用玻璃的透光性来进行装饰。

4.1.2 玻璃的透明性

通过玻璃的透明性可将大自然的光芒引进建筑，将人们的视线从室内引到室外。玻璃的透明性不仅给人们创造出明亮的光环境，还给人们带来了视觉的通透，空间的延伸；建筑内外的融合，使人们有一种身在居室，却沐浴在大自然的感觉。这一切是任何其他建筑装饰材料都无法替代的。

4.1.3 玻璃的半透明性

玻璃的半透明性是指玻璃的单向透明性，即玻璃从一个方向看是透明的，从另外一个方向看是不透明的。玻璃的半透明性遮蔽了建筑物外界人们的视线，建筑物内部的人可以朝外看，即对于建筑物内部的人来说，玻璃具有透明性的特色，但建筑物外界的人却看不见里面。这样不仅增加了建筑物的隐蔽性，避免建筑物里的人、物暴露在众目之中，也遮掩了建筑物的结构，如楼梯、楼板、管道、线路等，使得建筑物美丽无瑕。当室外的光线强度低于室内的光线强度时，如夜晚室内开灯，则室内的景物可清晰透出室外。

4.1.4 玻璃的反射性

玻璃的反射性是指镜面玻璃。人们发现，镜面玻璃除了满足人们在生活中照镜子的需求之外，用它装饰室内可产生意想不到的效果。例如，它给人的视觉带来空间被扩展了的感觉，可使空间明亮；与灯光配合，可使室内变得光怪陆离，更富装饰性。又如，热反射镀膜玻璃，是为了降低玻璃的遮阳系数和降低玻璃的热传导系数，进而起到节能的效果；为了美观，热反射玻璃可以采用各种颜色，如茶色、银白色、银灰色、绿色、蓝色、金色、黄色。热反射玻璃大量应用于建筑，如建筑门、窗，特别是幕墙；热反射玻璃在幕墙上的应用是玻璃反射性应用的最高境界。它使得一幢幢大厦色彩斑斓，较高的反射率将建筑物对面的街景反射在建筑物上，可谓景中有景。

4.1.5 玻璃的多色性

玻璃色彩丰富，赤、橙、黄、绿、青、蓝、紫，无一不有。如今的建筑多姿多彩、风格各异，玻璃多色性的应用可谓独占其功。颜色玻璃就好像是画家手中的颜料，任由建筑设计师创造性地应用。现代化的建筑物充分地发挥玻璃的多色性，如各种颜色的玻璃门、窗、幕墙等；特别是玻璃的多色性在室内装饰上得到淋漓尽致的发挥，如彩色玻璃隔断、彩色玻璃屏风、彩色玻璃画、彩色玻璃天顶、彩色玻璃栏杆等。

4.1.6 玻璃的光亮性

玻璃光亮性不是指玻璃与光线作用时所表现的性质，而是指玻璃的表面外观给人的视觉效果。玻璃的光亮性的装饰特性是光滑、平整、清洁，特别是对于大面积玻璃幕墙，好像是用水晶加工出来的艺术作品，伫立在街头、湖畔，使整个建筑靓丽无比。

4.1.7 玻璃表面图案

玻璃表面图案极为丰富，从简单的几何图形、花草、山水、飞禽走兽，到人物、仕女，可谓应有尽有。玻璃表面图案的多样性主要应用于建筑的室内装饰，如隔断、屏风、室内门、室内窗、天顶、装饰画等。玻璃表面图案的多样性有许多优点：

(1) 它集玻璃板的应用功能与装饰效果于一身，已越来越多地被室内装饰所采用。如果说玻璃的其他装饰性能表现了玻璃的光性、型性、色性，玻璃的图案多样性则表现了玻璃的“花”性，它对建筑的装饰效果有画龙点睛的作用。

（2）用玻璃进行室内装饰具有环保功能。由于玻璃是无机材料，既无任何有害气体释放，又无放射性。

（3）玻璃表面的图案永远不变，且永远新鲜如初。将其用于室外门、窗，不怕风吹、雨淋、日晒。因为玻璃表面的图案或是刻、磨在玻璃上，或是将彩釉经高温二次烧结在玻璃上，其图案与玻璃具有同样的化学耐久性。

4.1.8　玻璃形状的多样性

玻璃是板材，其平面形状可以是正方形、长方形、三角形、圆形、椭圆形、任意多边形等；其空间形状可以是单曲面、双曲面、球面等；平面形状和空间形状相结合可以产生各种具有艺术性的形状。

4.1.9　玻璃安装结构的多样性

玻璃的安装结构有许多种，可分为两大类，即有框安装和无框安装。有框安装比较传统，最早是木框，后来发展为钢框、铝合金框、塑钢框等。无框安装也有许多种，吊挂式一般用于宾馆、饭店的首层幕墙，可以吊挂尺寸非常大的玻璃。无框安装钢化玻璃门特别适合公共建筑，因为无框安装玻璃门可向内、向外开启。隐框玻璃幕墙分为半隐和全隐，特别适合于半透明玻璃幕墙，即镀膜玻璃幕墙。点支式玻璃幕墙特别适合于透明玻璃幕墙，因为点支式玻璃幕墙的金属结构本身就是一道风景线。隐框玻璃幕墙是通过结构胶将玻璃直接粘在建筑结构上，其他无框安装都是通过五金件将玻璃与建筑结构连接起来。无框安装方式的装饰特点是充分体现了玻璃的透光性、透明性和反射性等，更加强调了建筑的整体性。

不仅如此，玻璃的装饰性能是活性的、是动态的，是充满着生命活力的。它与日光辉映，可使建筑物色彩斑斓、光彩照人；它与月光辉映，可使建筑物幽光淡淡，充满着神秘色彩。它与灯光辉映，可使建筑物如天上的宫殿，也可使其变得光怪陆离；可使居室祥和温馨，也可使其冷光悠悠。因此，玻璃的装饰性是千变万化的，没有建筑装饰玻璃，就没有现代化建筑。如今建筑装饰玻璃在建筑上的应用可谓无处不在，如玻璃门、玻璃窗、玻璃隔断、玻璃楼梯、玻璃镜、玻璃地板和通道、玻璃栏杆和雨棚、玻璃屋顶、玻璃幕墙等。

4.2　玻璃的组成、性质与分类

玻璃是具有无规则结构的非晶态固体，没有固定的熔点，在物理和力学性能上表现为均质的各向同性。大多数玻璃都是由矿物原料和化工原料经高温熔融，然后急剧冷却而形成的。在形成的过程中，如加入某些辅助原料如助熔剂、着色剂等，可以改善玻璃的某些性能。

4.2.1　玻璃的组成

玻璃是以石英砂、纯碱、石灰石、长石等为主要原料，经 1 550~1 600 ℃高温熔融、成型，并经快速冷却而制成的固体材料，其组成比较复杂，主要成分是 SiO_2（约 72%）、Na_2O（约 15%）和 CaO（约 9%），另外还有少量的 Al_2O_3、MgO 等，这些氧化物在玻璃中都起着重要的作用，各主要化学成分的作用如表 4.1 所示。

表 4.1 玻璃中主要化学成分的作用

氧化物	作用
SiO_2	提高玻璃的机械强度、化学稳定性、耐热性、熔融温度，降低密度、热膨胀系数
Na_2O	提高玻璃的热膨胀系数，降低化学稳定性、热稳定性、耐热性、熔融温度
CaO	提高玻璃的硬度、强度、化学稳定性，降低耐热性、熔体高温黏度
Al_2O_3	提高玻璃的化学稳定性、硬度、强度、韧性，降低析晶倾向
MgO	提高玻璃的化学稳定性、耐热性、机械强度、退火温度，降低析晶倾向、韧性

为使玻璃具有某种特性或改善玻璃的某些性能，还常在玻璃中加入某些化合物作为辅助原料，如助熔刈、脱色剂、澄清剂、着色剂、乳浊剂等，常用的辅助原料及其作用如表 4.2 所示。若采用一些特殊工艺，还可以制得具有各种不同特殊性能的玻璃。

表 4.2 玻璃常用辅助原料及其作用

辅助原料	作用	常用化合物
助熔剂	缩短玻璃熔制时间，萤石还可与玻璃液中杂质 FeO 作用，增加玻璃的透明度	萤石、硼砂、硝酸钠、纯碱等
脱色剂	在玻璃中呈现为原来颜色的补色，起到使玻璃无色的作用	硒、硒酸钠、氧化钴、氧化镍等
澄清剂	降低玻璃液黏度，有利于玻璃液消除气泡，起到澄清的作用	白砒、硫酸钠、铵盐、硝酸钠、二氧化锰等
着色剂	赋予玻璃所需的颜色，如氧化铁能使玻璃呈黄色或绿色，氧化钴能使玻璃呈蓝色等	氧化铁、氧化钴、氧化锰、氧化镍、氧化铜、氧化铬等
乳浊剂	使玻璃呈乳白色的半透明体	冰晶石、氟硅酸钠、磷酸三钙、氧化锡等

4.2.2 玻璃的基本性质

1. 玻璃的密度

玻璃的密度与其化学组成有关，普通玻璃的密度为 2.45~2.55 g/cm^3。玻璃内几乎无孔隙，属于致密材料。

2. 玻璃的光学性质

太阳光由紫外光、可见光、红外光三部分组成。紫外光的波长为 200~400 nm，约占太阳光 3%；可见光的波长为 400~700 nm，约占太阳光的 48%；红外光的波长为 700~2 500 nm，约占太阳光 49%，是热量的主要携带者。当光线入射到玻璃上时，玻璃会对光线产生透射、反射、吸收的作用。

（1）透射：光线能透过玻璃的性质称为透射，玻璃透光能力的大小，用透射率表示。透射率是指透过玻璃的光通量与入射光通量的百分比。玻璃的透射率是玻璃的重要性能，清洁无色的玻璃对可见光的透射率可达 85%~90%。

玻璃的透射率主要与玻璃的化学组成、颜色、厚度及光的波长有关。同种玻璃，厚度越大透射率越小。无色玻璃的透射率高于着色玻璃和镀膜玻璃。例如，3 mm 厚的无色玻璃对可见光透射率为 89%，而 5 mm 厚的各色吸热玻璃的可见光透射率为 30%~65%，5 mm 厚的镀膜玻璃的可见光透射率为 10%~30%。石英玻璃和磷、硼玻璃能透过紫外线，锑、钾玻璃能透过红外线。用于采光、照明的玻璃，要求具有较高的透射率。

（2）反射：光线被玻璃阻挡，按一定角度反射出，称为反射。玻璃对光的反射能力，用反射率表示。反射率是指玻璃反射的光通量与入射光通量的百分比。

玻璃的光反射率与玻璃的表面有关，而对光的波长没有选择性。普通平板玻璃的光反射率较小，为 5%~8%，而镀膜玻璃和热反射玻璃的光反射率都较大，为 15%~48%。用于遮光和隔热的玻璃，要求具有较高的光反射率。

（3）吸收：光线通过玻璃后，一部分光通量被损失，称为吸收。玻璃对光线的吸收能力，用吸收率表示。吸收率是指玻璃吸收的光通量与入射光通量的百分比。

玻璃的光吸收率与玻璃的组成、颜色、厚度及光的波长有关。普通无色玻璃对可见光的吸收率很低，但对红外光和紫外光的吸收率较大。各种着色玻璃可透过同色光线而吸收其他颜色光线。铅、铋玻璃对 X 射线和 γ 射线有较强的吸收能力。

用于隔热、防眩作用的玻璃，要求既能吸收大量的红外光，同时又能保持良好的透光性。透射率、反射率、吸收率之和为 100%。

3. 玻璃的热工性质

（1）导热性：玻璃是热的不良导体，导热系数一般为 0.75~0.92 W/（m·K），大约为铜的 1/400。

玻璃的导热性能主要与玻璃的化学组成、表观密度和构造有关，不同种类及不同构造的玻璃其导热系数如表 4.3 所示。

表 4.3　玻璃的导热系数

名称	导热系数/[W/(m·K)]	名称	导热系数/[W/(m·K)]
平板玻璃	0.75	充氮夹层玻璃（D=12.03 mm，一个氮气层）	0.097
化学玻璃	0.93	充氮夹层玻璃（D=21.42 nm，二个氮气层）	0.091 6
石英玻璃	0.71	充氮夹层玻璃（D=30.16 mm，三个氮气层）	0.089 3
石英玻璃	1.35	干空气夹层玻璃（D=12.06 mm，一个空气层）	0.096 3
石英玻璃	2.71	干空气夹层玻璃（D=21.04 mm，一个氮气层）	0.089 3
玻璃砖	0.81	干空气夹层玻璃（D=29.83 mm，三个空气层）	0.089 3
泡沫玻璃	0.052	夹层玻璃（D=8.6 mm，中间空气 3 mm，四周玻璃条）	0.103
泡沫玻璃	0.087	夹层玻璃（D=15.92 mm，中间空气 10 mm，四周玻璃条）	0.094
泡沫玻璃	0.116	夹层玻璃（D=15.92 mm，中间空气 6 mm，四周玻璃条）	0.128

注：D 为夹层玻璃的总厚度。

（2）热稳定性：玻璃抵抗温度变化而不破坏的性能称为热稳定性。

玻璃的热稳定性较差，这是由于玻璃的导热性能差，当玻璃温度急变时，热量不能及时传递到整块玻璃上，沿玻璃的厚度温度不同，故膨胀量不同，因而产生内应力，当内应力超过玻璃极限强度时，就会造成破裂。玻璃抗急热的能力比抗急冷的能力强，这是因为受急热时玻璃表面产生压应力，而受急冷时玻璃表面产生的是拉应力，玻璃的抗压强度远高于抗拉强度。

（3）耐热性：玻璃在高温下会发生软化，并产生较大的变形，因此玻璃的耐热性较差。

4. 玻璃的力学性质

玻璃的力学性质与其化学组成、表面处理、缺陷及其形状有关。SiO_2 含量高的玻璃具有较高的抗压强度，且硬度也较高，而 CaO、Na_2O 及 K_2O 等氧化物是降低抗压强度的因素。表面经过钢化处理的玻璃，则强度大幅提高。玻璃表面及内部的缺陷会造成应力集中，从而使玻璃的强度急剧下降。

普通玻璃的抗压强度为 600~1 200 MPa，抗拉强度为 40~80 MPa，抗弯强度为 50~130 MPa，弹性模量为（6~7.5）$\times10^{-4}$MPa。故玻璃在冲击作用下易破碎，是典型的脆性材料。玻璃的莫氏硬度为 4~7，因而玻璃的耐刻划性和耐磨性较高，长期使用和擦洗不会使玻璃表面变毛。

5. 玻璃的化学性质

一般来说，玻璃具有较高的化学稳定性，但长期遭受侵蚀介质的作用，也能导致变质和破坏。玻璃的耐酸性较强，能抵抗氢氟酸以外的各种酸类的侵蚀，但耐碱性较差；长期受碱液作用时，玻璃中的 SiO_2 会溶于碱液中，使玻璃受到侵蚀。长期受水汽作用时，表面会产生水解生成的 NaOH 和 $2SiO_2 \cdot nH_2O$，同时玻璃中的碱性氧化物还会与空气中的 CO_2 结合生成碳酸盐并在玻璃表面析出，形成白色斑点，降低玻璃的透光性，俗称玻璃发霉。

4.2.3 玻璃的分类

玻璃的品种很多，分类方法也很多，常用的分类方法有以下几种。

1. 按化学组成分类

（1）钠玻璃：钠玻璃又称钠钙玻璃，主要成分是 SiO_2、Na_2O 和 CaO。它熔点低，易于熔制，由于所含杂质较多，玻璃常带有绿色。与其他品种玻璃相比，钠玻璃的力学性质、热工性质、光学性质及化学稳定性均较差。多用于制造普通建筑玻璃和日用玻璃制品，故又称普通玻璃。普通玻璃在建筑工程中应用十分普遍。

（2）钾玻璃：钾玻璃是以 K_2O 替代钠玻璃中部分 Na_2O，并提高玻璃中 SiO_2 含量而制成的。它硬而有光泽，故又称硬玻璃，其他性质也较钠玻璃好。钾玻璃多用于制造化学仪器和用具以及高级玻璃制品。

（3）铝镁玻璃：铝镁玻璃是降低钠玻璃中碱金属和碱土金属氧化物的含量，引入 MgO 并以 Al_2O_3 替代部分 SiO_2 而制成的。它软化点低，析晶倾向弱，力学性质、光学性质和化学稳定性都有提高，常用于制造高级建筑玻璃。

（4）铅玻璃：铅玻璃又称铅钾玻璃或晶质玻璃，其他成分由 PbO、K_2O 和少量的 SiO_2 组成。它光泽透明，质软而易加工，对光的折射性和反射性能强，化学稳定性高。铅玻璃密度大，故又称重玻璃。主要用于制造光学仪器、高级器皿和装饰品等。

（5）硼硅玻璃：硼硅玻璃又称耐热玻璃，其成分由 B_2O_3、SiO_2 及少量 MgO 组成。它具有较好的光泽和透明度，较强的力学性能、耐热性、绝缘性和化学稳定性。主要用于制造高级化学仪器和绝缘材料。

（6）石英玻璃：石英玻璃是用纯 SiO_2 制成的，具有很好的力学性质、热工性质，优良的光学性质和化学稳定性，并能透过紫外线。主要用于制造耐高温仪器、杀菌灯等特殊用途的仪器和设备。

2. 按功能分类

玻璃按功能分类，可分为普通玻璃、吸热玻璃、防火玻璃、装饰玻璃、安全玻璃、镭射玻璃和玻璃构件等。

3. 按用途分类

玻璃按用途分类，可分为建筑玻璃、器皿玻璃、光学玻璃、防辐射玻璃、窗用玻璃和玻璃构件等。

4. 按玻璃及其制品的形状分类

玻璃按形状分类，可分为平板玻璃、曲面玻璃、空心或实心玻璃砖、槽形或 U 形玻璃、波形瓦等。

在以上玻璃种类中，以平板玻璃最为重要，它是玻璃制品中生产量最大、使用最多的一种玻璃制品，不仅如此，它还是制造许多玻璃新品种的原片，即许多玻璃新品种都是在平板玻璃的基础上进行加工处理而制成的。

4.3 平板玻璃的生产工艺

平板玻璃是指未经其他加工的平板状玻璃制品，也称白片玻璃或净片玻璃，属钠玻璃类，主要用于门窗，起采光（透射率达 85%~90%）、围护、保温、隔音等作用，也是进一步加工成其他技术玻璃的原片，具有一定的机械强度，但性脆，紫外线通过率低。平板玻璃生产工艺如图 4.1 所示。

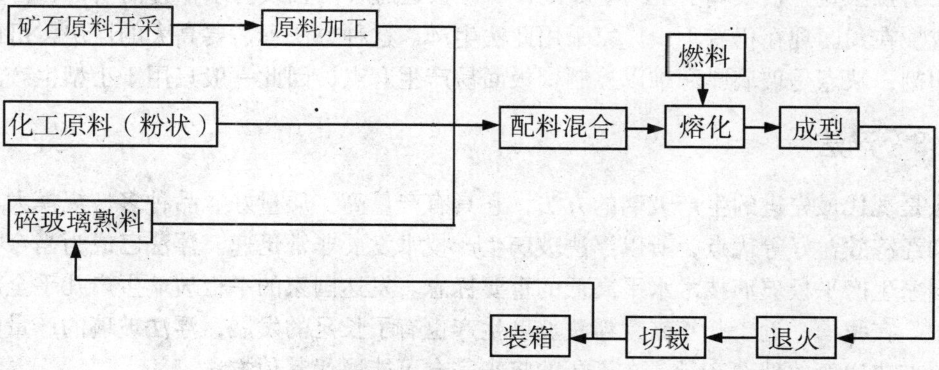

图 4.1 平板玻璃的生产工艺

普通平板玻璃生产的方法有四种：垂直引上法（包括有槽、无槽、对辊法）、水平引拉法、浮法、压延法等。

4.3.1 垂直引上法

垂直引上法是利用接引机械从玻璃溶液表面垂直向上引拉玻璃带，经冷却变硬而成玻璃平板的方法，有槽和无槽引上法成型如图 4.2 所示。

这种生产方法的特点是成型容易控制，可同时生产不同宽度和厚度的玻璃，但需要高大的厂房，且宽度和厚度也受到成型设备的限制，产品质量不高，易产生较大缺陷，如玻璃厚薄难以控制，板面易产生麻点、波筋、线道、表面不平整。

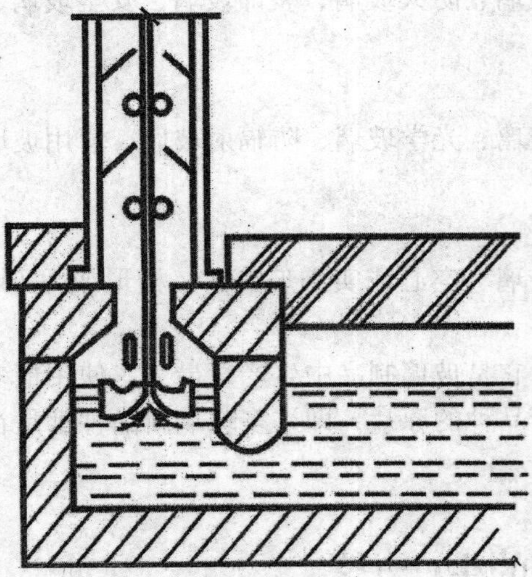

a. 有槽引上法成型

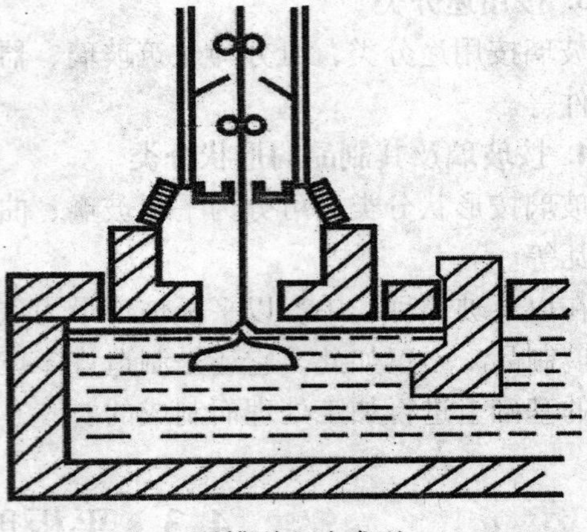

b. 无槽引上法成型

图 4.2 垂直引上法生产玻璃示意

4.3.2 水平引拉法

水平引拉法是平板玻璃引上约 1 m 处，将原板通过转向轴改为水平方向引拉，再经退火冷却而成。在我国现在仍有不少厂家采用此法生产。这种方法不需要高大的厂房，可以进行大面积切割；缺点是玻璃厚薄难以控制，板面易产生麻点，因此一般只用于小型生产。

4.3.3 浮法

浮法是现代最先进的生产玻璃的方法，它具有产量高、质量好、品种多、规模大、生产效率高和经济效益好等优点，所以浮法玻璃生产技术发展非常迅速。浮法已成为当今社会衡量一个国家生产平板玻璃技术水平高低的重要标志。发达国家的平板玻璃生产几乎全部采用浮法技术。在我国，近十几年来，浮法玻璃生产也有了长足的发展，浮法玻璃的产量已远远超过其他方法生产的玻璃产量，在不久的将来完全可能取代其他方法。

浮法玻璃的生产过程是将熔融的玻璃液从熔窑中引出，经导辊进入盛有熔融锡液的锡槽中，由于玻璃液的密度较锡液小，玻璃熔液便浮在锡液表面上，在其本身的重力及表面张力的作用下，能均匀地摊平在锡液表面上，同时玻璃的上表面受到高温区的抛光作用，从而使玻璃的两个表面均很平整。然后经过定型、冷却后，进入退火窑退火、冷却，最后引到工作台进行切割，成为玻璃原片。浮法玻璃生产工艺示意图如图 4.3 所示。

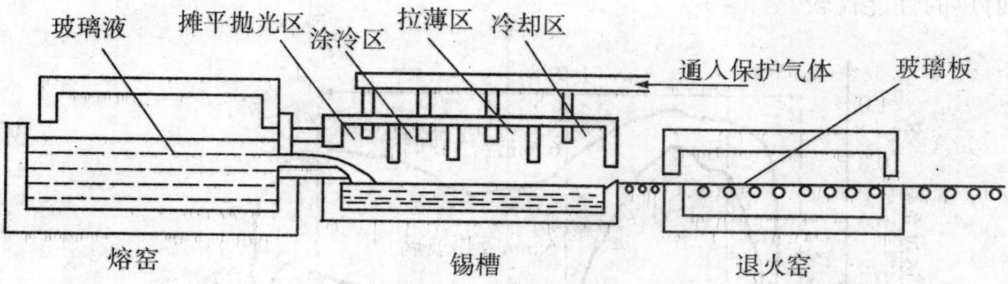

图 4.3 浮法玻璃生产工艺示意

4.3.4 压延法

压延法生产玻璃的过程为：玻璃液从溶窑尾端溢流口溢出，经溢流格和托砖流到压延机的上、下压辊间，压延辊中间通冷却水，使流经上下压辊间的玻璃液迅速冷却，有液态变成塑性状态，当玻璃从正在转动的上下压辊的间隙出来时，形成所要求厚度的玻璃板。压延辊与玻璃带之间的摩擦力使玻璃带运动，出压辊的玻璃带经过托板水箱的冷却和托辊的拖动，然后经过活动辊道进入连续退火窑中退火。

4.4 新型装饰玻璃

4.4.1 节能型装饰玻璃

节能型装饰玻璃是集节能性、隔音和装饰性于一身的玻璃，其通常具有令人赏心悦目的外观色彩，而且还具有特殊的对光和热的吸收、透射和反射能力，用作建筑物的外墙窗玻璃或制作玻璃幕墙，可以起到显著的节能效果，现已经广泛地应用于各种高级建筑物之上。

1. 吸热玻璃

吸热玻璃是一种能控制阳光中热能透过率的玻璃，它可以显著地吸收阳光中热作用较强的红外线、近红外线，而又能保持良好的透明度。

吸热玻璃的制造方法一般有两种：一种方法是在普通玻璃中加入一定量的着色剂；另一种方法是在玻璃的表面喷涂具有吸热和着色能力的氧化物薄膜。

吸热玻璃的性能特点：

（1）吸收太阳的辐射热：吸热玻璃主要是遮蔽辐射热，其颜色和厚度不同，对太阳的辐射热吸收程度也不同。一般来说，吸热玻璃只能通过大约 60% 的太阳辐射热。

（2）吸收太阳的可见光：吸热玻璃比普通玻璃吸收的可见光要多得多。6 mm 厚古铜色吸热玻璃吸收太阳的可见光是同样厚度的普通玻璃的 3 倍。这一特点能使透过的阳光变得柔和，能有效地改善室内色泽。

（3）能吸收太阳的紫外线：吸热玻璃能有效地防止紫外线对室内家具、日用器具、商品、档案资料与书籍等的照射而产生的褪色和变质。

（4）具有一定的透明度，能清晰观察室外景物。

（5）色泽经久不变，能增加建筑物的外形美观。

图 4. 4 所示为吸热玻璃的分光透过率。图 4. 5 所示为吸热玻璃与同厚度的浮法玻璃吸收

太阳辐射热的性能比较。

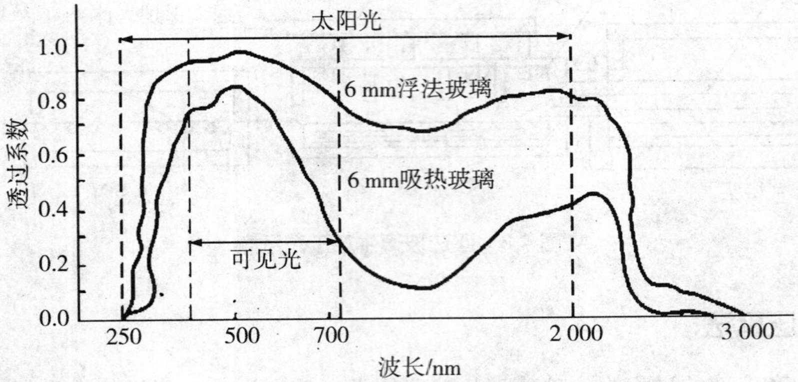

图 4.4　6 mm 浮法玻璃和 6 mm 吸热玻璃的分光透过率

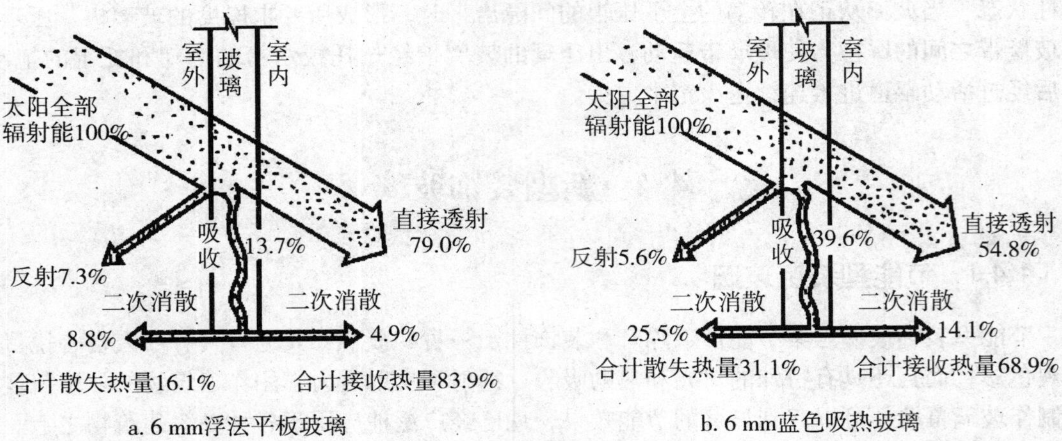

图 4.5　吸热玻璃的性能

从图 4. 5 中可知，当太阳光照射到浮法玻璃上时，相当于太阳光辐射能 83. 9%的热量进入室内，这些热量会在室内聚集，引起室内温度的升高，造成所谓的“暖房效应”；而同样厚度的蓝色吸热玻璃接收的总热量仅为太阳光辐射能的 68. 9%，即在房间造成所谓的“冷房效应”，避免温度的升高，减少空调的能源消耗。

2. 热反射玻璃

热反射玻璃是由无色透明的平板玻璃镀覆金属膜或金属氧化物膜而制成的，又称为镀膜玻璃或阳光控制膜玻璃。生产这种镀膜玻璃的方法有热分解法、喷涂法、浸涂法、金属离子迁移法、真空镀膜、真空磁控溅射法、化学浸渍法等。

热反射玻璃的特点：

（1）具有对光线的反射和遮蔽作用，亦称为阳光控制能力。

热反射玻璃对可见光的透过率可在 20%～65%的范围内，它对阳光中热作用强的红外线和近红外线的反射率可高达 30%以上，而普通玻璃只有 7%～8%。这种玻璃可在保证室内采光柔和的条件下，有效地屏蔽进入室内的太阳辐射能。

热反射玻璃的隔热性能可用遮蔽系数表示。遮蔽系数是指阳光通过 3 mm 厚透明玻璃射入室内的能量为1时，在相同的条件下阳光通过各种玻璃射入室内的相对量。遮蔽系数越小，通过玻璃射入室内的光能越少，冷房效果越好。不同玻璃的遮蔽系数见表4.4。

表4.4 不同玻璃的遮蔽系数

玻璃名称	厚度/mm	遮蔽系数	玻璃名称	厚度/mm	遮蔽系数
普通平板玻璃	3	1	热反射玻璃	8	0.6~0.75
透明浮法玻璃	8	-0.93	热反射双层玻璃	8	0.24~0.40
茶色吸热玻璃	8	-0.77			

（2）单向透视性：在装有热反射玻璃幕墙的建筑里，白天人们从室外向室内看去，由于热反射玻璃的镜面反射特性，看到的是街道上流动着的车辆和行人组成的街景，而看不到室内的人和物，但从室内可以清晰地看到室外的景色。晚间正好相反，室内看不到玻璃幕墙外的事物，给人以不受干扰的舒适感，但从外面看室内的情况则一清二楚，如果房间需要隐蔽，可借助窗帘或活动百叶等加以遮蔽。

（3）镜面效应：热反射玻璃具有强烈的镜面效应，因此也称为镜面玻璃。用这种玻璃作为玻璃幕墙，可将周围的景观及天空的云彩映射在幕墙之上，构成一幅绚丽的图画，使建筑物与自然环境达到完美和谐。

热反射玻璃也常带有颜色，常见的有灰色、青铜色、茶色、金色、浅蓝色和古铜色等。它的常用厚度为6 mm，尺寸规格有1 600 mm×2 100 mm、1 800 mm×2 000 mm和2 100 mm×3 600 mm等多种。热反射玻璃的技术性能如表4.5所示。

表4.5 热反射玻璃的技术性能

项目	指标
反射率	对200~2 500 nm的光谱反射率高于30%，最大可达60%
耐擦洗性	用软纤维或动物毛刷任意刷洗，涂层无明显改变
耐急冷急热性	在-40~50 ℃温度变化范围内急冷急热涂层无明显改变
化学稳定性	在5%的盐酸或氢氧化钠溶液中浸泡24 h，表面涂层无明显改变

热反射玻璃可用作建筑门窗玻璃、幕墙玻璃，还可以用于制作高性能中空玻璃、夹层玻璃等复合玻璃制品。很多现代的高档建筑都选用热反射玻璃做幕墙，如北京的长城饭店、西安的金花饭店等。但热反射玻璃幕墙使用不恰当或使用面积过大会造成光污染和使建筑物周围温度升高，影响环境的和谐。

3. 低辐射膜玻璃

低辐射膜玻璃是镀膜玻璃的一种，它有较高的透过率，可以使70%以上的太阳可见光和近红外光透过，有利于自然采光，节省照明费用。低辐射膜玻璃一般不单独使用，往往与普通平板玻璃、浮法玻璃、钢化玻璃等配合，制成高性能的中空玻璃。

低辐射膜玻璃的主要规格有1 500 mm×900 mm、1 500 mm×1 200 mm、1 800 mm×750 mm、1 800 mm×1 200 mm、1 800 mm×1 600 mm和2 200 mm×1 250 mm。

4. 中空玻璃

中空玻璃是由两片或多片平板玻璃用边框隔开，中间充以干燥的空气或惰性气体，四周边缘部分用胶结或焊接方法密封而成的，其中以胶结方法应用最为普遍。

中空玻璃按玻璃层数，有双层和多层之分，一般是双层结构，构造如图 4.7 所示。

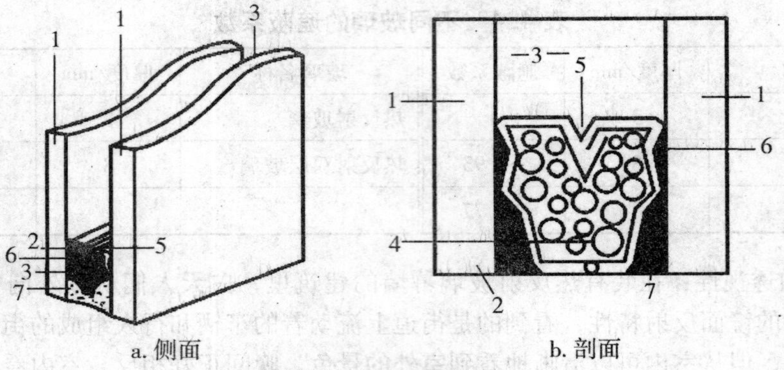

图 4.6　中空玻璃的构造

1. 玻璃原片　2. 空心铝隔框　3. 干燥空气　4. 干燥剂　5. 缝隙　6、7. 胶黏剂

制作中空玻璃的原片可以是普通玻璃、浮法玻璃、钢化玻璃、夹丝玻璃、着色玻璃和热反射玻璃、低辐射膜玻璃等，厚度通常是 3 mm、4 mm、5 mm 和 6 mm。

高性能中空玻璃的外侧玻璃原片应为低辐射玻璃。中空玻璃的中间空气层厚度为 6~12 mm。颜色有无色、绿色、茶色、蓝色、灰色、金色、棕色等。

中空玻璃的性能特点如下。

（1）光学性能：中空玻璃的光学性能取决于所用的玻璃原片的光学性能，因此制成的中空玻璃其可见光透过率、太阳能反射率、吸收率及色彩可在很大范围内变化，从而满足建筑设计和装饰工程的不同要求。

中空玻璃的可见光透视率范围为 10%~80%，光反射率为 25%~80%，总透过率为 25%~50%。

（2）热工性能：中空玻璃比单层玻璃具有更好的隔热性能。由双层热反射玻璃或低辐射玻璃制成的高性能中空玻璃，隔热保温性能更好，尤其适用于寒冷地区和需要保温隔热、降低采暖能耗的建筑物。

（3）防结露功能：

1）结露原因：在室内一定的湿度环境下，物体表面温度降到某一数值时，湿空气使其表面结露、直至结霜（表面温度在 0 ℃以下），单片玻璃窗易产生结露。

2）防结露原理：使用中空玻璃可大大提高防结露能力，主要因为中空玻璃内层接触湿度较高的室内空气，玻璃表面温度也较高；而外层玻璃的表面温度较低，接触室外环境的湿度也低，所以不会结露。

（4）隔音性能：中空玻璃具有较好的隔音性能，一般可使噪声下降 30~40 dB，即能将街道汽车噪声降低到学校教室的安静程度。

（5）装饰性能：中空玻璃的装饰性主要取决于所采用的原片，不同的原片玻璃使制得的中空玻璃具有不同的装饰效果。

中空玻璃主要用于需要采暖、空调、防噪声、控制结露、调节光照等建筑物上，或要求较高的建筑场所，也可用于需要空调的车、船的门窗等处。

特殊中空玻璃根据设计环境要求而使用。例如，防阳光中空玻璃、热反射中空玻璃多用在热带地区建筑物上，低辐射中空玻璃多用在寒冷地区太阳能利用方面，钢化、夹丝、夹层等中空玻璃多以安全为主要目的，用于幕墙、采光天棚等处。

4.4.2 安全型装饰玻璃

尽管玻璃具有较好的装饰效果，但玻璃的脆性使其在装饰工程中应用时存在潜在的危险，其在受到力冲击时易碎，且碎片存在尖锐的棱角，很容易伤人。为减小玻璃的脆性、提高使用强度，通常采用以下方法：

（1）用退火法消除玻璃的内应力。

（2）消除平板玻璃的表面缺陷。

（3）通过物理钢化（淬火）和化学钢化而在玻璃中形成可缓解外力作用的均匀预应力。

（4）采用夹丝或夹层处理。

采用上述方法改性后的玻璃统称为“安全玻璃”，即安全玻璃包括钢化玻璃、夹丝玻璃和夹层玻璃。

1. 钢化玻璃

凡通过物理钢化（淬火）和化学钢化处理的玻璃称为钢化玻璃。

（1）物理钢化玻璃：物理钢化又称淬火钢化，是将普通平板玻璃在加热炉中加热到接近软化点温度（650 ℃左右），使之通过本身的形变来消除内部应力，然后移出加热炉，立即用多头喷嘴向玻璃两面喷吹冷空气，使之迅速且均匀地冷却。当冷却到室温后，即形成了高强度的钢化玻璃。由于在冷却过程中，玻璃的两个表面首先冷却硬化，待内部逐渐冷却并伴随着体积收缩时，外表已硬化，势必阻止内部的收缩，使玻璃处于内部受拉、外表受压的应力状态。当玻璃受弯曲外力作用时，玻璃板表面将处于较小的拉应力和较大的压应力状态，因玻璃的抗压强度远高于自身的抗拉强度，所以不会造成破坏（图 4.7）。

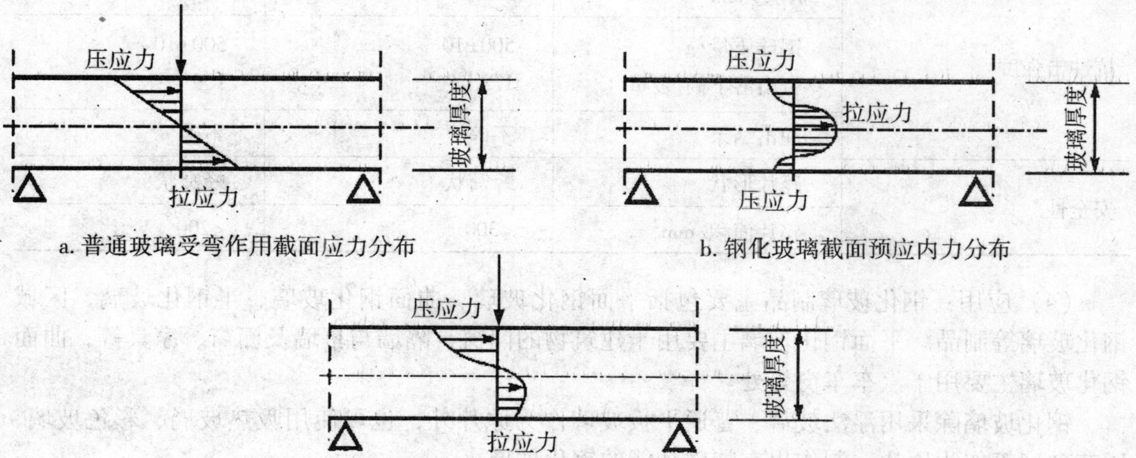

图 4.7 钢化玻璃应力状态

（2）化学钢化玻璃：化学钢化玻璃采用离子交换法进行钢化，其方法是将含碱金属离子钠（Na^+）或钾（K^+）的硅酸盐玻璃浸入熔融状态的锂（Li^+）盐中，使钠或钾离子在表面层发生离子交换，使表面层形成锂离子的交换层。

当冷却到常温后，玻璃便处于内层受拉应力、外层受压应力的状态，其效果与物理钢化相似，因此提高了强度；但是其破碎后易形成尖锐的碎片，因此一般不作为安全玻璃使用。以下所述“钢化玻璃”泛指物理钢化玻璃。

钢化玻璃的特性如下。

1）机械强度高：钢化玻璃的抗折强度在 125 MPa 以上，其机械强度比经过良好退火处理的普通玻璃高 3~5 倍，抗冲击能力有较大的提高。

2）安全性好：经过物理钢化的玻璃，一旦局部破损，便发生“应力崩溃”现象，破裂成无数的玻璃小块，这些玻璃碎块因块小且没有尖锐棱角，所以不易伤人，因此成为应用广泛的安全玻璃。

3）弹性好：一块 1 200 mm×350 mm×6 mm 的钢化玻璃，受力后可发生达 100 mm 的弯曲挠度，当外力撤销后，仍能恢复原状。而同规格的普通平板玻璃弯曲变形只能有几毫米，若再进一步弯曲，则将发生折断破坏。

4）热稳定性高：钢化玻璃在急冷急热作用时，不易发生炸裂，这是因为其表面的预应力可抵消一部分因急冷急热产生的拉应力。钢化玻璃的耐热性能高，最大安全工作温度为 288 ℃，能承受 204 ℃的温差变化，故可用于高温环境下的门窗、隔断等处。

5）具有形体完整性：前面提到，钢化玻璃一旦局部破损，便发生“应力崩溃”现象。因此，钢化玻璃不能切割、磨削，边角不能碰击扳压，这些都为它的使用带来不便。使用时需要按现成尺寸规格选用或提出具体设计图纸进行加工定制。

钢化玻璃的技术性能如表 4.6 所示。

表 4.6　钢化玻璃的技术性能

项目		性能指标	
抗冲击强度	厚度/mm	5	6
	钢球质量/g 自由落下高度/m	500±10 1.3	500±10 1.9
	冲击结果	不碎	不碎
安全性	碎片形状	蜂窝状	蜂窝状
	碎片面积/mm^2	<300	<200

（4）应用：钢化玻璃制品主要包括平面钢化玻璃、曲面钢化玻璃、半钢化玻璃、区域钢化玻璃等制品。平面钢化玻璃主要用于建筑物的门窗、隔墙与幕墙及橱窗、家具等；曲面钢化玻璃主要用于汽车车窗等处。

钢化玻璃除采用浮法玻璃、普通平板玻璃作为原片外，也可使用吸热玻璃、彩色玻璃、压花玻璃等作为原片，制作出有特殊功能的钢化玻璃。

2. 夹丝玻璃

夹丝玻璃是安全玻璃的一种，它是将预先编织好的钢丝网（钢丝直径一般为 0.4 mm 左右）压入已加热软化的红热玻璃之中而制成，钢丝网的图案有多种形式。夹丝玻璃按厚度分为 6 mm、7 mm 和 10 mm 三种。产品尺寸一般不小于 600 mm×400 mm，不大于 2 000 mm ×1 200 mm。

我国生产的夹丝玻璃产品分为夹丝压花玻璃（图 4.8）和夹丝磨光玻璃（图 4.9）两类。以彩色玻璃原片制成的彩色夹丝玻璃，其色彩与内部隐隐显现的金属丝相映，具有较好的装饰效果。

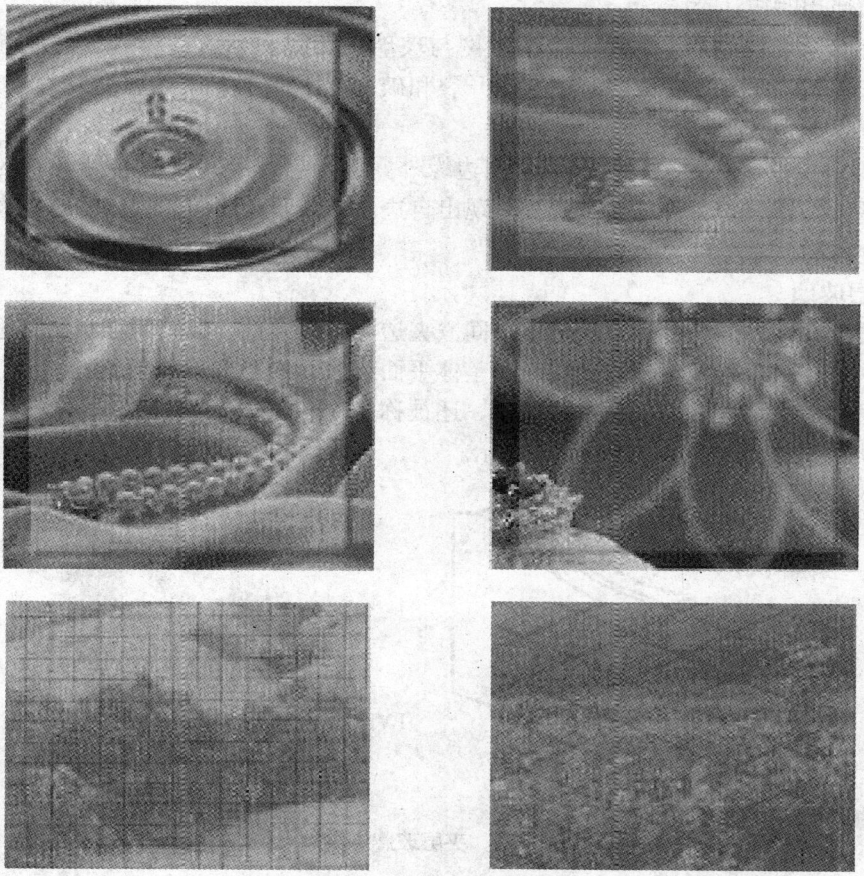

图 4.8 夹丝压花玻璃

图 4.9 夹丝磨光玻璃

夹丝玻璃可用于建筑的防火门窗、天窗、采光屋顶、阳台等部位。其使用性能如下：

(1) 具有安全和防火特性。如遇外力破坏，由于钢丝网与玻璃黏结成一体，其碎片仍附着在钢丝网上，不致四处飞溅伤人；当遇到火灾时，能有效地隔绝火焰，起到防火的作用，因此又被称为“防火玻璃”。

（2）强度较低。因夹丝玻璃中的金属丝网的存在，抗折强度和抗冲击能力比普通玻璃都有下降，使用时应注意。

（3）耐急冷急热性能差。由于金属丝网与玻璃在热膨胀系数、导热系数上有很大的差异，使夹丝玻璃在受到温度急变时更容易开裂和破损，因此不能用在温度变化较大的部位，如受冷冻、暴晒、火炉热烤等场合。

（4）因对夹丝玻璃的切割会造成丝网边缘外露，容易锈蚀。锈蚀会沿着丝网逐渐向内部延伸，锈蚀物体积增大将玻璃胀裂，呈现出自边而上的弯弯曲曲的裂纹。故夹丝玻璃切割后，切口处应做防水处理。

3. 夹层玻璃

夹层玻璃系在两片或多片平板玻璃之间嵌夹透明、有弹性、黏结力强、耐穿透性好的透明薄膜塑料，在一定温度、压力下胶合成整体平面或曲面的复合玻璃制品。

由多层玻璃高压聚合而成的夹层玻璃，还被称为“防弹玻璃”。

（1）夹层玻璃的结构：如图 4.10 所示。

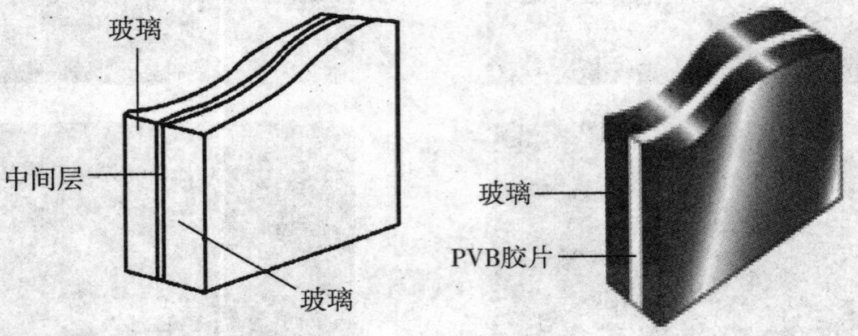

图 4.10 夹层玻璃的结构

（2）夹层玻璃使用性能：

1）夹层玻璃的透明度好，抗冲击能力比同等厚度的平板玻璃高几倍。

2）夹层玻璃安全性好，由于中间有塑料衬片的黏合作用，只产生辐射状的裂纹和少量的玻璃碎屑，因而所落碎片不致伤人。

3）夹层玻璃具有耐热、耐寒、耐湿、耐久等特点；另外由于 PVB（聚乙烯醇缩丁醛）胶片的作用，夹层玻璃还具有节能、隔音、防紫外线等功能。

4）中间层如使用各种色彩的 PVB（聚乙烯醇缩丁醛）胶片，还可制成色彩丰富多样的彩色夹层玻璃。

（3）夹层玻璃技术性能：如表 4.7 所示。

表 4.7 夹层玻璃技术性能

项目	指标
耐热性	60 ℃±2 ℃无气泡或脱落现象
耐湿性	当玻璃受潮气作用时，能保持其强度和透明度不变
机械强度	用 0.8 kg 的钢球自 1 m 处自由落下，试样不破碎成分离的碎片，只有辐射状的裂纹和微量的玻璃碎屑，落下的玻璃碎屑不超过试件质量的 0.5%，碎屑最大长度不超过 1.5 mm
透明度	82%（2 mm+2 mm 厚玻璃）

（4）夹层玻璃的使用范围：

1）防爆、防盗、防弹之处。如汽车、飞机的挡风玻璃，有特殊要求的建筑门窗玻璃及屋顶采光天窗等。

2）陈列柜、展览厅、水族馆、动物园、观赏性玻璃隔断。

4.4.3 其他类型的功能装饰玻璃

1. 光致变色玻璃

光致变色玻璃在受太阳光或其他光线照射时，玻璃颜色随着光线的增强而逐渐变暗；当照射停止时又恢复原来色彩。

光致变色玻璃是在玻璃中加入卤化银，或直接在玻璃或有机夹层中加入钼和钨等感光化合物，使之具有光致变色功能。

2. 电致变色玻璃

在两层玻璃之间夹有液晶材料，在电场的控制下可发生液晶的排列方向变化，达到玻璃的透明与不透明的光调节目的，此种玻璃称为电致变色玻璃。其可随时随地改变室内的光环境和建筑的色彩与外观。用电致变色玻璃制成的窗玻璃相当于装有电控装置的窗帘一样，非常隐蔽和方便。当需要遮蔽视线时，只要切断电源，使玻璃处于不透明状态，这时的玻璃就像一片磨砂玻璃一样，避免了拉窗帘的烦琐。主要用于需要保密的场所，也用在广告牌、显示屏、门窗、室内隔断等。

3. 电热玻璃

电热玻璃有导电网电热玻璃及导电膜电热玻璃两种。导电网电热玻璃是将两块浇注的型材，中间夹以肉眼几乎难以看到的极细的电热丝，经热压而成；导电膜电热玻璃是由喷有导电膜溶液的薄玻璃与未喷导电膜的厚玻璃经热压而成。这种玻璃具有一定的抗冲击性能，并且当充电加热时，玻璃表面不会凝结冰霜。

电热玻璃在建筑上多用于陈列窗、橱窗、卫生间、洗澡堂，以及严寒地区的建筑门窗、瞭望塔窗，工业建筑的特殊门窗、挡风玻璃等。

4. 电磁屏蔽玻璃

只有使玻璃具有金属的性能才能达到屏蔽电磁波的目的。电磁屏蔽玻璃有三种制备方法，一是在普通玻璃表面镀透明的导电膜；二是在夹层玻璃中夹金属丝网；三是上述两种方法同时采用。在大型计算机中心、电视台演播室、工业控制系统、军事单位、外交部门、情报部门等有保密需求的或者防止干扰的场所，都可以使用屏蔽玻璃作为建筑门窗玻璃或者幕墙玻璃。

5. 防 X 射线玻璃

在玻璃中引入充足的重金属，如铅和钡等，能为生物体提供较好的 X 射线保护的玻璃称为防 X 射线玻璃，它可使操作者或观测者在靠近危险的辐射线时受到保护。

6. 冬暖夏凉的玻璃

在玻璃表面涂抹一种超薄层物质——二氧化钒和钨的混合物。当天气寒冷的时候，二氧化钒能吸收红外线，产生温热效应，从而提高室内温度；相反，窗外温度过高时，两种黏合在一起的物质的分子发生相应变化，反射红外线，从而使室内温度变得凉爽。在这层神秘的涂层中，“智能”核心是其中所含的2%的钨，它能决定二氧化钒到底是吸热还是散热。

7. 不沾水的玻璃

表面多了层高科技的纳米涂层，它混合了纳米二氧化硅、磷酸钛化合物、氧化锡三种物质，具有超亲水、防静电、防雾、防结露等特性。其中的超亲水特性使水紧贴玻璃表面流动，遇到尘埃则会把尘埃一起带走，使得整个玻璃面滴水不沾。

8. 自洁净玻璃

自洁净玻璃是在玻璃表面涂镀了一层透明的二氧化钛（TiO_2）光催化剂涂层。当这层光催化剂的薄膜遇到太阳光或紫外线灯光照射后，附着在玻璃表面的有机污染物会很快被氧化，变成 CO_2 和 H_2O 而自动挥发消除，从而实现自洁净功能。

自洁净玻璃已被广泛应用于医院门窗、器具的玻璃盖板，高档建筑物室内浴镜、卫生间整容镜，汽车玻璃及高层建筑物的装饰装潢和幕墙玻璃等场所。

4.5 其他装饰玻璃

4.5.1 微晶玻璃

微晶玻璃是通过基础玻璃在加热过程中进行控制晶化而制得的一种含有大量微晶体的多晶固体材料。

微晶玻璃的结构、性能及生产方法同玻璃和陶瓷都有所不同，其性能集中了两者的特点，成为一类独特的材料，在美国被称为微晶陶瓷，在日本被称为结晶化玻璃。

微晶玻璃装饰板主要作为高级建筑装饰新材料替代天然石材。与天然石材相比，其有以下特点：

（1）自然柔和的质地和色泽：它可以根据设计和使用的要求，生产各种色彩、色调和混合色装饰材料，尤其令人瞩目的是可以生产高雅的纯白色板材，而且不论光线由任何角度射入，经由结晶微妙的漫反射方式，均可形成自然柔和的质感，毫无光污染，这是天然花岗岩所不具有的品质，因而微晶玻璃装饰板具有更佳的装饰效果。

（2）强度高、耐磨性好、质量轻：微晶玻璃比天然石材更坚硬、耐磨、耐腐蚀，不易受损，材料厚度可配合施工方法，符合现代建筑物轻巧、坚固的主流。

（3）吸水性小、污染性小：微晶玻璃的吸水率几近为零，所以水不易渗入，不必担心冻结破坏以及铁锈、混凝土泥浆、灰色污染物渗透内部；同时，微晶玻璃无任何种类的放射剂量，是一种环保材料。

（4）颜色丰富、加工容易：微晶玻璃制品色泽艳丽、色差小、不褪色，美观大方。颜色丰富多彩，有棕红、大红、橙、黄、绿、蓝、紫、白、灰、黑各种基色，且可以任意组合。

（5）优良的耐候性和耐久性：微晶玻璃的耐酸性和耐碱性都比花岗岩、大理石优良，而本身为无机质材料，即使暴露于风雨及被污染的空气中，也不会产生变质、褪色等现象。

（6）原料来源广泛：金矿尾砂、黄河淤沙、海沙、花岗岩、玄武岩及长石和石英等含硅铝的矿物都可作为主要原料生产微晶玻璃花岗岩。

微晶玻璃装饰板类似于天然石材，用作内外墙装饰材料，厅堂的地面和微晶玻璃幕墙等建筑装饰。低膨胀微晶玻璃也用以制作餐具、炊具等。

目前主要规格有 500 mm×500 mm、600 mm×600 mm、600 mm×900 mm、900 mm×

1 800 mm、1 000 mm×2 000 mm 和 1 500 mm×3 000 mm。

4.5.2 空心玻璃砖

空心玻璃砖是由两个凹型玻璃砖坯（如同烟灰缸）熔接而成的玻璃制品。砖坯扣合、周边密封后中间形成空腔，空腔内有干燥并微带负压的空气。玻璃壁厚度 8~10 mm。

空心玻璃砖按空腔不同分为单腔和双腔两种。空心砖按形状分有正方形、矩形和各种异形产品。外观尺寸一般为：厚度为 80~100 mm，长、宽边长为 115 mm、190 mm、240 mm、300 mm 等规格。

空心玻璃砖具有耐压、抗冲击、耐酸、隔音、隔热、防火、防爆、透明度高和装饰性好等特点。

空心玻璃砖一般用来砌筑非承重的透光墙壁，建筑物的内外隔墙、淋浴隔断，以及门厅、通道及建筑物的地面等处，特别适用于体育馆、图书馆等，用于控制透光、眩光和日光的场合。

4.5.3 花纹玻璃

花纹玻璃是将玻璃依设计图案加以雕刻、印刻或局部喷砂等无彩色处理，使表面有各式图案、花样及不同质感。

1. 压花玻璃

压花玻璃又称滚花玻璃，是在熔融玻璃冷却硬化前，以刻有花纹的滚筒对辊压延，在玻璃单面或两面压出深浅不同的各种花纹图案而制成的。压花玻璃不仅美观，还由于花纹的凹凸变化使光线漫射而失去透视性，造成从玻璃一面看另一面物体时，物像显得模糊不清，起视线干扰的作用。

2. 喷花玻璃

喷花玻璃又称胶花玻璃，是以平板玻璃表面贴以花纹图案，再有选择地涂抹护面层，经喷砂处理而成的。

3. 刻花玻璃

刻花玻璃是由平板玻璃经涂漆、雕刻、涂蜡、酸蚀、研磨等制作而成的。

4. 热熔玻璃

热熔玻璃又称水晶立体艺术玻璃，它跨越了现有的玻璃形态，使平板玻璃加工出各种凹凸有致、色彩各异的玻璃艺术饰品。

4.5.4 镭射玻璃

镭射玻璃是以玻璃为基材的新一代建筑装饰材料，其特征在于经特种工艺处理，玻璃背面出现全息或其他光栅。在阳光、月光、灯光等光源照射下形成物理衍射分光，经金属反射后会出现艳丽的七色光，光源的入射角的不同而出现不同的色彩变化，使被装饰物显得华贵高雅、富丽堂皇、梦幻迷人。

镭射玻璃的颜色有银白色、蓝色、灰色、紫色、黑色、红色等。镭射玻璃按其结构有单层和夹层之分，如半透半反单层（5 mm）、半透半反夹层（5 mm+5 mm）和钢化半透半反图案夹层地砖（8 mm+5 mm）等。

镭射玻璃适用于酒店、宾馆，各种商业、文化、娱乐设施的装饰。如内外墙面、商业门面、招牌、地砖、桌面、吧台、隔断、柱面、天顶、雕塑贴面、电梯门、艺术屏风与装饰画、高级喷泉、发廊、大中型灯饰以及电子产品外装饰等。

4.5.5 玻璃马赛克

玻璃马赛克又称玻璃锦砖，是一种小规格的用于内外墙贴面的方形彩色饰面玻璃。

单块玻璃马赛克的规格一般为 20~50 mm 见方、厚度 4~6 mm，四周侧面呈斜面，正面光滑，背面略带凹状沟槽，以利于铺贴时黏结。

玻璃马赛克的生产方法有熔融压延法和烧结法两种。熔融压延法是将石英砂和纯碱组成的生料与玻璃粉按一定的比例混合，加入辅助材料和适当的颜料，经 1 300~1 500 ℃高温熔融，送入压延机压延而成。烧结法是将原料、颜料、黏结剂（常用淀粉或糊精）与适量的水拌和均匀，压制成型为坯料，然后在 650~800 ℃的温度下快速烧结而成。

玻璃马赛克是以玻璃为基料并含有未熔化的微小晶体（主要是石英砂）的乳浊制品，其内部为含有大量的玻璃相、少量的结晶相和部分气泡的非均匀质结构。

玻璃马赛克具有较高的强度和优良的热稳定性、化学稳定性，表观密度低于普通玻璃，具有柔和的光泽。

玻璃马赛克的性能特点：

（1）玻璃马赛克的颜色丰富，有乳白、姜黄、红、黄、蓝、白、黑及各种过渡颜色，有的还带有金色、银色斑点或条纹，可拼装成各种图案，美观大方，且耐腐蚀、不褪色。

（2）由于玻璃具有光滑表面，所以具有不吸水、不吸尘、抗污性好的特点。

（3）玻璃锦砖具有体积小、质量轻、黏结牢固的特点，特别适合于高层建筑的外墙面装饰。

根据国家标准《玻璃马赛克》（GB/T 7697—1996）的规定，单块马赛克的边长有 20 mm×20 mm、25 mm×25 mm 和 30 mm×30 mm 三种，相应的厚度为 4. 0 mm、4. 2 mm 和 4. 3 mm。

每联马赛克的边长为 327 mm，也允许有其他尺寸的联长。联上每行（列）马赛克的距离（线路）为 2. 0 mm、3. 0 mm 或其他尺寸。

一般将单块的玻璃马赛克按设计要求的图案及尺寸，用以糊精为主要成分的胶黏剂粘贴到牛皮纸上成为一联（正面贴纸）。铺贴时，将水泥浆抹入一联马赛克的非贴纸面，使之填满块与块之间的缝隙及每块的沟槽，成联铺于墙面上，然后将贴面纸洒水润湿，将牛皮纸揭去。

4.6 建筑装饰玻璃发展趋势

4.6.1 多功能复合型

建筑装饰玻璃发展趋势朝着多功能复合化方向发展，将多种功能结合起来，最有效地利用资源，满足多方面的要求。例如，镀膜中空玻璃兼有遮阳、保暖和装饰功能，比普通中空玻璃节约能源 18%；又如，将涂光催化降解薄膜的玻璃加工成中空玻璃，既具有普通中空玻璃的保温、隔音、消除霜露的功能，还具有降解污物的“自洁”功能等。

4.6.2 生态环境材料型

新型建筑装饰玻璃应具有良好使用性能或功能，且对资源和能源消耗少、对生态环境污染小、再生利用率高，并与环境协调共存。例如，涂薄膜的玻璃可在阳光照射下进行光催化降解作用，降解大气中由于工业废气和汽车尾气等有机污染物，同时抑制和杀灭环境中的微生物，从而使灰尘和油污自动从玻璃表面剥离，达到去污和自洁的要求。其可用于建筑物的门、窗、外墙和厨房、卫生间的内墙、门、窗及卫生洁具，可抑制和杀灭表面附着的微生物、霉斑和污迹。其既可单片使用，也可制成中空玻璃或玻璃幕墙，是建筑装饰玻璃的发展趋势。

4.6.3 智能（机敏）型

智能型玻璃应具有感觉、处理和执行（驱动）功能，起到自诊断、自适应和自修补（自愈合）的作用。目前的智能玻璃窗与智能材料的发展较为滞后，只能算是初级智能材料，今后应研制开发全智能的建筑装饰玻璃。

4.7 建筑装饰玻璃选购

家庭装修中，比较常用的是钢化玻璃、压花玻璃、平板玻璃和中空玻璃，选择方法如下：

（1）钢化玻璃在装饰中常用在淋浴房或隔断等处，钢化玻璃在选购时看标识，合格的钢化玻璃具有3C标志。

（2）压花玻璃主要用在室内隔断、卫生间等地方，因为其表面有花纹图案，可透过一部分光，但又能遮挡视线，因此既保证了室内的光线，又保护了个人隐私。要注意的是压花玻璃在安装时花纹面最好朝向内侧，可防脏污。在选购压花玻璃时要观察其气泡情况，好的压花玻璃每平方米表面气泡必须少于一个。

（3）购买平板玻璃时可以用手指轻敲玻璃表面，好的平板玻璃会有清脆的响声，证明其内部结构比较均匀。

（4）中空玻璃一般由两层普通平板玻璃构成，四周用高强度、高气密性的复合黏结剂，将两片玻璃与密封条黏结密封，中间充入干燥的惰性气体。中空玻璃具有良好的保温、隔热、隔音等性能，主要用于外窗或影音室。选购中空玻璃时应瞧其夹层，注意形状规范、尺寸合适、图案清晰、色彩调和，有必要的坚固性和耐热性，无气泡、斑纹及厚薄不均等现象。

（5）玻璃镜在选购时应遵循成像纯正、反射率高、色泽还原度好的原则，影像亮丽自然，即使在潮湿环境中也经久耐用。

在选购装饰玻璃时尽量不选很艳的颜色，较艳的颜色会阻挡视线，与室内整体装饰不宜搭配。带颜色的玻璃窗，如蓝色或绿色、茶色等有色玻璃，可过滤掉能起杀菌、消毒、除味作用的阳光，因此，在装饰中不宜大面积采用。

（6）选购玻璃洗手盆时应注意：

1）钢化玻璃制造的玻璃盆和玻璃台面具有耐高温（可以耐100℃）、抗撞击、不伤人、性价比高的特点，适合家居装饰中采用。

2）购买玻璃盆时不是玻璃越厚越好，越厚的玻璃盆在盛载热水的时候的热传播速度就越慢，会形成内外温差，玻璃盆会在热胀冷缩的作用下产生裂痕。

3）挑选玻璃洗手盆时，应注意盆与盆架的边缘修边是否圆润，边缘割手的产品使用起来不安全。

4）可以从玻璃是否含有气泡来辨别洗手盆质量的优劣，劣质玻璃洗手盆所采用的玻璃中存在气泡。

思考题

1. 建筑装饰玻璃的装饰性体现在哪些方面？
2. 建筑装饰玻璃的分类以及其在建筑装饰中的应用是什么？
3. 新型功能玻璃有哪些？其功能是什么？
4. 建筑装饰玻璃的选购要点是什么？

5 建筑装饰木材

木材具有许多优点，轻质高强，有较高的弹性和韧性，能承受冲击和振动等作用；易于加工；导电和导热性低；在干燥空气和水中耐久性好；装饰性好，大部分木材都具有丰富的纹理，具有质朴、典雅的特性。所以，木材是传统的优良的建筑与装饰材料。目前，木材是主要用于建筑物室内装饰的材料，称为装饰木材。

木材的缺点在于：内部结构不均匀，各向异性；干缩湿胀变形大；易燃烧；易腐朽、虫蛀；若经常处于干湿交替的环境中，耐久性较差等。随着木材加工和处理技术的提高，这些缺点将得到很大程度的改善。

树木品种繁多，我国已发现树种有 3 万种，其中乔木 8 000 种。作为建筑装饰材料，不同的树种，其装饰效果和特性不同。树木按树叶的不同可分为针叶树和阔叶树两大类。

（1）针叶树：针叶树叶子细长呈针状，大多为四季常青树。树干通直且高大，纹理顺直，材质均匀，木质较软，易于加工，故称“软木材”。针叶树木材强度较高，表观密度和干缩湿胀变形小；耐腐蚀性较强。针叶树是主要的建筑与装饰木材，广泛用于各个构件和装饰部件。常用的树有松、杉、柏等。

（2）阔叶树：阔叶树树叶宽大，叶脉呈网状，大多为落叶树，树干通直部分较短，材质较硬，较难加工，故称“硬木材”。阔叶树木材表观密度大，干缩变形大，易翘曲或开裂，建筑上常用来制作尺寸较小的构件。有些硬木材经加工后具有美丽的纹理，适用于室内装饰、制作家具和胶合板等。常用的树种有榆木、椴木、榉木、水曲柳、泡桐、柞木等。其中，如水青冈、黄檀等树材又硬又重，又称为硬阔叶材；而椴木、泡桐等较轻软，故又称为软阔叶材。

木材按加工程度和用途不同可分为原条、原木、板方材、枕木等。原条是指已经修枝、剥皮但尚未加工造材的木材。如用于建筑中的脚手杆、建筑用材、家具。原木是指伐倒之后，经修枝并截成规定长度的木材。原木直接用于建筑工程，加工原木用于胶合板和船、车辆、模型等的建造。板方材是指按一定尺寸锯解、加工成的板材和方材。板材是指截面宽度为厚度的 3 倍以上者；方材是指截面宽度不足厚度的 3 倍者，主要用于建筑工程、家具和装饰等。

5.1 木材的构造与性质

5.1.1 木材的构造

作为天然材料的木材，由于树种和生长环境的不同，构造特征有很大差异，从而决定了木材的使用性能。木材的构造可由宏观和微观两个方面进行研究。

1. 木材的宏观构造

木材的宏观构造是指用肉眼或放大镜所看到的木材组织。如图 5.1、图 5.2 所示，木材是由无数不同形态、不同大小、不同排列方式的细胞所组成的。它的形状、大小、组成，排列在不同的切面上则显示不同。因此，我们将一段树干切成三个不同的切面，分别是横切面、径切面、弦切面（图 5.1）。其中横切面是垂直于树轴的切面（图 5.2）；径切面是通过树轴的纵切面；弦切面是平行于树轴的纵切面。

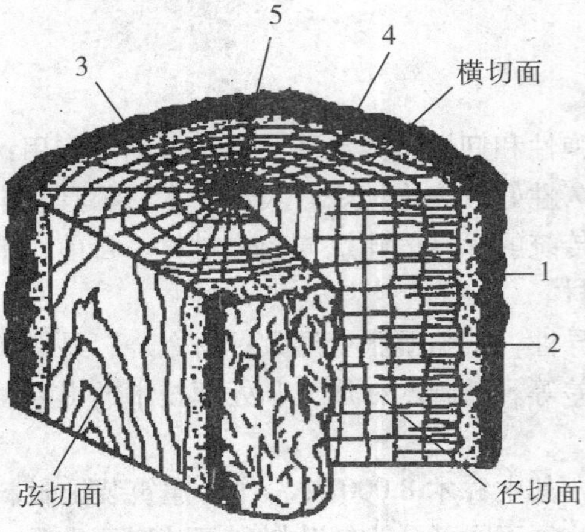

图 5.1 树干的三个不同切面

1. 树皮 2. 木质部 3. 年轮 4. 木髓线 5. 髓心

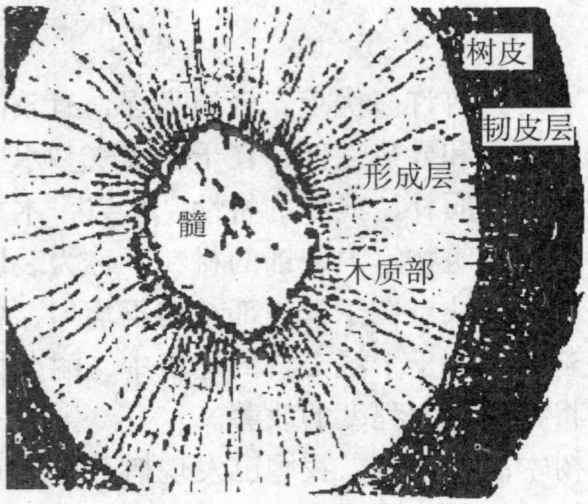

图 5.2 横切面（椴）

如图 5.1 所示，木材由树皮、木质部和髓三个部分组成。

（1）树皮：树皮可分为内皮和外皮。内皮的组织细胞是活的，是树皮生活部分；外皮的组织细胞已经死亡，但它的外部形态、颜色、气味、质地和厚薄等对识别木材等具有重要意义。树皮是储藏养分的场所和运输叶子制造养分下降的通道，同时可以保护树干。一般树种的树皮在工程中没有使用价值，但有些树皮含有特殊的内含物，如香樟含樟脑，桉树、栎树含有单宁，栓皮、栎树皮可以制成软木。软木为热、电的不良导体，所以特制的软木地板、软木砖可作为绝缘材料，用于电气、机械、计算机房、冷藏库及飞机材料等。

（2）髓：髓位于原木中心，为木质部所包围，是一种柔软的薄壁细胞组织，常呈褐色或浅绿色。髓不属于木质部，其组织松软，强度低，易腐朽、开裂，在木材利用上基本没有什么价值。但是各种髓的形状和大小不一样，有助于对木材的识别。

（3）木质部：树皮与木材之间有极薄的一层组织叫形成层，肉眼看不见，形成层与髓之间的部分称为木质部，木质部是木材的主要部分。

在木材的横切面上，靠近树皮的颜色较浅的部分叫“边材”，靠近髓心颜色较深的部分叫“心材”。在木材的横切面上可见到许多围绕髓心的同心圆，这些同心圆称为年轮。在温带和寒带生长的树木，每年生长季开始生长旺盛，形成层分生出来的细胞比较大，木材的材色浅，组织松软，称其为早材（春材）；此后分生出来的细胞壁厚，腔小，材色深，组织致密，称为晚材（又称夏材）。

2. 木材的微观构造

木材的微观构造是指用显微镜所能观察到的木材组织。如图 5.3、图 5.4 所示，在显微镜下观察木材的切片，木材是由无数管状细胞结合而成的。它们绝大部分与树干、树枝同轴向排列，少数横向排列（如木髓线）。每个细胞由细胞壁和细胞腔组成，细胞壁又由细纤维组成，细纤维之间可以吸附和渗透水分。细胞壁承受力的作用，所以木材的细胞壁越厚，细胞腔越小，木材越密实，其表观密度和强度越大，但胀缩变形也越大。春材细胞壁薄而腔大，夏材细胞壁厚而腔小。

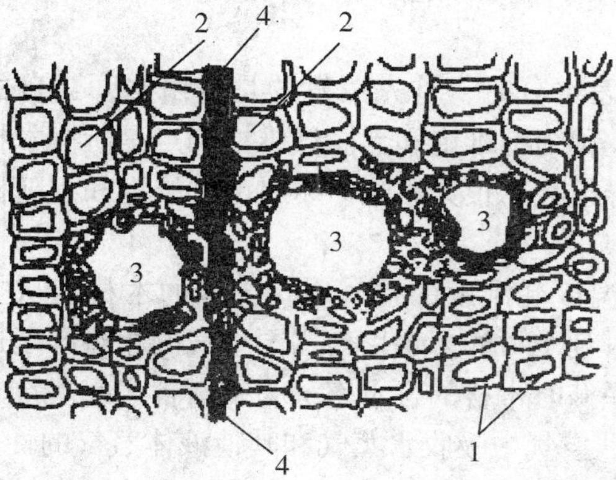

图 5.3 显微镜下松木的横切片

1. 细胞壁 2. 细胞腔 3. 树脂流出孔 4. 木髓线

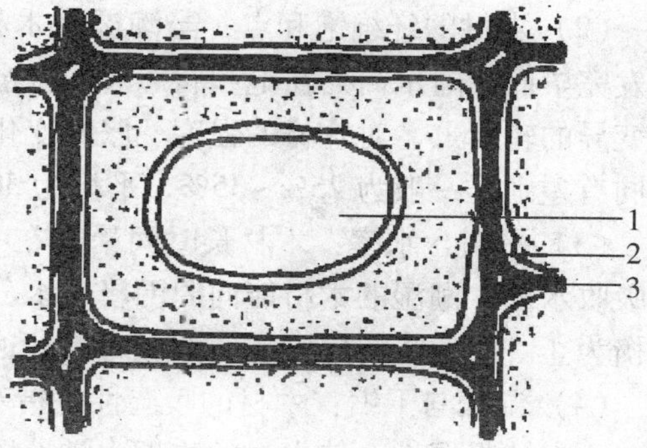

图 5.4 细胞壁的结构

1. 细胞腔 2. 初生层 3. 细胞间层

木材细胞按其功能不同可分为管胞、导管、木纤维、髓射线等多种。针叶树主要由管胞和髓射线组成。管胞主要起支撑作用，同时为树木生长输入养分；在木材横切面上，有许多颜色较浅的从髓心向树皮呈辐射状排列的细胞形成的线，称为髓射线。在木质部的髓射线称为木髓线。髓射线在经切面上呈或断或续的丝带状，方向与树轴垂直；在弦切面上呈细线或狭纺锤形，沿树轴平行方向而伸展。阔叶树主要由导管、木纤维及髓射线组成。木纤维长为 1 mm，壁厚腔小，起支撑作用。在木材的横切面上可见有导管的管孔，故称阔叶树为有孔材。针叶树在横切面上看不见导管的管孔，故称其为无孔材，这是识别针叶树和阔叶树的主要标志之一。阔叶树髓线比较明显，这也是识别针叶树与阔叶树的标志之一。

在建筑装饰设计中，如何正确地选材是非常重要的。识别木材的程序一般为：先从横切面上的管孔有无开始，把木材归属针叶树或阔叶树。在阔叶树中，再按它的大小、多少及排列、组合方式再往下细分；按材质、材色、纹理识别出树种，然后再与标准定名的木材核对，或查阅木材文献，如仍不能确定则需将木材切片借助显微镜进行识别。

5.1.2 木材的基本性能

1. 密度和表观密度

（1）密度：不同树种木材的密度相差不大，一般在 1.48~1.56 g/cm^3 之间波动。

（2）表观密度：木材是一种多孔性材料，木材的表观密度因树种不同而不同。我国木材中最轻的是台湾的二色轻木，表观密度只有 0.186 g/cm^3。最重的木材是广西的蚬木，表观密度高达 1.128 g/cm^3。大多数木材的表观密度在 0.4~0.6 g/cm^3 范围内，平均为 0.5 g/cm^3。

2. 含水率

木材的含水率是指木材中所含水的质量与木材干燥后质量的百分比值。

（1）木材中的水分：木材中的水分可分为三种，即自由水、吸附水和化合水。

1）自由水：存在于组成木材的细胞间隙中，木材中自由水的变化影响木材的表观密度、燃烧性、干燥性及渗透性。

2）吸附水：水被物理吸附于细胞壁内的纤维中。吸附水含量的变化是影响木材强度和胀缩变形的主要因素。

3）化合水：是组成细胞化合物成分的水分，它在常温下不变化，对木材的性能无影响。

（2）木材的纤维饱和点：当潮湿的木材蒸发水分时，首先蒸发的是自由水，当自由水蒸发完毕而吸附水尚处在饱和状态时的含水率，称为纤维饱和点。纤维饱和点是所有木材性质变异的转折点，对木材的强度、胀缩变化、导电性有很大影响。木材的纤维饱和点随树种不同有差别，一般为25%~35%，平均为30%。

（3）平衡含水率：木材长时间暴露在一定温度和湿度的空气中，干燥的木材能从空气中吸收水分，潮湿的木材能向周围释放水分，直到木材的含水率与周围空气的相对湿度达到平衡为止。我们将与周围空气的相对湿度达到平衡时木材的含水率称为平衡含水率。

（4）湿胀与干缩：木材的吸湿性是指木材从空气中吸收水蒸气和其他液体蒸气的性能。

木材的吸湿性会使木材的物理力学性质随着平衡含水率的变化而变化。因此，木材制品必须干燥到与使用地区空气温度、湿度相适应的木材含水率，方可避免木材制品因受使用地区温度、湿度的影响发生变化而引起木材制品的胀缩、翘曲、开裂现象，甚至引起木结构的结合松弛、装修部件的损坏等。

当木材从潮湿状态干燥到纤维饱和点时，只是自由水蒸发，质量减轻，而体积不会改变。当继续干燥到纤维饱和点以下时，细胞壁中的吸附水开始蒸发，不仅木材的质量减轻，而且还由于细胞壁的收缩而产生体积减小；反之，干燥木材吸湿后，将发生膨胀，直到含水率达到纤维饱和点为止，此后木材含水率虽然继续增大，但不再引起膨胀。

由于木材内部构造的不均匀性，在不同方向上胀缩值不相同，其中纵向干缩最小，为0.1%~0.35%；弦向胀缩最大，为6%~12%。木材在使用时其含水率应接近或稍低于平衡含水率。

3. 强度

根据外力的作用，木材的强度主要有抗压强度、抗拉强度、抗弯强度和抗剪强度。由于木材是各向异性的材料，因此，一般每一类强度根据实施力方向不同又有顺纹受力和横纹受力之分。顺纹受力是指作用力方向平行于纤维方向，横纹受力是指作用力的方向垂直于纤维方向。木材的顺纹强度和横纹强度差别很大。木材各强度之间的关系可见表5.1。

表5.1 木材各强度之间的关系

抗压强度/MPa		抗拉强度/MPa		抗弯强度/MPa	抗剪强度/MPa	
顺纹	横纹	顺纹	横纹		顺纹	横纹
100	10~20	200~300	6~20	150~200	15~20	50~100

木材的强度首先取决于树种及材质，常用阔叶树的顺纹抗压强度为49~56 MPa，常用针叶树的顺纹抗压强度为33~40 MPa。即使同一木材，它的强度还随其含水率、所处环境的温度和受力时间长短等外在因素的变化而变化。

当木材的含水率在纤维饱和点以下变化时，随木材含水率增加，强度下降。因为这时增多的是吸附水，细胞壁软化，组织疏松，强度降低；反之，强度增大。当木材的含水率在纤维饱和点以上变化时，对木材的强度影响不大。其次含水率变化一般对抗弯和顺纹抗压强度影响较大，对顺纹抗剪强度影响较小，而对顺纹抗拉强度几乎没有影响。

木材受热时，细胞壁胶结物质会软化，强度降低。高于 140 ℃时，木材会逐渐碳化甚至燃烧，因此长期处于高温（>60 ℃）作用下的建筑物不宜使用木材。木材在长期荷载作用下，能无限期负荷而不破坏的最大应力称为木材的持久强度。长期受力的木材强度较短期受力的木材强度低很多。木材的持久强度仅为极限强度的 50%～60%。木材的天然弊病如木节、斜纹、腐朽、病虫害等都对木材的强度有不同程度的影响。

4. 木材的硬度和耐磨性

（1）木材的硬度：是指木材抵抗其他物体压入木材的能力。木材端面的硬度最大，弦面次之，径面稍小。木材弦面及径面的硬度一般差别较小。

（2）木材的耐磨性：是指木材抵抗磨损的能力。木材磨损是其表面受摩擦、挤压、冲击等几种因素综合作用时产生的一种表面变化过程；是木材用于制作木地板时必须考虑的性能。树种不同，木材的耐磨性也不同。用作木地板的国产阔叶材树种中，以荔枝木、红豆木耐磨性最大（质量磨损率为：径面 0.154%，弦面 1.146%，端面 0.043%），南方的泡桐树耐磨性最小（质量磨损率为：径面 0.953%，弦面 0.798%，端面 0.774%）。

5.2 木装饰制品及应用

木材不仅具有良好的物理和力学性能，而且还易于加工，具有天然的花纹，给人以淳朴、典雅的感觉。所以木材历来被广泛用于建筑物室内地面、墙面、顶棚装饰，并可用作骨架材料。常用的木装饰制品有以下几种。

5.2.1 木地板

木地板是由硬木树种（如水曲柳、榆木、柚木、柞木、水青冈、红青冈、枫木、榉木、紫檀、樱桃木等）和软木树种（如红松、广东松、落叶松、红杉、铁杉、云杉、水杉、油杉等）经加工处理而制成的木板面层。木地板可分为实木地板、实木复合地板、竹材地板、软木地板和强化木地板。

1. 实木地板

实木地板由于其天然的木材质地，尤以润泽的质感、柔和的触觉、自然温馨、冬暖夏凉、脚感舒适、高贵典雅而深受人们的喜爱。实木地板可分为平口实木地板、企口实木地板、拼方拼花实木地板、竖木地板、指接地板、集成地板等，如图 5.5、图 5.6 所示。

（1）平口实木地板：是指六面均为平直的长方体及六面体或工艺形多面体木实木地板。它一般是以纵剖面为耐磨面的地板，生产工艺简单，可根据个人爱好和技艺，铺设成普通或各种图案的地板。但加工精度较高，整个板观感尺寸较碎，图案显得零散。主要规格有 155 mm×22.5 mm×8 mm、250 mm×50 mm×10 mm、300 mm×60 mm×10 mm。平口实木地板用途广，除用作地板外，也可作为拼花板、墙裙装饰以及天花板吊顶等室内装饰。

（2）企口实木地板：企口实木地板又称榫接地板，板面呈长方形，其中一侧为榫，另一侧有槽，其背面有抗变形槽。由于铺设时榫和槽必须结合紧密，因而生产技术要求较高，木质也要求要好，不易变形。该板规格甚多，小规格为 200 mm×40 mm×（12～15）mm，250 mm×

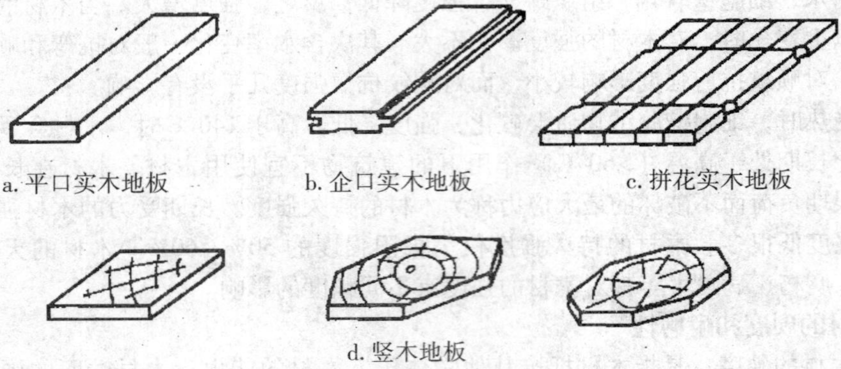

图 5.5　实木地板种类

50 mm×（15~20）mm，大规格的长条企口地板可达（400~4 000）mm×（60~120）mm×（15~20）mm。

实木长条企口地板被公认为是良好的室内地面装饰材料，使用于办公室、会议室、会客室、休息室、旅馆客房、住宅起居室、卧室、幼儿园及仪器室等场所。

（3）拼方拼花实木地板：拼方拼花实木地板是由多块条状小木板以一定的艺术性和规律性的图案拼接成方形（图 5.6）。它是利用木材的天然色差，拼接成工艺美术性很强的各种地板图案。故其生产工艺比较讲究，精度要求高。拼花木地板的木块尺寸一般为：长 250~300 mm，宽 40~60 mm，板厚 20~25 mm。有平头接缝地板和企口拼接地板两种。适用于高级楼宇、宾馆、别墅、会议室、展览室、体育馆和住宅等的地面装饰。可根据装修等级的要求，选择合适档次的材料。

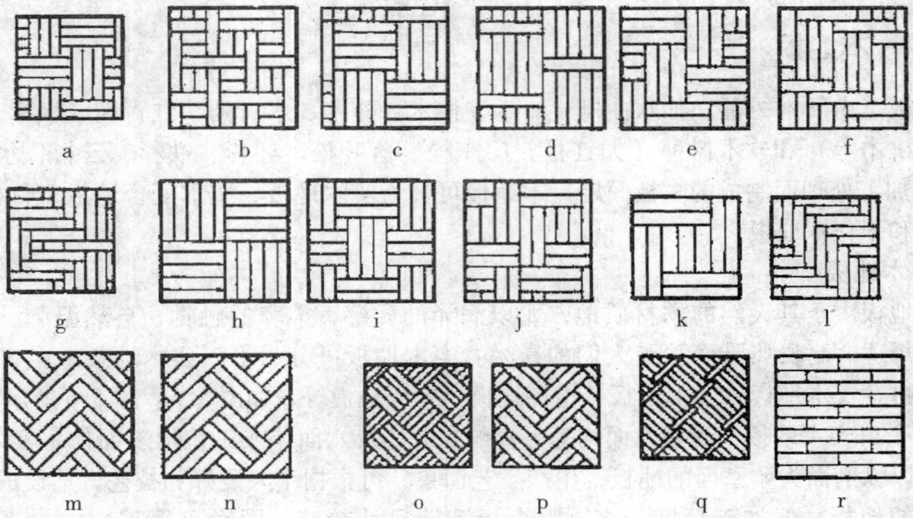

图 5.6　拼装图案

（4）竖木地板：以木材的横切面为板面，呈矩形、正方形、正五边形、正六边形、正八边形等正多面体或圆柱体拼成的木地板称为竖实木地板，简称竖木地板。目前，竖木地板一般采用整张化工序，即先在工厂把竖木地板的单元拼成 400 mm×400 mm、500 mm×

500 mm、600 mm×600 mm 的单元图案，其中的小单元有正四边形、正六连、正八边形等种类，其边长尺寸有 5cm、7cm、9cm。

竖木地板图案美观、立体感强，是一种物美价廉的新型装饰材料。它不仅可作为木地板，还可作为天花板、墙裙的装饰材料。常用于宾馆、饭店、招待所、影剧院、体育场、办公室和家庭住宅等场所。

（5）指接地板：是由宽度相等、长度不等的小木板条黏结而成的木地板。不宜变形并开有榫和槽，与企口实木地板的结构基本相同。实木指接企口地板常用规格有（1 830~4 000）mm×（40~75）mm×（12~18）mm。

（6）集成地板：集成地板又称拼接地板、横拼地板，由宽度相等的小木板条指接起来，再将多片指接体横向拼接而成的木地板。该木地板幅面大，性能稳定，不易变形，给人一种天然的美感。集成企口实木地板规格为（1 830~4 000）mm×（150~200）mm×（12~18）mm，常见规格为 1 830 mm×150 mm×15 mm。

2. 实木复合地板

随着天然林资源的逐渐减少，特别是优质装饰用的阔叶材资源日渐枯竭，木材的合理利用已越来越受到世界各国人们的普遍重视，实木复合地板应运而生。实木复合地板是利用优质阔叶材或其他装饰性很强的合适材料作为表面，以材质软的速生材或以人造材作为基材，经高温高压制成多层结构。

（1）实木复合地板的分类：实木复合地板可分为三层实木复合地板、多层实木复合地板和细木工贴面地板。

1）三层实木复合地板由三层实木交错层压而成，表层为优质硬木规格板条镶拼板，芯层为软木板条，底层为旋切单板，克服了单向同性易变形的缺点，保留了实木地板的舒适脚感和天然木材的优点。规格一般为 2 200 mm×（180~200）mm×（14~15）mm。

2）多层实木复合地板是以多层胶合板为基材，其表层以优质硬木片镶拼板或刨切单板为面板，涂布脲醛树脂胶，经热压而成。其特点是结构上对称，相邻层板纤维互相垂直，克服了天然木材各向异性的缺点，使之达到材性均匀、形状稳定，同时也较好地保留了舒适脚感和天然木材的优点。

3）细木工贴面地板是以细木工板作为基材板层，表面用名贵硬木树种作为表层，经过热压机热压而成。

（2）实木复合地板的特点：实木复合地板与传统的实木地板相比，由于结构的改变，使其使用性能可抗变形能力有所提高。其优点为：规格尺寸大、不易变形、不易翘曲、板面具有较好的尺寸稳定性、整体效果好、铺设工艺简捷方便、阻燃、绝缘、隔潮、耐腐蚀等。实木复合地板也存在缺点，如胶黏剂中含有一定的甲醛，必须严格控制，严禁超标。实木复合地板结构不对称，生产工艺复杂，成本较高。

3. 竹材地板

竹材地板是近年来开发的高档室内装饰材料。它经选料、粗加工、碳化、蒸煮漂白、粗材胶合、板材成型等工艺过程制成。带有企口的长条地板不仅其表面华丽、高雅，脚感舒适，又具有竹子的固有特性——经久耐用、耐磨、不变形、防水且易于维护、清扫等，同时竹材地板施工难度小，所以是宾馆、办公室、居室等处的高档建筑装饰材料。目前我国产品不仅供应国内，还远销美国、日本等国家和我国香港地区。

竹材地板分为以下几类。

（1）按结构不同，竹材地板一般可分为径面式竹材地板、弦面式竹材复合地板。

1）径面式竹地板采用多竹片侧向胶合，又称为侧压板，即多层竹片之间采用弦面胶合成一整体，再进行加工而成，如图 5.7 所示。

a. 径面式（侧压板）　b. 弦面式（直芯板）　c. 弦面式（横芯板）

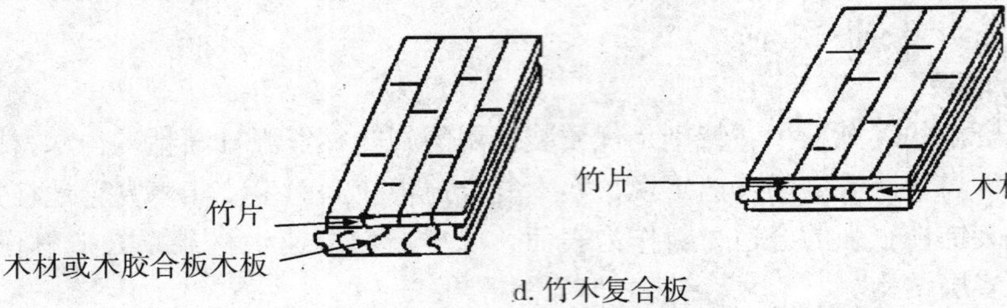

d. 竹木复合板

图 5.7　竹材地板类型与结构

2）弦面式竹地板由板面、芯板和底板三层胶合而成，即同层竹片采用径切面拼接，层与层之间采用弦切面胶合，又称正压板。面板与底板的竹青面朝外，相向对应。在弦面式竹地板中，如果芯板的纤维排列方向与底板和面板一致，则为直芯板；如果纤维排列方向与底面板相互垂直，则为横芯板。

竹木复合地板由竹和木质胶合板或竹材和木板胶合而成。

（2）按使用材料不同，竹材地板一般可分为全竹地板和竹木复合地板。全竹地板全部由竹材制成。竹木复合地板通常由竹材作为面板，芯板及底板则由木材或木材胶合板而制成。

（3）按地板颜色不同，竹材地板一般可分本色竹地板和碳化竹地板。本色竹地板使用的竹片经过蒸煮、漂白后通体金黄透亮，保留了竹材的天然颜色，故称之为本色板。碳化竹地板是将竹片进行高温、高压处理，使竹片纤维化，得到了一种类似于咖啡色的效果，简称为碳化板。

4. 软木地板

软木并非木材，它是在阔叶树种栓乐栎（属栎木类）的树皮上采割而获得的“松皮”，在生物学中称为木栓。木栓细胞化学上特别稳定，因而不会腐朽，也没有明显老化的迹象。

软木地板是以软木为原料，经压缩烘焙等加工而成的。由于软木特殊的细胞结构，使软木地板有许多优点，不仅具有可压缩性、弹性、不透气、不透水而且耐油、耐酸、耐皂液等多种液体，以及绝热、减振、吸音、隔音、摩擦系数大、耐磨等优异性能；其经漂染，可成为彩色拼花地板，具有隔音、阻燃、无声的特性，可取代地毯。软木地板的优异性能是一般地板无法比拟的，在我国有着广阔的发展前景。

5. 强化木地板

强化木地板又称浸渍纸饰面层压木质地板，是由耐磨层、装饰层、芯层、防潮层胶合而成的木地板。

强化木地板的耐磨层是采用 Al_2O_3 或碳化硅覆盖在装饰纸上。用于表面涂层的 Al_2O_3 要求极细，在工艺上既不遮盖装饰层上的花纹和色彩，又要均匀而细密地附着在装饰层的表面。强化木地板的耐磨性取决于其表层的 Al_2O_3 或碳化硅的用量。Al_2O_3 的含量越高，地板的耐磨性越好。普通家庭使用 Al_2O_3 含量多为 32 g/m² 或 45 g/m²；对于人流量较大的公众场所，Al_2O_3 用量达到 62 g/m²。

强化木地板的装饰层，也就是电脑仿真制作的印刷纸。由于是电脑模仿，可仿真制作成各类树种的天然花纹，甚至还可模仿石材的纹路以及创造出一些独特的图案。利用三聚氰胺浸渍过的电脑图案装饰纸具有较强的抗紫外线的优点，经长期照射不会褪色。

强化木地板的芯层，也称基材层，多采用高密度纤维板（HDF）、中密度纤维板（MDF）或特殊形态的优质刨花板，以前两者居多。强化木地板品质的优劣很大程度取决于基材层的质量，多对基材要求很高，高、中密度板技术质量必须符合《中密度纤维板》（GB/T 11718—2009）的要求。

防潮层也叫底层，其作用是防潮和防止强化木地板变形。一般采用一定强度的厚纸在三聚氰胺中浸渍制得。

强化木地板具有很多优点，如耐磨耗、花色品种多、色彩典雅大方、规格尺寸大、稳定性好、强度高、抗静电、耐污染、耐腐蚀、耐香烟灼烧等。但也存在一些缺点，如表层胶层一旦胶合不牢，就易翘或破坏，不易修复；地板的脚感没有实木地板好；强化木地板在胶黏剂中含有一定量的甲醛。过量的甲醛对人体有危害，人体若长期处于高浓度甲醛的环境中，会有致癌的危险。我国对公共场所空气甲醛浓度已颁布了强制标准，规定不超过 0.12 mg/m³。国家标准《室内装饰材料人造板及其制品中甲醛释放限量》（GB/T 18680—2001）规定，甲醛释放量必须小于或等于 1.5 mg/L。强化木地板常见的尺寸规格为（1 120~1 400）mm×（180~200）mm×（6~10）mm，榫面宽度不小于 3 mm。另外也可根据供需双方协议，生产其他规格的强化木地板。

5.2.2 木地板的选购

1. 实木地板的选购

消费者可以根据自已的喜好、居住条件及经济能力来选择实木地板。从居住条件考虑，住平房或一楼，因地面较潮湿，应选择受潮后不易变形的红松、白松等地板。若客厅里铺设实木地板，则应考虑地面材料的硬度，避免选择白松、水曲柳等硬度较差的实木地板，技术质量方面则主要考虑以下因素：

（1）外观质量：实木地板按板面质量分为优等品、一等品、合格品三个等级，选择时主要检查以下几个方面。

1）实木地板表面腐朽、缺棱：三个等级都不允许有。

2）地板表面裂纹：优等品、一等品不允许有，合格品允许有两条。

3）地板表面活节：优等品、一等品都允许有 2~4 个，但有尺寸限制；合格品个数不限。

4）死节与蛀孔：优等品不允许有，一等品有数量限制。

（2）含水率：含水率指标是指实木地板在销售地区未拆封或刚除去包装状态下的含水率。该项指标不合格将造成在使用中地板变形、翘曲、起拱或干缩离缝开裂等现象，影响美观和使用性能。国家标准规定：实木地板的含水率指标为7%至销售地点的平衡含水率。

（3）漆板表面耐磨性：漆板表面耐磨性是指实木地板油漆面的耐磨程度，该项指标不合格说明地板的油漆质量较差，将影响地板的使用寿命。国家标准规定，优等品实木地板漆板表面耐磨指标为每100r小于或等于0.08 g；一等品小于或等于0.10 g；合格品小于或等于0.15 g。

（4）漆膜附着力：漆膜附着力是指油漆对实木地板的附着强度，该项指标不合格也说明地板的油漆质量较差，在使用中可能造成油漆开裂甚至剥落，同样影响地板的使用寿命。国家标准规定优等品实木地板漆膜附着力指标为0~1级，一等品低于或等于2级，合格品低于或等于3级。

（5）选尺寸大小：目前市场上供应的实木地板，规格尺寸均偏长偏宽，如900 mm×90 mm×18 mm。其实，木地板宜短不宜长，宜窄不宜宽，应选用小于600 mm×75 mm×18 mm的地板，尺寸越小，抗变形能力越强。欲长可选用指接地板，长可达4 000 mm；欲宽可选集成地板，宽可达220 mm。宽地板背面应有抗变形槽，槽深应是地板厚度的1/3以上。如果是用于地面采暖地板，宜薄不宜厚，一般为8~12 mm厚。

2. 实木复合地板的选购

（1）外观质量：

1）表面油漆涂刷是否有光泽，漆膜是否丰满均匀，有无针粒状眼，有无压痕和刨痕。

2）表面材质有无明显缺陷，如木地板表面不应有腐朽、死节、节孔、虫孔、裂缝、夹皮等缺陷。

3）周边榫、槽完整。

（2）产品的尺寸公差是否符合要求：

1）产品的规格尺寸公差长、宽、厚是否与产品介绍相同。

2）产品的榫、槽尺寸拼接是否严密、平整，可以通过抽查多块地板，在平整的玻璃台面或地面进行拼装，观其结合松紧程度，并摸其表面是否平整。

（3）内在质量：

1）甲醛释放量：不得超过0.12 mg/m^3。

2）含水率：含水率通常能达到12%左右为合格。

3）胶合性能：放在具有一定温度的水中处理后测定，浸渍剥离值越低越好，胶合强度值越高越好。

3. 竹材地板的选购

（1）产品外观质量：

1）竹地板外观：首先观其地板色泽，本色地板为金黄色，通体透亮；碳化竹地板为古铜色或褐色，颜色均匀而有光泽感。

2）油漆质量：将地板置于光线明亮处，看其表面有无气泡、麻点、橘皮现象，再看其漆面是否丰厚、饱满、平整。

（2）产品内在质量：

1）首先看材质。可用手掂和眼观，若地板拿在手中较轻，说明采用的是嫩竹；若眼观其纹理模糊不清，说明此竹材不新鲜，是较陈的竹材。

2）观地板结构是否对称平衡。

3）地板层与层间胶合是否紧密，用两手掰，开水煮，是否会出现分层。

（3）加工精度：竹地板的加工精度可以随机抽样，其方法是任意取多块地板，放于平整面上榫槽拼合后，看其是否合缝，并再用手模表面是否平整。

4. 强化木地板的选购

（1）首选知名品牌：强化木地板是科技含量较高的人造产品，从外观上来看，极不易区分质量的好坏，除非经过质量检验。知名品牌在质量、环保和铺设等方面有保障，既具有我国质检权威部门出具的测试报告，又在产品的包装箱上标识标注完整，如注册商标、生产厂家、经营单位、型号、数量、地址、电话等，售后服务也有保证。

（2）选耐磨转数：强化木地板之所以强化，因为它表面有耐磨层，其初始耐磨值分高、中、低三个级别。进口强化地板分公共场所用、私人家居用。可按需选购表层耐磨度，它的耐磨性主要取决于刚玉（$A_{12}O_3$）磨料的含量。一般6 000~18 000 r，其对应$A1_2O_3$的含量在38~64 g/m^3之间。转数越高，耐久性越好，但价位也越高。

因此，根据每个消费者的经济实力和使用环境，选择相应的耐磨转数，通常6 000 r以上的产品均适合在家庭中使用，但是公共场所必须选用9 000 r以上的产品。

（3）选基材密度：强化木地板目前主要有两种基材，一种是高密度纤维板，密度为0. 82~0. 94 g/cm^3；另一种是特殊形态的刨花板。一般基材密度越大，产品的力学性能、抗冲击性能较好。

（4）选耐水性能：耐水性能用吸水厚度膨胀率指标反映。该指标值越高，耐水性能越差。耐水性差也就是在潮湿环境下，地板四周边若密封不严，即可能发生明显的膨胀，引起尺寸变化，尺寸变化过大，会引起地板起拱，影响地板使用寿命。以选膨胀率小于2%为佳。

（5）选游离甲醛释放量：强化木地板生产中含有一定量的甲醛，若超过国家规定的指标很多，且地板周边密封不严，甲醛释放出来将对人体有害。因此，国家对公共场所空气中甲醛浓度已颁布了强制性标准，规定不得超过0. 12 mg/m^3。

（6）选表面胶合强度：表面胶合强度是反映强化木地板的表面装饰与基材之间的胶合质量，若胶合质量差，该产品使用一段时间后，装饰层会产生剥离。

（7）选表面耐冲击性：该指标采取落球试验，观察在重球落下后，试件表面有无凹陷。通常强化木地板都无明显凹陷。

（8）选耐香烟灼烧：该指标反映产品的阻燃性能。通常弡化木地板经香烟灼烧不会出现黑斑、裂纹和鼓泡。

5. 3　木饰面板

木饰面板常用于较高档次的室内墙面装饰及家具制造。

用木材装饰室内墙面，按主要原料不同可分为两类，一类是薄木装饰板，此类板材主要由原木加工而成，精选材干燥处理后用于装饰工程中；另一类是人工合成木制品，它主要由木材加工过程中的下脚料或废料经过机械处理，生产出的人造板材。

木饰面板包括以下几种类型。

5.3.1 胶合板

胶合板是用原木旋切成薄片，再用胶黏剂按奇数层次，以各层纤维互相垂直的方向黏合热压而成的人造板材。我国常用的原木主要有桦木、杨木、水曲柳、松木、椴木、桉木、马尾松及部分进口原木。胶合板的层数应为奇数，按胶合板的层数，可分为三合板、五合板、七合板和九合板，前两种最常用。胶合板的厚度为 2.1 mm、3.0 mm、3.5 mm、4.0 mm、5.0 mm、5.5 mm、6.0 mm 等，自 6 mm 起按 1 mm 递增。厚度小于等于 4 mm 的为薄胶合板。胶合板的幅面尺寸如表 5.2 所示。

表 5.2　普通胶合板的幅面尺寸

宽度/mm	长度/mm				
	915	1 220	1 830	2 135	2 440
915	915	1 220	1 830	2 135	—
1 220	—	1 220	1 830	2 135	2 440

胶合板板材幅面大，易于加工；板材的纵向和横向的抗拉、抗剪强度均匀，适应性强；板面平整，收缩性小，不翘不裂；板面具有美丽的木纹，是装饰工程使用最频繁、数量最大的板材；既可以做饰面板的基材，又可以直接用于装饰面板，能获得天然木材的质感。

胶合板适用于建筑室内的墙面装饰，也可以用来做家具。胶合板面上可油漆成各种类型的漆面，可裱贴各种墙纸、墙布，可粘贴各种塑料装饰板，也可以进行涂料的喷涂处理。特等品主要用于高级建筑装饰、高级家具及其他特殊需要的制品，一等品适用于较高级建筑装饰、高中级家具及各种电器外壳等制品。

5.3.2 细木工板

细木工板属于特种胶合板的一种，为芯板用板拼接而成，两面胶粘一层或二层单板的实心板材。细木工板按结构不同，可分为芯板不胶拼和芯板胶拼两种；按表面加工状况可分为一面砂光、两面砂光和不砂光三种；按所使用的胶合剂不同，可分为Ⅰ类胶细木工板、Ⅱ类胶细木工板两种；按面板的材质和加工工艺质量不同，可分为一、二、三等三个等级。细木工板的尺寸规格、技术性能如表 5.3 所示。

表 5.3　细木工板的尺寸规格和技术性能

长度/mm						宽度/mm	厚度/mm	技术性能
915	1 220	1 520	1 830	2 138	2 440			
915	—	—	1 830	2 135	—	915	16 19 22 25	含水率：10%±3% 静曲强度：①厚度为 16 mm 时，不低于 15 MPa；②厚度<16 mm 时，不低于 12 MPa；③胶层剪切强度不低于 1 MPa
—	1 220	—	1 830	2 135	2 440	1 220		

5.3.3 纤维板

纤维板是以木质纤维或其他植物纤维材料为主要原料，经破碎、浸泡、研磨成木浆，再加入一定的胶料，经热压成型、干燥等工序制成的一种人造板材。

纤维板不仅可以用木材采伐剩余物（枝、梢头、小径材等）和木材加工剩余物（板皮、边条和碎单板）等为原料，而且可以用木材植物（如棉秆、麻秆、甘蔗渣等）作为原料来生产，原料非常丰富。按纤维板的体积密度不同，可分为硬质纤维板（表观密度大于800 kg/m^3）、中密度纤维板（表观密度为500～800 kg/m^3）、软质纤维板（表观密度小于500 kg/m^3）三种；按表面性质分为一面光板和两面光板两种；按原料不同分为木材纤维板和非木材纤维板。

（1）硬质纤维板：硬质纤维板的体积密度大于800 kg/m^3，强高度、耐磨、不易变形，可用于墙壁、门板、地板、家具等。硬质纤维板的幅面尺寸有610 mm×1 220 mm、915 mm×1 830 mm、1 000 mm×2 000 mm、915 mm×2 135 mm、1 220 mm×1 830 mm、1 200 mm×2 440 mm；厚度为2.50 mm、3.00 mm、3.20 mm、4.00 mm和5.00 mm。硬质纤维板按其物理力学性能和外观质量分为特级、一级、二级、三级四个等级。

（2）中密度纤维板：中密度纤维板的品种很多，根据《中密度纤维板》（GB 11718—2009），按产品的公称密度可分为80型板（密度大于或等于0.80g/cm^3），可作为墙体材料；70型板（密度在0.70～0.79 g/cm^{3}之间），不适于制造强化木地板。中密度纤维板的规格有：长度为1 830 mm、2 135 mm、2 440 mm，宽度为1 220 mm，厚度为12 mm、15 mm、16 mm、18 mm、21 mm、24 mm等。按产品的技术指标分为优等品、一等品、合格品。按所用胶合剂不同，中密度纤维板可分为脲醛树脂中密度纤维板、酚醛树脂中密度纤维板、异氰酸酯中密度纤维板等。

中密度纤维板的结构均匀、密度适中、力学强度高、尺寸稳定性好、变形小、表面光滑、边缘牢固，且板材表面的装饰性好，所以它可制成各种面型，是可用于制造强化木地板、家具、船舶和车辆，以及隔断、隔墙、门等的建筑装饰材料。

（3）软质纤维板：软质纤维板的结构松散，体积密度小于50kg/m^3，故强度低，但吸音性和保湿性好，主要用于吊顶等。

5.3.4 刨花板

刨花板是利用施加胶料和辅助料或未施加胶料和辅助料的木材或非木材植物制成的刨花材料（如木材刨花、亚麻屑、甘蔗渣等）压制成的板材。

刨花板按原料不同分为木材刨花板、甘蔗渣刨花板、亚麻屑刨花板、棉秆刨花板、竹材刨花板、水泥刨花板、石膏刨花板；按表面分为未装饰面刨花板（如砂光，未砂光）和饰面刨花板（如浸渍纸面刨花板、装饰层压板饰面刨花板、PVC饰面、单板饰面刨花板）；按用途分为家具、室内装饰等一般用途的刨花板（即A类刨花板）和非结构建筑用刨花板（即B类刨花板）。装饰工程中常使用A类。

刨花板的幅面尺寸有1 830 mm×915 mm、2 000 mm×1 000 mm、2 440 mm×1 220 mm、1 220 mm×1 220 mm，厚度有4 mm、8 mm、10 mm、12 mm、16 mm、19 mm、22 mm、25 mm、30 mm等。

刨花板属于中低档装饰材料，且强度较低，一般主要用作绝热、吸音材料，用于地板的基层（实铺），还可用于吊顶、隔墙、家具等。

均质刨花板为刨花板的新品种，合格品超过了A类优级品普通刨花板标准，接近于中密度纤维板特级品（80型）标准，生产成本又低于中密度纤维板，可用作强化木地板的基层等。另一种刨花板新产品——定向刨花板，是用窄长的平刨花，施胶后模拟天然木材的纤维排列方向，定向铺装成板坯，再热压而成的人造板材。它既可用于内部结构如地板、家具、构件、内墙板等，也可用于外部结构如建筑构件和外墙板等。

5.3.5 装饰木板

装饰木板是由各种原木经锯切、刨光加工而成的板材。能用于装饰的树木品种很多，常用的有柚木、水曲柳、红松、榉木、樱桃木、白松、樟子松、鱼鳞松等。

装饰木板的尺寸对装饰工艺、材料的损耗影响较大，用于室内墙面装饰中，板材的厚度一般为9.5~18 mm，宽度为19~35 mm，长度为1~8 m。

装饰木材具有美丽木纹和天然色调，是室内墙面装饰最理想的材料之一，其装饰效果是其他材料难以达到的。但它价格贵，又不利于木材的综合合理利用。

5.3.6 薄木贴面装饰板

薄木贴面装饰板是采用珍贵木材，通过精密加工而成的非常薄的装饰面板。薄木贴面可以得到具有珍贵树种特有的美丽木纹和色调，既节省了珍贵树种木材，又使人们能享受到真正的自然美。

薄木按厚度不同可分为厚薄木和微薄木。厚薄木的厚度大于0.5 mm，一般厚度为0.7~0.8 mm；微薄木的厚度小于0.5 mm，一般厚度为0.2~0.3 mm。

薄木按制造方法不同分旋切薄木（在精密旋切机上旋切薄木）、刨切薄木（由刨切机刨切成薄片）、半圆旋切薄木（可以在普通精密旋切机上装偏心夹进行旋切而获得，也可以在专用的半圆旋切机上进行旋切）。

薄木按形态分类可分为天然薄木、组合薄木、集成薄木、染色薄木和成卷薄木。天然薄木由天然珍贵树种的木方制得。组合薄木由一种树种制成单板并按同一方向胶合成木方后制成的刨切薄木。集成薄木由珍贵树种的木材按薄木的图案先拼成集成木方后制成刨切薄木。染色薄木是将一般树种的薄木仿照珍贵树种的色彩和纹理染色的薄木。成卷薄木由连续带状的旋切薄木与纸张复合在一起制成的可卷成卷的薄木。

常用的薄木树种：国产材有水曲柳、黄菠萝、柞木、桦木、椴木、樟木、酸枣木、花梨木、麻栎、水青冈等；进口材有柚木、花梨木、桃花心木、橡木、山毛榉等。此外还常有杉木、柏木等针叶树种刨制薄木。

薄木作为一种表面装饰材料，不能单独使用，应粘贴在一定厚度和具有一定强度的基层板上，才能得到合理的利用。常用的基材板有胶合板、刨花板、细木工板等较结实的板材。

5.3.7 木丝板

木丝板又名万利板，是利用木材的下脚料作为原料，用机器刨成木丝，经过化学溶液的浸透，然后拌和水泥，入模成型加压、热蒸、凝固干燥而成的。其作用与刨花板类似。

5.3.8 印刷木纹装饰板

印刷木纹装饰板又名表面装饰人造板，是一种新型的饰面板。它是在人造表面用凹板花纹胶辊转印套色印刷机，印以各种花纹（如木纹）后制成的。种类有印刷木纹胶合板、印刷木纹纤维板、印刷木纹刨花板等。

印刷木纹装饰板因印有名贵树材的花纹、大理石纹，所以花纹美丽协调，层次丰富清晰，表面还具有一定的耐磨、防水、耐污染和附着力高等优点。

5.3.9 防火板

防火板是将多层木质材料浸渍于碳酸树脂液中，经烘干，在一定温度和压力条件下压制而成的。表面的保护膜处理使其具有防火防热功效，并有防尘、耐磨、耐酸碱、耐冲撞、防水、易保养等优点，适用于制作家具饰面板，有不同花色及不同质感的品种。

5.4 木装饰线条

5.4.1 木装饰线条的形状和种类

木装饰线条简称木线，是选用质硬、结构致密、材质较好的木材，经过干燥处理后，再经机械加工或手工加工而成。木线可油漆成各种色彩和木纹本色，又可进行对接、拼接，还可弯曲成各种弧线。木线在室内装饰中主要起着固定、连接、加强装饰饰面的作用。

木线种类繁多，各种立体造型各异，每类木线又有多种断面形状，各种木线的外形及规格如图 5.8 所示。

图 5.8 木装饰角线和边线

木线按材质不同可分为硬度杂木线、进口洋杂木线、白元木线、水曲柳木线、山樟木线、核桃木线、柚木线等；按功能可分为压边线、柱角线、墙腰线、上楣线、覆盖线、封边线、镜框线等；按外形可分为半圆线、直角线、斜角线、指甲线等；从款式上可分为外凸式、内凹式、凸凹结合式、嵌槽式等，各种木线的常用长度为 2~5 m。

5.4.2　木装饰线条的应用

木线具有表面光滑，棱角、棱边、弧面弧线垂直，轮廓分明，耐磨、耐腐蚀，不劈裂，上色性和黏结性好等特点，在室内装饰中应用广泛，主要用于天花线和天花角线。

（1）天花线：天花上不同层次面的交接处封边，天花上各不同材料面的对接处封口，天花平面上的造型线，天花上设备的封边。

（2）天花角线：墙面上不同层次面的交接处封边，墙上各不同材料面的对接处封口，墙平面上的造型线，天花上设备的封边。

5.5　木材的防腐与防火

木材易腐及易燃是其主要缺点，因此木材在加工与应用时，应该考虑防腐和防火问题。

5.5.1　木材的腐朽及防腐

1. 木材的腐朽

木材变色以致腐朽，一般为真菌侵入所致。真菌的特点是它的细胞没有叶绿素，因此不能制造自己生活所需的有机物，而要依靠侵蚀其他植物来吸取养料。真菌分变色菌、霉菌和腐朽菌，其中变色菌和霉菌对木材危害较小，而腐朽菌寄生在木材的细胞壁中，它能分泌出一种酵素，把细胞壁物质分解成简单的养料，供自身在木材中生长繁殖，从而使木材产生腐朽，并逐渐破坏。但真菌在木材中生存和繁殖，必须同时具备以下三个条件：

（1）温度：一般能生长的温度为3~38 ℃，最适应的温度为25~30 ℃，当温度低于5 ℃时，真菌停止繁殖；温度高于60 ℃时，真菌不能生存。

（2）水分：木材的含水率在20%~30%时，最适宜真菌繁殖生存；若低于20%或高于纤维饱和点，不利于腐朽菌的生长。

（3）空气：真菌生存和繁殖需要氧气，所以完全浸入水中或深埋在泥土中的木材则因缺氧而不易腐朽。

2. 木材的防腐措施

防止木材腐朽的措施有以下两种：

（1）让木材保持干燥状态。木材加工使用之前，为提高木材的耐久性，必须进行干燥，将其含水率降至20%以下。木制品和木结构在使用和储存中必须注意通风、排湿，使其经常处于干燥状态；对木结构和木制品表面进行油漆处理，油漆涂层即使木材隔绝了空气和水分，又增添了美观。

（2）防腐剂处理：用化学防腐剂对木材进行处理，使木材变为有毒的物质而使真菌无法寄生。木材防腐剂种类很多，一般分为水溶性、油质和膏状三类。水溶性防腐剂常用品种有氟化物、氯化锌、硼酚合剂、硅氟酸钙、氟砷铬合剂等，这类防腐剂主要用于室内木结构的防腐处理。油质防腐剂常用品种有煤焦油、煤焦油-杂酚油混合防腐油、强化防腐油等。这类防腐剂毒杀效力强，毒性持久，有刺激性臭味，处理后木材变黑，常用于室外、地下或水下木构件，如枕木、木桩等。膏状防腐剂由粉状防腐剂、油质防腐剂与填料和胶结料（煤沥青、水玻璃等）按一定比例配制而成，用于室外木结构防腐。

对木材进行防腐处理的方法很多，主要有涂刷或喷涂法、压力渗透法、常压浸渍法、冷热槽浸透法等。其中表面涂刷或喷涂法简单易行，但防腐剂不能渗入木材内部，故防腐效果较差。

5.5.2　木材的防火

木材易燃是其主要缺点之一。木材的防火，就是指将木材经过具有阻燃性能的化学物质处理后，变成难燃的材料，以达到遇小火能自熄，遇大火能延缓或阻止燃烧蔓延，从而赢得扑救时间。

1. 木材燃烧及阻燃机制

木材在热的作用下发生热分解反应，随着温度升高，热分解加快。当温度升高至 220 ℃以上达木材燃点时，木材燃烧放出大量可燃气体，这些可燃气体中有着大量高能量的活化基，活化基氧化燃烧后继续放出新的活化基，如此形成一种燃烧链反应，于是火焰在链状反应中得到迅速传播，使火越烧越旺，此称气相燃烧。当温度达 450 ℃以上时，木材形成固相燃烧。在实际火灾中，木材燃烧温度可高达 800~1 000 ℃。

2. 阻燃措施

由上述可知，要阻止和延缓木材燃烧，可采取以下几种措施：

（1）抑制木材在高温下的热分解。实践证明，某些含磷化合物能降低木材的稳定性，使其在较低温度下即发生分解，从而减少可燃气体生成，抑制气相燃烧。

（2）阻止热传递。实践证明，一些盐类，特别是含有结晶水的盐类，具有阻燃作用。例如，含结晶水的硼化物、氢氧化钙、含水氧化铝和氢氧化镁等，遇热后则吸收热量而放出蒸汽，从而减少了热量传递。磷酸盐遇热缩聚成强酸，使木材迅速脱水炭化，而木炭的导热系数仅为木材的 1/3~1/2，从而有效抑制了热的传递。同时，磷酸盐在高温下形成玻璃状液体物质覆盖在木材表面，也起到隔热层的作用。

（3）增加隔氧作用。稀释木材燃烧时周围空气中的氧气和热分解产生的可燃气体，增加隔氧作用。例如，采用含结晶水的硼化物和含水氧化铝等，遇热放出水蒸气，能稀释氧气及可燃气体的浓度，从而抑制木材的气相燃烧；又如磷酸盐和硼化物等在高温下形成玻璃状覆盖层，则阻止了木材的固相燃烧。另外，卤化物遇热分解生成的卤化氢能稀释可燃气体，卤化氢还可与活化基作用而切断燃烧链，终止气相燃烧。

一般情况下，木材阻燃措施不单独采用，而是多种措施并用，亦即在配制木材阻燃剂时，通常选用两种以上的成分复合使用，使其互相补充，增强阻燃效果，以达到一种阻燃剂可同时具有几种阻燃作用。当然，各种阻燃剂均有自己的侧重面。

3. 木材防火处理方法

木材防火处理方法有表面涂覆法和溶液浸注法。

（1）表面涂覆法：即在木材表面涂敷防火涂料，既防火又具防腐和装饰作用。

（2）溶液浸注法：此法分为常压浸注和加压浸注两种，后者阻燃剂吸入量及渗入深度均大大高于前者。浸注处理前，要求木材必须达到充分干燥，并经初步加工成型，以免防火处理后进行大量锯、刨等加工，使木材中浸有阻燃剂的部分被除去。

思考题

1. 木材作为装饰材料的优点体现在哪些方面？其结构如何？

2. 木地板有哪些种类？各类木地板的选购要点是什么？
3. 木装饰面板和木装饰线有哪些种类？
4. 怎样做好木材的防火、防腐处理？

6 建筑装饰涂料

涂料是指涂敷于物体表面，能与物体黏结在一起，并能形成连续性涂膜，从而对物体起到装饰、保护作用，或使物体具有某种特殊功能的材料。

建筑涂料是用于建筑物内外墙、顶棚、地面，还包括门窗、走廊、楼梯扶手、水箱、屋面防水等工程表面及所有附属金属构件和木质件表面的涂料，使用非常广泛。

与其他装饰材料相比，建筑装饰涂料有很多优势，例如，重涂方便，很容易更新；能广泛应用于建筑物的各个部位，尤其别的装饰材料无法进行装饰的拐角、狭缝处，涂料能很好地装饰；能同时提供多种功能，如防霉、防锈、防火、绝缘、导电等；建筑装饰涂料自重小，有利于减轻建筑物的自重等。

18 世纪，天然树脂取代干性植物油，漆膜的性能得到了提高，使涂料在欧洲迅速发展；20 世纪 20 年代，酚醛树脂使涂料的质量水平达到新的高度；20 世纪 60 年代后，涂料种类增多（溶剂型涂料、水溶性涂料），应用广泛，应用量多，在美国、日本及西欧等发达国家，其发展较快，水平最高。

今后建筑涂料主要向以下几个方向发展：低 VOC（有机挥发物）；功能化和复合化；高性能、高品质；水性化；环保、抗污和抗菌化等。

6.1 涂料的组成及分类

6.1.1 涂料的组成

涂料的组成可分为主要成膜物质、次要成膜物质和辅助成膜物质三类，如图 6.1 所示。

1. 主要成膜物质

主要成膜物质又称基料、胶黏剂或固化剂，其作用是将涂料中的其他组分黏结在一起，并能牢固地附着在基层表面，形成连续均匀、坚韧的保护膜，并具有较高的化学稳定性和一定的机械强度。

建筑涂料用主要成膜物质应具有以下特点：

（1）具有较好的耐碱性。由于建筑涂料被涂的基层材料多为碱性较高的水泥混凝土或水泥砂浆，因此要求成膜物质应具有较好的耐碱性。

（2）能常温成膜。涂于建筑物表面的涂料，要求必须能在常温下（5~35 ℃）固化成膜，以利于施工。

（3）具有较好的耐水性。涂敷于建筑物表面的涂料经常会受到雨水的冲刷，良好的耐水性可使涂膜不易变质、损坏。

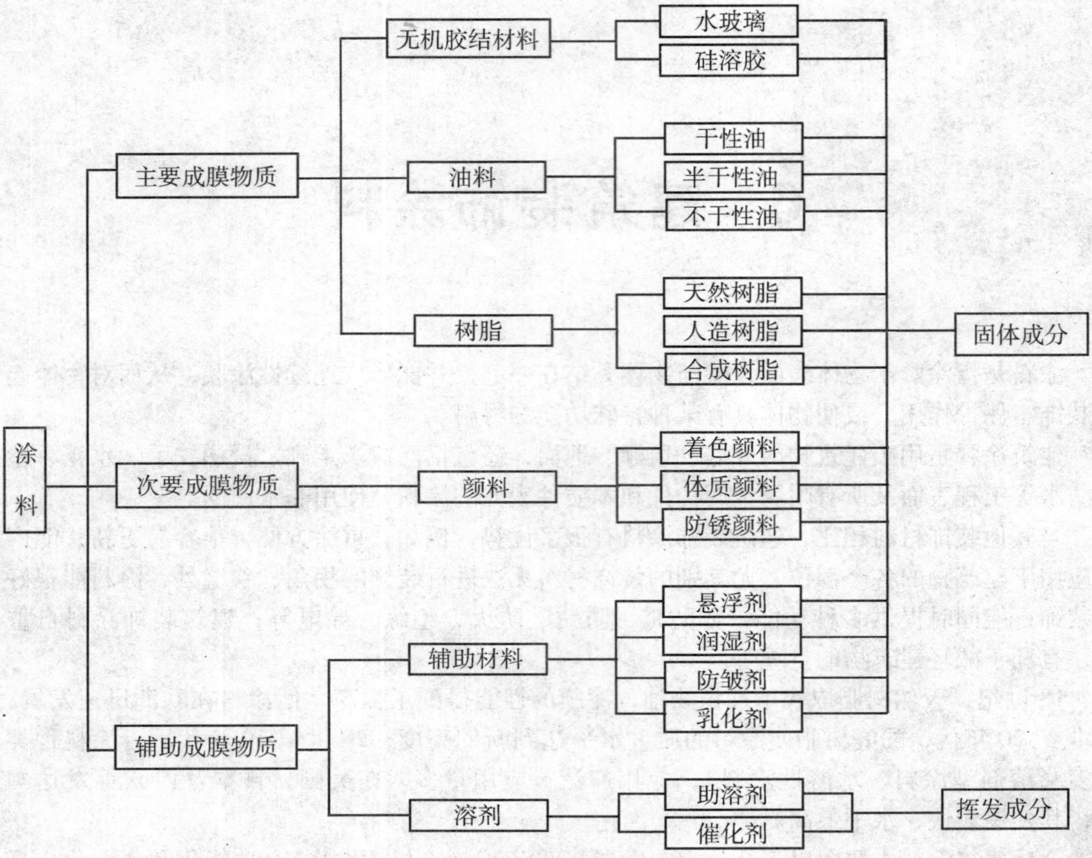

图 6.1　涂料的组成

（4）具有良好的耐候性。要求用于建筑涂料的成膜物质具有能经受日光、雨水和有害大气以及微生物侵蚀的能力。

（5）具有良好的耐高低温性。由于各地温差变化不同，因此要求涂料成膜后在低温下不易发脆脱落，高温下不易发黏而流淌。

（6）要求原料来源广，资源丰富，价格便宜。

目前我国建筑涂料所用的成膜物质主要以合成树脂为主，如丙烯酸酯乳液、苯丙乳液、乙丙乳液、硅酸钠、硅溶胶、聚氨酯、环氧树脂等。而对环境有一定污染的一些有毒的原材料，如聚烯醇、聚醋酸乙烯类、偏氯乙烯类等已逐渐被淘汰。

2. 次要成膜物质

次要成膜物质是指涂料中所用的颜料和填料，它们是构成涂膜的组成部分，并以微细粉状均匀地分散于涂料介质中，赋予涂膜以色彩、质感，使涂膜具有一定的遮盖力，减少收缩，还能增加膜层的机械强度及防止紫外线的穿透作用，并能提高涂膜的抗老化性、耐候性。

（1）颜料：颜料的品种很多，按其来源可分为人造颜料与天然颜料，按其作用又可分为着色颜料、体质颜料（即填料）与防锈颜料。

1）着色颜料：是建筑涂料中品种最多的一种，着色颜料的颜色有红、黄、白、黑、金属光泽及中间色等，常用的品种如表 6.1 所示。

表 6.1 常用着色颜料

颜料颜色	化学组成	品种
黄色颜料	无机颜料	铅铬黄（$PbCrO_4$）、铁黄［$FeO(OH)_3 \cdot nH_2O$］
	有机颜料	耐晒黄、联苯胺黄等
红色颜料	无机颜料	铁红（Fe_2O_3）、银朱（HgS）
	有机颜料	甲苯胺红、立索尔红等
蓝色颜料	无机颜料	铁蓝、钴蓝（$CoO \cdot Al_2O_3$）、群青
	有机颜料	肽菁蓝［$Fe(NH_4)Fe(CN)_5$］等
黑色颜料	无机颜料	炭黑（C）、石墨（C）、铁墨（Fe_3O_4）等
	有机颜料	苯胺黑
绿色颜料	无机颜料	铬绿、锌绿等
	有机颜料	酞菁绿等
白色颜料	无机颜料	钛白粉（TiO_2）、氧化锌（ZnO）、立德粉（$ZnO+BaSO_4$）
金属颜料		铝粉（Al）、铜粉（Cu）等

2）防锈颜料：主要是防止金属锈蚀。常用的有红丹、锌铬黄、氧化铁红、银粉等。红丹用于钢铁防锈涂料，锌铬黄用于铝合金防锈涂料。

（2）填料：填料的主要作用是改善涂料的涂膜，降低成本。填料主要是一些碱土金属盐、硅酸盐和镁、铝的金属盐和重晶石粉（$BaSO_4$）、轻质碳酸钙（$CaCO_3$）、滑石粉（$3MgO \cdot 4SiO_2 \cdot H_2O$）、云母粉（$K_2O \cdot Al_2O_3 \cdot 6SiO_2 \cdot H_2O$）、硅灰石粉、膨润土、瓷土、石英石粉或砂等。

3. 辅助成膜物质

辅助成膜物质包括辅助材料和溶剂。

（1）辅助材料：又称助剂，是为进一步改善或增加涂料的某些性能，在配制涂料时加入的物质，其掺量较少，一般只占涂料总量的百分之几到万分之几，但效果显著。常见的助剂有以下几类：

1）硬化剂、干燥剂、催化剂等。这类助剂的加入能加速涂膜在室温下的干燥硬化，改善干燥后涂膜的性能。

2）增塑剂、增白剂、紫外线吸收剂、抗氧化剂等。这些助剂有助于改善涂膜的柔软性和耐候性（耐候性是指装饰材料如涂料、塑料、橡胶制品等，应用于室外经受气候的考验，如光照、冷热、风雨、细菌等造成的综合破坏）等。

3）防污剂、防霉剂、杀虫剂等。加入这些助剂可使涂料具有防霉、防污、防火、杀虫等特殊性能。

4）其他还有分散剂、增稠剂、防冻剂、防锈剂、芳香剂等。

（2）溶剂：又称稀释剂，是涂料中又一个比较重要的组分。它是涂料的挥发性组分，它的主要作用是使涂料具有一定的黏度，以符合施工工艺要求。当涂料刷在基层上后，依靠溶剂的蒸发，涂膜逐渐干燥硬化，形成均匀连续的涂膜。溶剂还可增加涂料的渗透力，改善涂料与基层的黏结力，节约涂料用量。常用的溶剂有松香水、乙醇、200 号溶剂汽油、苯、二甲苯、丙酮等。这些有机溶剂都是容易挥发的有机物质，对人体有一定影响。对于乳胶型涂料，是借助具有表面活性的乳化剂、水为稀释剂，不采用有机溶剂，是需要大力发展的环保型溶剂涂料。

6.1.2 涂料的分类

涂料的品种繁多，使用范围广，分类方法也不尽相同，一般可按构成涂料主要成膜物质的化学成分、按构成涂膜的主要成膜物质、按建筑涂料的主要功能或按建筑物的使用部位等进行分类。

1. 按主要成膜物质的化学成分分类

按构成涂膜主要成膜物质的化学成分，可将建筑涂料分为有机涂料、无机涂料、无机-有机复合涂料三类。

（1）有机涂料：

1）溶剂型涂料：溶剂型涂料是以高分子合成树脂为主要成膜物质，有机溶剂为稀释剂，加入适量的颜料、填料（体质颜料）及辅助材料，经混合搅拌而成的涂料。这类涂料形成的涂膜细腻光洁而坚韧，有较好的硬度、光泽、耐水性和耐候性，气密性好，耐酸碱，对建筑物有较强的保护性，使用温度最低可到0 ℃。它的主要缺点是易燃、溶剂挥发对人体有害，施工时要求基层干燥；膜透气性差。常用品种有过氯乙烯、聚乙烯醇缩丁醛、氯化橡胶、丙烯酸酯等。

2）水溶性涂料：水溶性涂料是以水溶性合成树脂为主要成膜物质，以水为稀释剂，加入适量的颜料及辅助材料，经混合搅拌而成的涂料。此类涂料的水溶性树脂可直接溶于水中，与水形成单相的溶液。它的耐水性较差，耐候性不强，耐洗刷性差，一般只用于内墙涂料。常用品种有聚乙烯醇水玻璃内墙涂料、聚乙烯醇甲醛类涂料等。

3）乳胶涂料：乳胶涂料又称乳胶漆。它是由合成树脂借助乳化剂的作用，以0.1～0.5 μm的极细微粒子分散于水中构成乳液，并以乳液为主要成膜物质，加入适量的颜料、填料及辅助材料经混合搅拌而成的涂料。由于这种涂料以水为稀释剂，价格便宜，无毒、不燃，对人体无害，有一定的透气性，涂布时不需基层很干燥，涂膜固化后的耐水、耐擦洗性较好，可作为内外墙建筑涂料。但施工温度一般应在10 ℃以上，用于潮湿部位易发霉，需加入防霉剂。常用品种有聚乙酸乙烯乳液、乙烯-醋酸乙烯、醋酸乙烯-丙烯酸酯、苯乙烯-丙烯酸酯等共聚乳液。

（2）无机涂料：无机涂料是历史上最早使用的涂料，如石灰水、大白粉等。但它们的耐水性差、涂膜质地疏松、易起粉，早已被以合成树脂为基料配制的各种涂料所取代。目前所使用的无机涂料是以水玻璃、硅溶胶、水泥等为基质，加入颜料、填料、助剂等经研磨、分散而成的涂料。

无机涂料的价格低，资源丰富，无毒、不燃，具有良好的遮盖力，对基层材料的处理要求不高，可在较低温度下施工，涂膜具有良好的耐热性、保色性、耐久性等。无机涂料可用于建筑内外墙，是一种有发展前途的建筑涂料。

（3）无机-有机复合涂料：不论是有机涂料还是无机涂料，在单独使用时都存在一定的局限性，为克服其缺点，发挥各自的长处，出现了无机-有机复合的涂料。例如聚乙烯醇水玻璃内墙涂料就比聚乙烯醇有机涂料的耐水性好。此外，以硅溶胶、丙烯酸系列复合的外墙涂料在涂膜的柔韧性及耐候性方面更能适应气候的变化。

2. 按构成涂膜的主要成膜物质分类

按构成涂膜的主要生成膜物质，可将涂料分为聚乙烯醇系列建筑涂料、丙烯酸系列建筑涂料、氯化橡胶建筑涂料、聚氨酯建筑涂料和水玻璃及固溶胶建筑涂料。

3. 按建筑物使用部位分类

按建筑物使用部位，可将涂料分为外墙建筑涂料、内墙建筑涂料、地面建筑涂料、顶棚涂料和屋面防水涂料等。

4. 按使用功能分类

按使用功能，可将涂料分为装饰性涂料、防火涂料、保温涂料、防腐涂料、防水涂料、抗静电涂料、防结露涂料、闪光涂料、幻彩涂料等。

6.2 常用建筑涂料的种类、特点和技术要求

6.2.1 内墙涂料

1. 内墙涂料的特点及分类

内墙涂料亦可以用作顶棚涂料，它的主要功能是装饰及保护内墙墙面及顶棚，建立一个美观舒适的生活环境。因此，内墙涂料应具有以下性能：

（1）色彩丰富、细腻、协调。内墙涂料的色彩一般应是浅淡且明亮的。由于居住者对色调的喜爱不同，因此要求色彩品种丰富。内墙与人的目视距离较近，因而要求内墙涂料也应质地平滑、细腻、色调柔和。

（2）耐碱、耐水性好，不易粉化。由于墙面多带有碱性，要求涂料有一定的耐碱性，否则会因碱性腐蚀而泛黄。同时为保持内墙洁净，有时需要洗刷，为此必须有一定的耐水、耐洗刷性。而内墙涂料的脱粉，则会给居住者带来不便。

（3）好的透气性、吸湿排湿性。室内湿度大，若墙面透气性不好，将给人的感觉不舒服，同时由于透气性差还会在墙面结露。

（4）涂刷方便、复涂性好。为保持居室的优雅，内墙可能多次粉刷翻修。因此，要求施工方便，复涂性好。

（5）无毒、无污染。为保证施工人员和居住者的身体健康，通常内墙涂料不应挥发有毒气体及对人体刺激过大的气体，因此应采用水溶性、水乳型涂料。

内墙涂料的分类如图 6.2 所示。

- 内墙涂料
  - 刷浆材料
    - 石灰浆
    - 大白浆
    - 可赛银
  - 油漆
  - 溶剂型涂料
  - 合成树脂乳液（乳胶漆）
    - 聚醋酸乙烯乳液
    - 乙丙乳液
    - 苯丙乳液
  - 水溶性涂料
    - 改性聚乙烯醇系内墙涂料
    - 聚乙烯醇水玻璃内墙涂料
    - 聚乙烯醇缩甲醇内墙涂料
  - 多彩花纹内墙涂料

图 6.2　内墙涂料分类

2. 合成树脂乳液内墙涂料

合成树脂乳液内墙涂料又称乳胶漆，是以合成树脂为基料（成膜材料）的薄型内墙涂料。一般用于室内墙面装饰，但不宜用于厨房、卫生间、浴室等潮湿墙面。目前，常用的品种有苯丙乳胶、乙丙乳胶、聚醋酸乙烯乳胶等内墙涂料等。合成树脂乳液内墙涂料的技术性能应符合表 6.2 所示的要求。

表 6.2 合成树脂乳液内墙涂料技术指标要求

项目	指标		
	优等品	一等品	合格品
容器中状态	无硬块，搅拌后呈均匀状态		
施工性	涂刷二道无障碍		
低温稳定性	不变质		
干燥时间（表干）/h	≤2		
涂膜外观	正常		
对比率（白色和浅色）	≥0.95	≥0.93	≥0.90
耐碱性	24 h 无异常	24 h 无异常	24 h 无异常
耐洗刷性/次	≥1 000	≥500	≥200

注：（1）浅色是指以白色涂料为主要成分，添加适量色浆后配制成浅色涂料形成的涂膜所呈现的浅颜色。
（2）摘自《合成树脂乳液内墙涂料》（GB/T 9756—2001）。

（1）苯丙乳胶涂料：苯丙乳胶内墙涂料是由苯乙烯、丙烯酸酯、甲基丙烯酸等三元共聚乳液为主要成膜物质，掺入适量的填料、少量的颜料和助剂，经研磨、分散后配制而成的一种各色无光的内墙涂料，用于内墙装饰，其耐碱、耐水、耐久性及耐擦性等都优于其他内墙涂料，是一种高档内墙装饰涂料，同时也是外墙涂料中较好的一种。

（2）乙丙乳胶涂料：乙丙乳胶涂料是以聚醋酸乙烯与丙烯酸酯共聚乳液为主要成膜物质，掺入适量的填料及少量的颜料及助剂，经研磨、分散后配制成半光或有光的内墙涂料。用于建筑内墙装饰，其耐碱性、耐水性和耐久性都优于聚醋酸乙烯乳胶漆，并具有光泽，是一种中高档的内墙涂料。

（3）聚乙酸乙烯乳胶涂料：其是以聚乙酸乙烯乳液为主要成膜物质，加入适量填料、少量的颜料及其他助剂经加工而成的水乳型涂料。它具有无味、无毒、不燃、易于施工、干燥快、透气性好、附着力强、耐水性好、颜色鲜艳、装饰效果明快等优点，适用于装饰要求较高的内墙。

这种乳液性涂料在生产工艺上与聚乙烯醇水玻璃内墙涂料相比，除乳液聚合较为复杂外，其混合、搅拌、研磨、过滤工艺工程基本相同。乳液的固体含量较高，约为 50%，用量为涂料质量的 30%~60%，并以聚乙烯醇或甲基纤维等为增稠剂，以乙二醇、甘油等为防冻剂。另外，由于增稠剂中使用了纤维素，其储存或涂膜在潮湿环境中易发霉，要求加入防霉剂。常用的防霉剂有醋酸苯汞、三丁基锡或五氯酸钠等，用量为涂料质量的 0.05%~0.2%，其他还加有防锈剂等。

（4）氯-偏乳液涂料：氯-偏乳液涂料属于水乳型涂料，它是以氯乙烯-偏氯乙烯共聚乳液为主要成膜物质，添加少量其他合成树脂水溶液（如聚乙烯醇树脂水溶液等）共聚液体为基料，掺入不同品种的颜料、填料及助剂等配制而成。氯-偏乳液涂料具有无味、无毒、不燃、快干、施工方便、黏结力强，涂层坚韧光洁、不脱粉，有良好的耐水、防潮、耐磨、耐酸、耐碱、耐一般化学药品侵蚀及涂层寿命较长等优点，且价格低廉。

3. 溶剂型内墙涂料

溶剂型内墙涂料与溶剂型外墙涂料基本相同。由于其透气性较差、易结露，且施工时有大量的有机溶剂逸出，因而现已少用于住宅内墙装饰。但溶剂型内墙涂料涂层的光洁度好，易于清洗，耐久性也好，目前主要用于大型厅堂、室内走廊、门厅等部位。可用作内墙装饰的溶剂型涂料主要有过氯乙烯墙面涂料、聚乙烯醇缩丁醛墙面涂料、氯化橡胶墙面涂料、丙烯酸酯墙面涂料、聚氨酯系墙面涂料及聚氨酯-丙烯酸酯系墙面涂料等。

4. 水溶性内墙涂料

水溶性内墙涂料是以水溶性化合物为基料，加入适量的填料、颜料和助剂，经过研磨、分散后制成的，属低档涂料，可分为Ⅰ类和Ⅱ类。各类水溶性内墙涂料的技术质量要求应符合表6.3所示的规定。

目前，常用的水溶性内墙涂料有聚乙烯醇水玻璃内墙涂料（俗称106内墙涂料）、聚乙烯醇缩甲醛内墙涂料（俗称803内墙涂料）和改性聚乙烯醇系内墙涂料。

表6.3 水溶性内墙涂料的技术质量要求

序号	项目	技术质量要求	
		Ⅰ类	Ⅱ类
1	容器中状态	无结块、沉淀和絮凝	
2	黏度/s	30~75	
3	细度/μm	≤100	
4	遮盖力/（g/m²）	≤300	
5	白度/%	≥80	
6	涂膜外观	平整、色泽均匀	
7	附着力/%	100	
8	耐水性	无脱落、起泡和皱皮	
9	耐干擦性（级）	—	≤1
10	耐洗刷性（级）	≥300	—

注：（1） Ⅰ类材料适用于浴室、厨房等的内墙；Ⅱ类涂料适用于一般内墙。
（2）白度规定只是用于白色涂料。
（3）摘自《水溶性内墙涂料》（JC/T 423—1991）。

（1）聚乙烯醇水玻璃内墙涂料：聚乙烯水玻璃内墙涂料是以聚乙烯醇和水玻璃为基料，加入一定量的颜料、填料和适量的助剂，经溶解、搅拌、研磨而成的水溶性内墙涂料。它是国内生产较早，使用最普遍的一种内墙涂料。

聚乙烯醇水玻璃内墙涂料具有原料丰富、价格低廉、工艺简单、无毒无味、色彩多样，装饰性较好，并与基层材料有一定的黏结力，涂膜干燥快，表面光滑。但涂层的耐水性及耐洗刷性差，不能用湿布擦洗，且易产生脱粉现象。聚乙烯醇水玻璃内墙涂料被广泛用于住宅、普通公用建筑的内墙、顶棚等，但不适合用于潮湿环境。

（2）聚乙烯醇缩甲醛内墙涂料：聚乙烯醇缩甲醛内墙涂料又称803内墙涂料，是以聚乙烯醇进行不完全缩合醛化反应生成的聚乙烯醇缩甲醛水溶液为基料，加入颜料、填料及助剂经搅拌、研磨、过滤而成的水溶性内墙涂料。该种涂料的耐洗刷性略优于聚乙烯醇水玻璃内墙涂料，可达100次，其他性能与聚乙烯醇水玻璃内墙涂料基本相同。聚乙烯醇缩甲醛内墙涂料可广泛用于住宅及一般公寓建筑的内墙和顶棚。

（3）改性聚乙烯醇系内墙涂料：上述两种水溶性内墙涂料的耐水性、耐洗刷性均不太高，难以满足内墙装饰的功能要求，而经改性后的聚乙烯醇系内墙涂料，其耐擦洗性提高到500~1 000次及以上。除可用作内墙涂料外，还常用于外墙装饰。

提高聚乙烯醇系内墙涂料耐水性和耐洗刷性的措施有：提高聚乙烯醇缩甲醛的缩醛度，采用乙二醛部分代替或全部代替甲醛作聚乙烯醇的交联剂，加入某些活性填料等。另外，在聚乙烯醇内墙涂料中加入10%~20%的其他合成树脂的乳液，也能提高其耐水性。

5. 其他内墙涂料

（1）多彩内墙涂料：多彩内墙涂料简称多彩涂料，是一种国内外较为流行的高档内墙涂料，它是经一次喷涂即可获得具有多种色彩的立体涂膜涂料。多彩内墙涂料按其介质可分为水包油型、油包水型、油包油型和水包水型四种，如表6.4所示。其中以水包油型的储存稳定性最好，在国内外应用最为广泛。其分散相为各种基料、颜料及助剂等的混合物，分散介质为含有乳化剂、稳定剂等的水。不同基料间、基料与水间互相掺混而不互溶，外观呈不同颜色的基料微粒。

表6.4　多彩内墙涂料的基本类型

类型	分散相	分散介质
O/W 型（水包油）	溶剂型涂料	含保护胶的水溶液
W/O 型（油包水）	水性涂料	溶剂型清漆
O/O 型（油包油）	溶剂型涂料	溶剂型清漆
W/W 型（水包水）	多彩涂料	含保护胶的水溶液

多彩内墙涂料的涂层由底层、中层、面层涂料复合而成。底层涂料主要起封闭潮气的作用，防止涂料由于墙面受潮而剥落，同时也保护涂料免受碱性物质的侵蚀，一般采用具有较强耐碱的溶剂型封闭漆。中层起到增加面层和底层的黏结作用，并起到消除墙面的色差、突出多彩面层的光泽和立体感的作用，通常应选用性能良好的合成树脂乳液内墙涂料。面层即为多彩涂料。

多彩内墙涂料的色彩鲜艳、雅致，立体感强，装饰效果好，具有良好的耐水性、耐油性、耐碱性、耐化学药品、耐洗刷性、耐污染等特点，适用于建筑内墙和顶棚水泥、混凝土、砂浆、石膏板、木材、钢、铝等多种基面的装饰。

（2）幻彩内墙涂料：幻彩内墙涂料又称梦幻涂料、云彩涂料、多彩立体涂料，是目前较为流行的一种装饰性内墙高档涂料。通过创造性、艺术性的施工，可使幻彩涂料的图案似行云流水、朝霞满天，具有梦幻般、写意般的装饰效果，故而得名。

幻彩涂料是用特种树脂乳液和专门的有机、无机颜料制成的高档水性内墙涂料。幻彩涂料的种类较多，按组成的不同，主要有用特殊树脂与专门的有机、无机颜料复合而成的，用特殊树脂与专门制得的多彩纤维复合而成的。其中使用较多、应用较为广泛的是第一种，该类涂料又分为使用珠光颜料和不使用珠光颜料两种。特殊的珠光颜料赋予涂膜以梦幻般的感觉，使涂膜呈现珍珠、贝壳、飞鸟、游鱼等所具有的优美珍珠光泽。

幻彩涂料的成膜物质是经特殊聚合工艺加工而成的树脂乳液，具有良好的触变性及适当的光泽，涂膜具有优异的抗回弹性。一般建筑涂料用树脂乳液满足不了上述要求。常用的苯丙乳液、丙烯酸乳液虽也可配制幻彩涂料，但其涂膜抗回弹性差，在高温季节和高温场所涂料发黏且易黏物质，影响装修效果。

幻彩涂料具有无毒、无味、无接缝、不起皮等优点，并具有优良的耐水性、耐碱性和耐洗刷性，主要用于办公、住宅、宾馆、商店、会议室等的内墙、顶棚等的装饰。

幻彩涂料适用于混凝土、砂浆、石膏、木材、玻璃、金属等多种基层材料，要求基层材料清洁、干燥、平整、坚硬。

幻彩涂料施工首先是封闭底涂，其主要作用是保护涂料免受墙体碱性物质的侵蚀。中层涂层一是增加基层材料与面层的黏结，二是可作为底色。中层涂料可采用水性合成乳胶涂料、半光或有光乳胶涂料。中层涂料干燥后，再进行面层涂料的施工。面层涂料可单一使用，也可套色配合使用，施工方式有喷、涂、刷、辊、刮等。

（3）静电植绒涂料：静电植绒涂料是利用高压静电感应原理，将纤维绒毛植入涂胶表面而成的高档内墙涂料。它主要由纤维绒毛和专用胶黏剂等组成。

纤维绒毛可采用胶黏丝、尼龙、涤纶、丙纶等纤维，经过精度很高的专用绒毛切割机切成长短不同规格的短绒，再经染色和化学精加工，赋予绒毛柔软、抗静电等性能。静电植绒涂料手感柔软，光泽柔和，色彩丰富，有一定的立体感，具有良好的吸音性、抗老化性、阻燃性，无气味、不褪色，但不耐潮湿、不耐脏、不能擦洗。主要用于住宅、宾馆、办公室等的高档内墙装饰。

（4）仿瓷涂料：仿瓷涂料又称瓷釉涂料，是一种质感与装饰效果酷似陶瓷面层饰面的装饰涂料。仿瓷涂料分为溶剂型和乳液型两种。

1）溶剂型仿瓷涂料：是以常温下产生交联固化的树脂为基料，目前主要使用的有聚氨酯树脂、丙烯酸-聚氨酯树脂、环氧-丙烯酸树脂、丙烯酸-氨基树脂、有机硅改性丙烯酸树脂等，并加入颜料、填料、溶剂、助剂等配制而成的具有瓷釉亮光的涂料。此种涂料具有优异的耐水性、耐碱性、耐磨性、耐老化性。

2）乳液型仿瓷涂料：是以合成树脂乳液（主要使用丙烯酸树脂乳液）为基料，加入颜料、填料、助剂等配制而成的具有瓷釉亮光的涂料。乳液型仿瓷涂料的价格低廉，且无毒、不燃、硬度高，耐老化性、耐酸碱性、耐水性、耐沾污性及与基层材料的附着力等均较高，并能较长时间保持原有的光泽和色泽。

仿瓷涂料的应用较为广泛，可用于公共建筑内墙、厨房、卫生间等处，还可用于电器、机械及家具的表面防腐与装饰。

（5）天然真石漆：天然真石漆是以天然石材为原料，经特殊加工而成的高级水溶性涂料，以防潮底漆和防水保护膜为配套产品，在室内外装饰、工艺美术、城市雕塑上有广泛的使用前景。天然真石漆具有阻燃、防水、环保等特点。使用该种涂料后的饰面仿天然岩石效果逼真，且施工简单、价格适中。基层是混凝土、砂浆、石膏板、木材、玻璃、胶合板等。

（6）彩砂涂料：彩砂涂料是由合成树脂乳液、彩色石英砂、着色颜料及各种助剂组成。该种涂料无毒、不燃、附着力强，保色性及耐候性好，耐水性、耐酸碱腐蚀性也较好。彩砂涂料的立体感较强，色彩丰富，适用于各种场所的室内外墙面装饰。例如在石英砂中掺入带金属光泽的某种涂料，还能使涂膜具有强烈的质感和金属光亮感。

6.2.2 外墙涂料

1. 外墙涂料的特点及分类

（1）特点：外墙涂料的主要功能是装饰和保护建筑物的外墙，使建筑物外观整洁美观，达到美化环境的作用，延长其使用时间。为了获得良好的装饰与保护效果，外墙涂料一般应具有以下特点：

1）装饰性好。要求外墙涂料色彩丰富多样，保色性良好，能较长时间保持良好的装饰性能。

2）耐水性良好。外墙暴露在大气中，经常受到雨水的冲刷，因此要求外墙涂料应具有良好的耐水性。

3）防污性能良好。大气中的灰尘及其他物质沾污涂层后，涂层会失去其装饰性能，因此要求外墙装饰涂层不易被沾污或沾污后容易被清洗掉。

4）良好的耐候性。由于涂层暴露在大气中，要经受日晒、雨淋、风沙、冷热变化等恶劣环境的作用，易发生涂层开裂、剥落、脱粉、变色等老化现象，使涂层失去装饰和保护功能，因此外墙涂料应具有良好的抗老化性能，使其在规定的年限内不发生上述破坏现象。

（2）分类：外墙涂料的分类如图 6.3 所示。

- 建筑外墙涂料
  - 石灰浆材料
  - 聚合物水泥涂料
    - 聚乙烯醇缩甲醛水泥涂料
    - 氯-偏乳液聚合物水泥涂料
  - 乳液型涂料
    - 合成树脂乳液
      - 薄质涂料
      - 厚质涂料
    - 水乳型涂料
  - 溶剂型涂料
    - 过氯乙烯涂料
    - 苯乙烯焦油涂料
    - 聚乙烯醇缩丁醛涂料
    - 氯化橡胶涂料
    - 丙烯酸酯涂料
    - 氟树脂系涂料
    - 聚氨酯系涂料
  - 无机硅酸盐涂料
    - 水玻璃系涂料
      - 钠水玻璃涂料
      - 钾水玻璃涂料
    - 硅溶胶系涂料

图 6.3 外墙涂料分类

2. 溶剂型外墙涂料

溶剂型外墙涂料是以合成树脂溶液为主要成膜物质，有机溶剂为稀释剂，加入适量的颜料、填料及助剂，经混合溶解、研磨后配制而成的一种挥发性涂料。涂料涂刷在墙面后，随着溶剂的挥发，成膜物质与其他不挥发组分共同形成均匀连续的涂层。溶剂型外墙涂料具有较好的硬度、光泽、耐水性、耐酸碱性及良好的耐候性、耐污染性等特点，但由于施工时有大量的易燃的有机溶剂挥发出来，易污染环境。同时，漆膜的透气性差，又具有疏水性，如在潮湿基层上施工容易产生气泡起皮、脱落。溶剂型外墙涂料技术指标如表 6.5 所示。目前国内外使用较多的溶剂型外墙涂料主要有丙烯酸酯外墙涂料和聚氨酯外墙涂料。

表 6.5　溶剂型外墙涂料技术指标要求

<table>
<tr><th colspan="2" rowspan="2">项目</th><th colspan="3">指标</th></tr>
<tr><th>优等品</th><th>一等品</th><th>合格品</th></tr>
<tr><td colspan="2">容器中状态</td><td colspan="3">无硬块，搅拌后呈均匀状态</td></tr>
<tr><td colspan="2">施工性</td><td colspan="3">刷涂二遍无障碍</td></tr>
<tr><td colspan="2">干燥时间（表干）/h</td><td colspan="3">≤2</td></tr>
<tr><td colspan="2">涂膜外观</td><td colspan="3">正常</td></tr>
<tr><td colspan="2">对比率（白色和浅色）</td><td>≥0.93</td><td>≥0.90</td><td>≥0.87</td></tr>
<tr><td colspan="2">耐水性</td><td colspan="3">168 h 无异常</td></tr>
<tr><td colspan="2">耐碱性</td><td colspan="3">48 h 无异常</td></tr>
<tr><td colspan="2">耐洗刷性/次</td><td>≥5 000</td><td>≥3 000</td><td>≥2 000</td></tr>
<tr><td rowspan="4">耐人工气候老化性</td><td>白色和浅色</td><td>1 000 h 不起泡、不剥落、无裂纹</td><td>500 h 不起泡、不剥落、无裂纹</td><td>300 h 不起泡、不剥落、无裂纹</td></tr>
<tr><td>粉化/级</td><td colspan="3">≤1</td></tr>
<tr><td>变色/级</td><td colspan="3">≤2</td></tr>
<tr><td>其他色</td><td colspan="3">商定</td></tr>
<tr><td colspan="2">耐沾污性（白色和浅色）/%</td><td>≤15</td><td>≤15</td><td>≤20</td></tr>
<tr><td colspan="2">涂料耐温变性/5 次循环</td><td colspan="3">无异常</td></tr>
</table>

注：摘自《溶剂型外墙涂料》（GB/T 9757—2001）。

（1）丙烯酸酯外墙涂料：丙烯酸外墙涂料是以热塑性丙烯酸酯合成树脂为主要成膜物质，加入溶剂、颜料、填料、助剂等，经研磨而成的一种溶剂型涂料。丙烯酸酯外墙涂料的装饰效果良好，使用寿命长，估计可在 10 年以上，属于高档涂料，是目前国内外主要使用的外墙涂料品种之一。

丙烯酸酯外墙涂料的特点如下：

1）无刺激性气味，耐候性好，不易变色、粉化或脱落。

2）耐碱性好，且对墙面有较好的渗透作用，涂膜坚韧，附着力强。

3）施工方便，可刷、滚、喷，也可根据工程需要配制成各种颜色。

本涂料主要适用于民用、工业、高层建筑及高级宾馆等内外墙面装饰。

（2）聚氨酯外墙涂料：聚氨酯外墙涂料是以聚氨酯树脂或聚氨酯与其他树脂复合物为主要成膜物质，加入颜料、填料、助剂等配制而成的优质外墙涂料。

聚氨酯外墙涂料包括主涂层涂料和面涂层涂料。主涂层涂料是双组分聚氨酯厚质涂料，通常可采用喷涂施工，形成的涂层具有优良的弹性和防水性；面涂层涂料为双组分的非黄变性丙烯酸改性聚氨酯树脂涂料。这种涂料具有以下特点：

1）近似橡胶弹性的性质，对基层的裂缝有很好的适应性。按 JISA540 标准试验，聚氨酯厚质涂层可耐 5 000 次以上伸缩疲劳试验，而丙烯酸橡胶系厚质涂料 500 次即发生断裂。

2）耐候性好。经过 1 000 h 加速耐候试验（相当于室外暴露 1 年），其伸长率、硬度和抗拉强度等性能几乎没有变化。

3）极好的耐水、耐碱、耐酸等性能。

4）表面光洁度好，呈瓷状质感，耐污性好，使用寿命可达 15 年以上。

聚氨酯系列外墙涂料属于高档涂料，适用于混凝土或水泥砂浆外墙的装饰，主要用于高级住宅、商业楼群、宾馆等的外墙装饰。聚氨酯系列外墙涂料在施工时需在现场比例混合后使用，同时需注意防火、防爆。

3. 乳液型外墙涂料

以高分子合成树脂乳液为主要成膜物质的外墙涂料，称为乳液型外墙涂料。按照涂料的质感可分为薄质乳液涂料（乳胶漆）、厚质涂料、彩色砂壁状涂料等。

（1）乳液型外墙涂料主要特点：

1）以水为分散介质，涂料中无有机溶剂，因而不会对环境造成污染，不易燃，毒性小。

2）施工方便，可刷涂、滚涂、喷涂，施工工具可以用水清洗。

3）涂料透气性好，可以在稍湿的基层上施工。

4）耐用性好，尤其是高质量的丙烯酸酯外墙乳液涂料其耐候性、耐水性、耐久性等性能可以与溶剂型丙烯酸酯类外墙涂料媲美。

但乳液型外墙涂料存在的较大问题是在太低的温度下不能形成优质的涂膜，通常在 10℃以上施工才能保证质量，因而冬季一般不易施工。合成树脂乳液外墙涂料主要技术指标如表 6.6 所示。

表 6.6　合成树脂乳液外墙涂料技术指标要求

项目		指标		
		优等品	一等品	合格品
容器中状态		无硬块，搅拌后呈均匀状态		
施工性		刷涂二遍无障碍		
干燥时间（表干）/h		≤2		
涂膜外观		正常		
对比率（白色和浅色）		≥0.93	≥0.90	≥0.87
耐水性		168 h 无异常		
耐碱性		48 h 无异常		
耐洗刷性/次		≥2 000	≥1 000	≥500
耐人工气候老化性	白色和浅色	600 h 不起泡、不剥落、无裂纹	400 h 不起泡、不剥落、无裂纹	250 h 不起泡、不剥落、无裂纹
	粉化/级	≤1		
	变色/级	≤2		
	其他色	商定		

续表

项目	指标		
	优等品	一等品	合格品
耐沾污性（白色和浅色）/%	≤15	≤15	≤20
涂料耐温变性/5 次循环	无异常		

注：摘自《合成树脂乳液外墙涂料》（GB/T 9755—2001）。

（2）品种：目前，薄质外墙涂料有乙-丙乳液涂料、苯-丙乳液涂料、聚丙烯酸酯乳液涂料等；厚质涂料有乙-丙厚质涂料、氯-偏厚质涂料、砂壁状涂料等。以下分别介绍。

1）乙-丙乳液涂料：乙-丙乳液涂料是由乙酸乙烯和一种或几种丙烯酸酯类单体、乳化剂、引发剂，通过乳液聚合反应制得的共聚乳液（称为乙-丙共聚乳液），然后将这种乳液作为主要成膜物质，掺入颜料、填料、成膜助剂、防霉剂等，经分散、混合配制而成的乳液型涂料。乙-丙乳液涂料是一种常用的乳液型外墙涂料。

乙-丙乳液涂料具有安全无毒、不燃、干燥快、耐候性和保光、保色性较好等特点，适用于住宅、商店、宾馆和工业建筑的外墙装饰。

2）苯-丙乳液涂料：苯-丙乳液涂料是以苯乙烯-丙烯酸酯共聚物为主要成膜物质，加入颜料、填料及助剂等，经分散、混合而成的乳液型外墙涂料。

纯丙烯酸酯乳液配制的涂料，具有优良的耐候性、保光和保色性，适用于外墙装饰。但价格较贵，限制了它的使用。以一部分或全部苯乙烯代替纯苯-丙乳液中的甲基丙烯酸甲酯制成的苯-丙乳液涂料，既保持了良好的耐候性和保光保色性能，而且价格也有较大的降低。苯-丙乳液涂料还具有优良的耐碱、耐水性，且外观细腻、色彩艳丽、质感好。用苯-丙乳液配制的各种类型外墙涂料，性能均优于乙-丙乳液涂料，是目前国内生产量较大、使用较为广泛的外墙涂料。

3）聚丙烯酸酯乳液涂料：或称纯丙烯酸聚合物乳胶漆，是由甲基丙烯酸甲酯、丙烯酸丁酯、丙烯酸乙酯等丙烯酸系单体加入乳化剂、引发剂等，经过乳液聚合反应后以该溶液为主要成膜物质，加入颜料、填料及其他助剂，经分散、混合、过滤而成的乳液型涂料，是优质外墙涂料之一。该涂料在性能上较其他共聚乳胶漆要好，最突出的优点是涂膜光泽柔和，耐候性与保光性都很优异。但其价格要较其他共聚乳液涂料贵。

4）乙-丙乳液厚质涂料：乙-丙乳液厚质外墙涂料是以醋酸乙酯、丙烯酸共聚物乳液为主要成膜物质，掺入一定量的粗骨料组成的一种厚质外墙涂料。该种涂料的装饰效果较好，属于中档外墙涂料，使用年限为 8~10 年。这种涂料具有膜质厚实、质感强，耐候性、耐水性、冻融稳定性均较好，且保色性好、附着力强、施工速度快、操作简单，可用于各种建筑物外墙。

4. 彩色砂壁状外墙涂料

彩色砂壁状外墙涂料又称彩砂涂料，是以合成树脂乳液和着色骨料为主体，外加增稠剂及各种助剂配制而成。由于采用高温烧结的彩色砂料、彩色陶粒或天然带色石屑作为骨料，使涂料层具有丰富的色彩和质感，其保色性及耐候性比其他类型的涂料有较大的提高，耐久性可达 10 年以上。

彩砂涂料的主要成膜物质有乙酸乙烯-丙烯酸酯共聚乳液、苯乙烯-丙烯酸酯共聚乳液、纯丙烯酸酯共聚乳液等。考虑到耐久性、经济性，目前国内主要采用苯-丙乳液作为成膜物质，不但黏结力强，而且耐水性极好。

彩砂涂料中的骨料分为着色骨料和普通骨料两种。着色骨料在涂料中起着色、丰富质感的作用；普通骨料如石英砂、白云石砂粒等，在涂料中起调色作用。普通砂与着色砂配合使用，可调整颜色深浅，使涂层色调层次感强，获得类似天然石材的质感，同时也可降低产品价格。

彩砂涂料具有无毒、无味、耐候性和耐水性优良、黏结力强、装饰性好，以及施工速度快、工效高等优点。彩砂涂料的主要技术性能如表 6.7 所示。

表 6.7　合成树脂乳液砂壁状建筑涂料技术指标要求

项目		指标	
		N 型（内用）	W 型（外用）
容器中状态		搅拌后无结块，呈均匀状态	
施工性		喷涂无困难	
涂料低温储存稳定性		3 次试验后，无结块、凝聚及组成物的变化	
涂料热储存稳定性		1 个月试验后，无结块、凝聚及组成物的变化	
初期干燥抗裂性		无裂纹	
干燥时间（表干）/h		≤4	
耐水性		—	96 h 涂层无起鼓、开裂、剥落，与未浸泡部分相比，允许颜色轻微变化
耐碱性		48 h 涂层无起鼓、开裂、剥落，与未浸泡部分相比，允许颜色轻微变化	96 h 涂层无起鼓、开裂、剥落，与未浸泡部分相比，允许颜色轻微变化
耐冲击性		涂层无裂纹、剥落及明显变化	
涂层耐温变性		—	10 次涂层无粉化、开裂、剥落，与标准板相比，允许颜色轻微变化
耐沾污性		—	5 次循环试验后≤2 级
黏结强度/MPa	标准状态	≥0.70	
	浸水后	—	≥0.50
耐人工老化性		—	500 h 涂层无开裂、起鼓、剥落，粉化 0 级，变色≤1 级

注：摘自《合成树脂乳液砂壁建筑涂料》（JG/T 24—2000）。

5. 复层外墙涂料

复层外墙涂料也称凹凸花纹涂料或浮雕涂料、喷塑涂料，是由两种以上涂层组成的复合涂料。复层涂料是由底层涂料、主层涂料和罩面涂料三部分组成的。底层涂料的作用是处理好基层，以使主层涂料呈均匀良好的涂饰效果，并提高主涂层与基层的附着力；主层涂料的主要作用是赋予复层涂料所具有的花纹图案和一定的厚度，形成凹凸不平的立体质感；罩面涂料的主要作用是赋予复层涂料所具有的外观颜色、光泽，保护主涂层，提高复层涂料的耐候性、耐水性和耐污染性等。

复层外墙涂料的品种很多，按主层涂料主要成膜物质的不同，可分为聚合物水泥系复层涂料（CE）、硅酸盐系复层涂料（Si）、合成树脂乳液系复层涂料（E）、反应固化型合成树脂乳液系复层涂料（RE）四大类。我国目前采用最多的是合成树脂乳液系复层涂料，它是由合成树脂乳液、填料、助剂等组成。内墙一般是聚乙酸乙烯乳液，外墙一般用乙-丙乳液、苯-丙乳液、纯丙烯酸乳液。合成树脂乳液系复层涂料具有附着力强、光泽好、硬度高、耐候性优良、施工方便等优点。复层涂料的主要技术指标如表 6.8 所示。

表 6.8　复层涂料的主要技术指标

<table>
<tr><th colspan="2" rowspan="2">项目</th><th colspan="4">分类代码</th></tr>
<tr><th>CE</th><th>Si</th><th>E</th><th>RE</th></tr>
<tr><td colspan="2">低温稳定性/（-5±2）℃</td><td colspan="4">3 次循环不结块，无组成物分离、凝聚</td></tr>
<tr><td colspan="2">初期干燥抗裂性</td><td colspan="4">不出现裂纹</td></tr>
<tr><td rowspan="2">黏结强度/MPa</td><td>标准状态</td><td>>0.49</td><td colspan="2">>0.68</td><td>>0.98</td></tr>
<tr><td>浸水后</td><td>>0.49</td><td colspan="2">>0.49</td><td>>0.68</td></tr>
<tr><td colspan="2">耐冷热循环/10 次</td><td colspan="4">不剥落、不起泡、无裂纹、无明显变化</td></tr>
<tr><td colspan="2">透水性/mL</td><td colspan="4">溶剂型<0.5；水乳性<2.0</td></tr>
<tr><td colspan="2">耐碱性/7 d</td><td colspan="4">不剥落、不起泡、不粉化、无裂纹</td></tr>
<tr><td colspan="2">耐冲击性/（500 g，300 mm）</td><td colspan="4">不剥落、不起泡、无明显变色</td></tr>
<tr><td colspan="2">耐候性/250 h</td><td colspan="4">不起泡、无裂纹；粉化≤1 级；变色≤2 级</td></tr>
<tr><td colspan="2">耐沾污性/%</td><td colspan="4"><30</td></tr>
</table>

复层涂料适用于多种基层材料，施工时首先涂刷 1~2 道基层封闭涂料（CE 系和 RE 系不需封闭涂料）。主层涂料喷涂后，可用橡胶辊（或塑料辊）、橡胶刻花辊进行辊压以获得所要求的立体花纹与质感。主层涂料喷涂 24 h 后，即可喷涂或刷涂罩面涂料，需刷涂 2 道。

6. 无机外墙涂料

无机外墙涂料为水性建筑涂料的一个类别，性能优异，使用方便，对环境保护有利，符合涂料高性能、低污染的发展趋势。无机建筑涂料具有如下特性：

（1）资源丰富。

（2）无污染，以水为分散介质，不使用有害物质。

（3）不燃或难燃，能耐 800 ℃左右高温。

（4）表面硬度大，耐磨。

（5）耐擦洗、耐溶剂、耐油性强。

（6）涂膜抗污染性好。

（7）耐候性（耐紫外线性）优异。

但其涂膜不丰满，装饰性较差，使其使用受到一定限制。无机外墙涂料的技术指标见表 6.9。为了使无机涂料具有较好的保护性、装饰性，常采用与有机基料（如聚合物乳液）掺混，在乳液聚合时与其发生化学反应，以在性能上取长补短。随着有机高分子聚合物材料的发展，使用的材料也越来越多，有机-无机复合涂料的品种和性能可以满足不同用途的要求，是一类大有前途的建筑涂料品种。

表6.9 无机外墙涂料技术指标要求

项目	指标
容器中状态	搅拌后无结块，呈均匀状态
施工性	刷涂2道无障碍
涂膜外观	正常
对比率（白色和浅色）	≥0.95
热储存稳定性	30 d无结块、凝聚、霉变现象
低温储存稳定性	3次无结块、凝聚现象
表干时间/h	≤2
耐洗刷性/次	≥1 000
耐水性	168 h无起泡、裂纹、剥落，允许轻微掉粉
耐碱性	168 h无起泡、裂纹、剥落，允许轻微掉粉
耐温变性	10次无起泡、裂纹、剥落，允许轻微掉粉
耐沾污性/%	
Ⅰ类（碱金属硅酸盐类）	≤20
Ⅱ类（硅溶胶类）	≤15
耐人工老化性（白色和浅色）	
Ⅰ类800 h	无起泡、裂纹、剥落、粉化≤1级，变色≤2级
Ⅱ类500 h	无起泡、裂纹、剥落、粉化≤1级，变色≤2级

注：摘自《外墙无机建筑涂料》（JG/T 26—2002）。

7. 氟碳外墙涂料

（1）氟碳外墙涂料的性能：

1）超长的耐老化性能（平均寿命20年以上）。

2）优异的耐酸、碱、盐等介质腐蚀性能。

3）良好的耐海水及耐盐雾腐蚀性能。

4）卓越的抗污染性能（斥水、斥油、斥灰尘性能）。

5）理想的抗冲刷性能。

6）优良的物理机械性能（附着力、抗冲击、硬度、柔韧性等均佳）。

7）品位高雅的装饰性能。

（2）C—F键的特性：氟碳涂料所具有的优异性能系起因于C—F键的三种特性。

1）C—F键的键能大，键能高达845.344 kJ/mol（116 kcal/mol），在受热、光能（包括紫外线）的作用下，C—F键难以断裂，因此，显示出超长的耐久性、耐候性及耐化学介质腐蚀性能。

2）氟原子的原子半径小（仅次于氢原子）。

3）C—F键的极化率低。

基于上述三种特性，使氟碳高聚物高度绝缘，在化学上突出的表现在它的高度热稳定性和化学惰性，并致使漆膜的分子结构致密，显示出非凡的不黏附性、低表面张力、低摩擦性及斥水、斥油、斥灰尘等性能，是一种高级的防腐及装饰外墙涂料。

（3）氟碳外墙涂料的技术指标：①耐人工老化性：5 000 h无粉化、无龟裂。②附着力：

一级。③铅笔硬度：3H。耐刷洗性：12 000 次漆膜无破损。④耐沾污性：反射系数下降率不大于 5%。⑤涂膜耐冻融性：20 次不起泡、不剥落、不脱落。⑥耐烟雾实验：2 000 h，漆膜不起泡，不脱落。⑦耐化学药品性：10%硫酸、10%氢氧化钾、10%甲苯浸泡 14 d，漆膜无变化。⑧使用温度：−40～140 ℃可正常使用。

（4）氟碳涂料的使用：氟碳涂料由于是溶剂型涂料，对施工保养条件要求较高，施工保养温度高于 5 ℃，环境湿度低于 85%，以保证成膜良好。外墙施工必须考虑天气因素，在涂刷漆前 12 h 不能下雨，保证基层干燥；涂刷后 2 h 内不能下雨，避免漆膜被雨水冲坏。

6.2.3 地面涂料

1. 地面涂料的特点及分类

地面涂料的主要功能就是装饰和保护地面，使地面清洁美观，同时结合内墙面、顶棚及其他装饰，创造优雅的环境。地面涂料不同于墙面涂料，一般应具有如下一些性能：

（1）耐水性好。为保持地面清洁，需要经常用水擦洗，因而要求地面涂料有良好的耐水性和耐洗刷性。

（2）较高的耐磨性。由于人员走动及其他物体的移动会对地面造成磨损，因而要求涂料必须具有较高的耐磨性。

（3）耐冲击性好。地面容易受重物撞击，从而对地面造成冲击损伤，因此地面涂料受到重物冲击后应无裂纹和脱落现象，只允许有轻微的凹痕。

（4）硬度要求高。地面涂料在受到刻划时，必须没有划痕或只有少量划痕。

（5）黏结强度要高。地面涂料与水泥砂浆之间必须有较高的黏结强度，以免在地面受到腐蚀时而脱落。

（6）施工方便，重涂容易，价格合理。地面涂料主要用于民用住宅的地面装饰，应便于施工，磨损后重涂性好。

地面涂料的分类如图 6.4 所示。

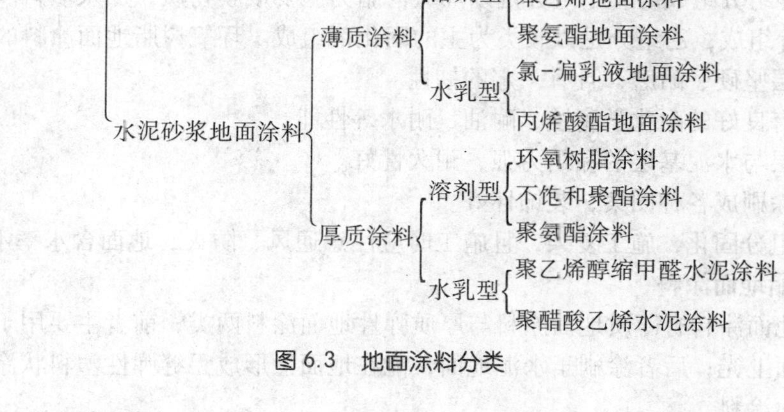

图 6.3 地面涂料分类

2. 木地板涂料

木地板涂料又称地板漆，它的品种较多，一般只用作木地面的保护，耐磨性差。各种地板漆的性能和用途如表 6.10 所示。

表 6.10 地板漆的性能和用途

名称	性能及特点	使用范围
聚氨酯清漆	耐水、耐磨、耐酸碱、易洗净；漆膜美观光亮、装饰性好	防酸碱、耐磨损的模板表面，运动场、体育馆地板及混凝土地面
酯胶磁漆（地板清漆 T80-1）	易干、涂膜光亮坚韧，对金属附着力强，有一定的耐水性	室内、外不常暴晒的木材或金属
钙酯地板漆	漆膜坚硬、平滑光亮、干燥较快、耐磨好，有一定的附水性	适用于显露木质纹理的地板、楼梯、扶手、栏杆
紫红酚醛地板漆	干燥迅速、遮盖力强、附着力快、耐磨和耐水性好	适用于木质地板、楼梯、扶手、栏杆
紫红酚醛地板漆（F80-1）	漆膜坚硬、光亮平滑，有良好的耐水性	适用于木质地板、楼梯、扶手、栏杆

3. 过氯乙烯地面涂料

过氯乙烯地面涂料是以过氯乙烯树脂为主要成膜物质，掺入少量的酚醛树脂改性，加入填料、颜料、稳定剂等，经捏合、混练、塑化切粒、溶解等工艺制成，是一种溶剂型地面涂料。其特点如下：

（1）施工干燥快，施工方便。常温下 2 h 可以全干。冬季气温低时也可施工。

（2）具有良好的耐磨性，在人流多的地面其耐磨性可达 1~2 年。

（3）具有很好的耐水性及耐化学药品性。

（4）重涂性好，施工方便。

（5）室内施工时，因有大量有机溶剂挥发，且易燃，因此要注意通风、防火、防毒。

4. 环氧树脂地面涂料

环氧树脂地面涂料是以环氧树脂为主要成膜物质的双组分常温固化型涂料。这种涂料是由甲、乙两种组分组成的。甲组分是以环氧树脂为主要成膜物质，加入填料、颜料、增塑剂和其他助剂等组成；乙组分是以胺类为主的固化剂组成。环氧树脂地面涂料的特点如下：

（1）涂层坚硬、耐磨，且有一定的韧性。

（2）具有良好的耐化学腐蚀、耐油、耐水等性能。

（3）涂层与水泥基层的黏结力强，耐久性好。

（4）可涂刷成各种图案，装饰性好。

（5）双组分固化，施工复杂，且施工时应注意通风、防火，地面含水率不大于 8%。

5. 聚氨酯地面涂料

聚氨酯地面涂料有薄质地面涂料与厚质弹性地面涂料两类，前者主要用于木质地板或其他地面的表面上光；后者涂刷于水泥地面，能在地面上形成无缝弹性塑料状涂层，故又称聚氨酯弹性地面涂料。

聚氨酯弹性地面涂料是双组分常温固化型，由甲、乙两组分组成。甲组分是聚氨酯预聚物，乙组分是由固化剂、颜料、助剂等混合而成的。施工时将甲、乙两组分按一定比例混合，涂刷后涂层本身交联固化形成具有一定弹性的彩色地面涂层。该涂料有如下一些特点：

（1）涂层耐磨性很好，并且耐油、耐水、耐酸碱。

（2）涂料与水泥、木材、金属、陶瓷等地面的黏结力强，能与地面形成一体，不会因基层产生微裂纹而导致涂层开裂。涂布后地坪整体性好，装饰性好，清扫方便。

（3）涂层固化后具有一定弹性，脚感舒适。

（4）重涂性好，便于维修。

（5）因是双组分涂料，施工较复杂。聚氨酯原材料有毒性，施工时应注意通风、防火及劳动保护。

聚氨酯地面涂料可用于会议室、放映厅、图书馆等的弹性装饰地面，地下室、卫生间等的防水装饰地面以及工厂车间的耐磨、耐腐蚀等地面，是一种优良的地面装饰涂料。

6. 其他地面涂料

（1）氯-偏共聚乳液地面涂料：是氯乙烯-偏氯乙烯共聚乳液地面涂料的简称，是以氯乙烯共聚物乳液为主要成膜物质的水乳型涂料。该涂料具有无味、快干、不燃、易施工等待点。涂层坚固光洁，有良好的防霉、防潮、耐酸碱和化学稳定性。适用于民用住宅、公用建筑、工厂企业等的地面涂层，可仿制成木纹地板、花卉图案、大理石、瓷砖等彩色地面。

（2）聚乙烯醇缩甲醛水泥地面涂料：聚乙烯醇缩甲醛水泥地面涂料又称“水性厚质地面涂料”，是以水溶性聚乙烯醇缩甲醛胶为主要成膜物质，与普通水泥和一定的氧化铁系颜料组成的一种厚质涂料。构成该种涂料的材料分为 A、B、C 三个组分，A 组分为普通硅酸盐水泥或白色水泥；B 组分为颜料；C 组分为面层罩光涂料。在涂布材料中，聚乙烯醇缩甲醛与水泥的质量之比约为 1∶2，颜料的掺量为水泥质量的 8%～12%。

（3）聚乙酸乙烯水泥地面涂料：聚乙酸乙烯水泥地面涂料是由聚乙酸乙烯水乳液、普通硅酸盐水泥、颜料、填料及各种助剂配制而成的一种地面刮涂材料。聚乙酸乙烯水泥地面涂料的涂层无毒；不燃，干燥快，黏结力强，耐磨，耐冲击，有弹性，装饰效果好，操作工艺简单，施工方便。适用于民用及其他建筑地面的装饰，可代替部分水磨石和塑料地板，特别适用于水泥旧地面的翻修。

6.3 新型功能涂料

6.3.1 新型隔热涂料

新型隔热涂料（又称为可以粉刷的空调）是一种高反射太阳光红外线部分为主的涂料。其不消耗电能，而且能反射掉大量的太阳辐射，减少空调能耗，具有显著的节能效果。

采用纳米陶瓷空心微珠为填料，附以二氧化钛作为反射材料多组合制得的涂膜，它对 400～1 800 nm 范围的可见光和近红外区的太阳热进行高反射，纳米空心陶瓷微珠与微珠和微珠之间形成了一个个叠夹的静态空气组，相当于一个个隔热保温单元，导热系数极低，有效隔绝热能的传递，从而有效地降低辐射传热和对流传热。

这种涂料除了有良好的保护装饰性、耐候性和保洁性以外，对太阳光红外线的反射率高达 84%以上，涂在建筑物的表面，其表面温度可以降低 15～20 ℃。这种隔热涂料是一种

“长寿”涂料，使用年限可达15~20年，在年限之内，其隔热效果变化不大。

6.3.2 负离子涂料

通过在涂料中添加含有不规则的负离子矿物晶体来制备负离子涂料，其特点为：

（1）持续释放负离子：当空气中的水分与涂料接触时，可使水分发生电解生成负离子，因为空气湿度是肯定存在的，所以空气中的水分子就会不断地与涂料发生反应，从而持续释放负离子。

（2）祛除有害气体及异味。

（3）抗菌抑菌。

负离子涂料具有增加负离子释放的浓度，具有防止衰老、促进血液微循环、清新空气、除臭抗菌等作用，对改善睡眠效果、增加免疫力、增强健康等诸多方面具有重大影响，因此被人们称之为“空气中的维生素”。

6.3.3 透明玻璃隔热涂料

水性透明玻璃隔热涂料是将具有高吸热和隔热性能的液态贵金属纳米材料经高技术处理，使用高新喷涂技术均匀喷涂在玻璃表面，迅速形成一层透明、平滑而坚固的高分子涂层，能有效地隔热和环保。其特点为：

（1）隔热：有效阻隔了太阳光中的红外线和紫外线穿透玻璃入室内，屏蔽99.7%以上紫外线，阻隔75%以上的红外线，可使室内温度降低5~8 ℃，使被晒物体温度降低8~10 ℃，同时避免了有害紫外线对人体皮肤和家具物品的伤害。

（2）透明：在玻璃表层形成8 μm左右的微薄膜层，可见光透过率高达75%以上，对玻璃的采光性没有影响。

（3）保暖：玻璃表面的微薄膜层阻挡了室内热能通过玻璃传导的外泄，保持室内的热量温度，降低室内因早晚温差产生的波动。

（4）节能：隔热、保温的功效，延长了室内温度与室外温度均衡升降的时间，减少空调启动次数，节省电能，辐射节能高达20%~40%。

（5）环保：水性涂料，不含苯、酮、酯类等成分，符合国家环保质量标准。

（6）降噪：可降低环境噪声10~20 dB。

此种新型装饰涂料还具有安全，无毒副作用，对环境无污染；黏结强度大、干燥时间短；简便的施工设备，高效的施工效率；产品高透明性，不影响视觉效果；防腐蚀，耐酸碱；产品成本低，不但代替镀膜产品，而且大大地降低成本，效果超过镀膜产品；抗静电效果好，能有效传导、屏蔽涂体的静电。

6.3.4 发光涂料

发光涂料是指在夜间发光的一种涂料，一般有蓄光性发光和自发性发光两类。

（1）蓄发性发光涂料：是由成膜物质、填充剂和荧光颜料组成。发光原因：荧光原料的分子受到光的照射后被激活，释放能量，夜间或白天都可发光，明显可见。

（2）自发性发光涂料：除了蓄发性发光涂料的组成外，还掺入了极少量的放射性元素，当荧光颜料的蓄光消失后，因放射性物质放出的射线刺激，涂料会继续发光。自发性发光涂料加入的放射性元素可以是镭或钍，它们能放出α射线。

6.4 建筑内墙涂料的环保、安全、卫生与健康

建筑内墙涂料中对人体与环境造成危害的有害物质包括：

6.4.1 挥发性有机化合物（VOC）含量

该项目是内墙涂料有害物质限量中的主要指标之一，也是健康型内墙涂料的主要指标。该指标是判定涂料产品中挥发性有机化合物的含量，反映涂料在生产、施工和使用过程中对人体健康的影响和室内环境污染。

VOC 主要来源于涂料中的有机溶剂。一般合成的涂料树脂中含有 50%左右的有机溶剂，这些有机溶剂绝大部分都是 VOC。VOC 不仅直接刺激人的眼睛和呼吸道，引起皮肤过敏，使人产生头痛、咽喉痛、乏力等症状，而且当 VOC 挥发到空气中，在紫外光作用下会与 NO_x 反应形成臭氧，在地面大气环境中臭氧浓度过高也会对人体健康产生危害。

6.4.2 重金属含量

该项指标是内墙涂料有害物质限量中的重要指标之一，也是健康型内墙涂料的主要指标。这类物质大部分来源于颜料、填料。因此，建筑内墙涂料在生产过程中需严格控制重金属含量指标。

颜料是建筑涂料中重要的组成部分，但用于涂料中含铅的颜料较多，如红丹、锌铬黄、铅铬黄、高铅酸钙等。铅能抑制血红素合成和溶血，由此造成贫血；对大脑、小脑、脊髓和周围神经也造成侵害；铅对肾的影响可使可逆性近曲小管功能失调，会造成小有机分子再吸收障碍等；此外，还可能导致血管痉挛等病变，如腹绞痛、铅中毒性脑病、神经麻痹；尤其值得注意的是它可通过胎盘、乳汁影响后代，婴幼儿由于血脑屏障发育未完善，对铅的毒性更敏感。铅系颜料在国外涂料中用量日益下降，而目前国内还大量使用。镉系颜料虽然价格昂贵，由于其耐久性好，涂料工业中仍有少量应用，但镉化物毒性很大。

6.4.3 甲醛含量

该项指标是内墙涂料有害物质限量中的重要指标之一，也是健康型内墙涂料的主要指标。应保证内墙涂料产品中不含有甲醛及其聚合物成分，甲醛对皮肤黏膜有很强的刺激性，少数人可能产生过敏反应。1996 年美国政府工业卫生学专家会议将其定为人类可疑致癌物，特别在健康型内墙涂料中更应做严格限制。

6.4.4 急性吸入毒性

涂料的毒性主要来源于挥发性有毒、有害物质，并通过呼吸道进入肌体，该项指标旨在检测涂料急性吸入的潜在危害。健康型内墙涂料要求该项指标越小越好。

6.4.5 皮肤刺激性

用内墙涂料进行涂装施工时，操作人员的皮肤可能与涂料接触。因此，要求健康型内墙涂料对皮肤无不良刺激性。

国家环保局于 1994 年发布了第一批环境标志产品，其中水性涂料产品的标准号为

HJBZ 004-1994，于1999年进行了修订，2002年再次进行了修订。按《环境标志产品技术要求　水性涂料》（NJ 2537—2014）的要求，具体内容如下：

（1）产品中不得加入苯、甲苯、二甲苯、乙苯、卤代烃、甲醛及甲醛的聚合物以及重金属铅、镉、铬、汞的化合物，其中杂质带入的有害物限量达到表6.11所示要求。

表6.11　水性涂料中有害物质限量

有害物类别	限值/（mg/kg）	有害物类别		限值/（mg/kg）
苯、甲苯、二甲苯、乙苯	≤100	重金属	汞	60
乙二醇醚及其酯类的总和	≤100		铅	90
游离甲醛	≤50		镉	75
			铬	60

注：摘自《环境标志产品技术要求　水性涂料》（NJ 2537—2014）。

（2）水性聚氨酯涂料固化剂中游离甲苯二异氰酸酯单体含量不得大于5 000 mg/kg。

（3）产品的总挥发性有机化合物的含量符合表6.12所示要求。

表6.12　水性涂料中总挥发性有机化合物（TVOC）的含量限值

产品种类	总挥发性有机化合物（TVOC）的含量限值/（g/L）
内墙涂料	100
外墙涂料	200
水性木器漆、水性防腐涂料、水性防水涂料等产品	250

注：摘自《环境标志产品技术要求　水性涂料》（NJ 2537—2014）。

6.5　建筑装饰涂料的选购方法

（1）望：仔细看涂料产品有没有分层或凝固现象，是否覆盖均匀，漆流如同奶油瀑布；看外包装和环保检测报告，一般乳胶漆的正面都会标注名称、商标、净含量、成分、使用方法和注意事项；注意生产日期和保质期，各品牌乳胶漆标注的保质期1~5年不等，尽可能购买近期生产的产品；看清涂料的功能和使用部位，因不同装饰部位对涂料性能有不同要求。

（2）闻：优质涂料几乎没有任何异味，如闻到涂料中有不正常的香味也要小心，这些涂料有可能掺入了工业香精来掩盖刺激性的气味。

（3）问：问清涂料中的VOC，即挥发性有机化合物的含量。非环保型的涂料由于VOC、甲醛等有害物质超标，大多有刺鼻的异味，使人恶心、头晕等。而真正的环保涂料应为水性，无毒无味。国家标准VOC每升不能超过200 g；游离甲醛每千克不能超过0.1 g。

（4）切：用手摸，应感到产品细腻柔润；还可以在手指上均匀涂开，在几分钟之内干燥结膜，结膜有一定延展性的都是放心涂料。

（5）听：将油漆桶提起来，正规品牌优质乳胶漆晃动时一般听不到声音，其固含量一般高于30%；如果晃动时出现稀里哗啦的声音，则证明乳胶漆黏度不足，固含量不足30%。

（6）颜色：涂料颜色丰富，有浅灰、冷蓝、浅丁香、黄绿、蓝绿、亮黄、泥土般的浅褐、蓝紫等。在进行种类、颜色选择时，应根据室内装饰风格选取亚光、有光、丝光三种类型，后两种对基层的平整度要求更高。颜色的选择对室内装饰整体效果要求更高，通常墙面颜色不宜太多，而且应与门窗、家具的色彩配套。

思考题

1. 建筑装饰材料是怎样分类的？各类的性能和技术指标是什么？
2. 建筑装饰用内墙涂料在环保方面有哪些要求？
3. 建筑装饰材料的选用选购原则是什么？

7 建筑装饰灯具

现代灯饰、灯具作为美的使者出现在现代建筑中，它不仅为人们的工作、学习和生活提供了良好的照明条件，而且还利用其造型及色光，使室内环境产生和谐舒适的气氛，给人们带来极大的情趣，所以现代灯饰、灯具已成为室内装饰中的一个重要组成部分。

东方文化较为含蓄，灯具形式质朴，材质轻盈。纹样上多为福、禄、寿、禧图案或琴、棋、书、画以及历史文化传说和民间典故等内容。如“八仙传说”“五福献寿”“招财进宝”等。西方比较喜欢以动物、植物和宗教典故作为灯具的装饰纹样，如狮虎纹样，而材料多以金属为主。工艺上雕刻体量（体量即体量感，指雕刻形态的大小、多少、轻重等。体量除了实际的体量感觉之外，尚有心理上的量感）相对较大。

现代灯具，东西方在形式上差别不大。当前，在设计思潮大致相同的前提下，材料、工艺、造型已不是灯具唯一的衡量标准，科技化、多功能化成为新的发展方向。

7.1 灯饰、灯具基本知识

7.1.1 灯饰、灯具在建筑中的作用

1. 丰富室内内容

灯具丰富室内内容即指利用电光源的强弱、动静、虚实、隐现、扬抑、光色以及投射的角度及范围等手法，可收到渲染室内的变动效果，改善空间的层次比例，突出室内的主调中心，增添空间的艺术美感，从而创造出最佳的室内气氛。

2. 装饰室内的艺术空间

灯饰可以通过光色、造型、质感及组合排列等点缀和强化室内艺术效果，当灯饰与室内环境相协调时，更能体现出它的表现作用。

3. 渲染室内的气氛

采用电光源，通过滤色片所获得的彩光和灯具的造型使室内空间产生非常明显的艺术效果，亦是取得室内特定效果的重要手段。形成室内某种特定氛围的视觉环境，是基础光源和局部光源的色光相互作用的结果。

4. 陶冶人们的情操

不同的色彩对人们的心理感受产生不同的影响，而且在现实生活中形成较稳定的社会属性。例如，红、橙、黄等暖色调能表现愉悦、温暖、华丽、热情等气氛；而青、蓝、紫等冷色调能表现清爽、宁静、高雅、舒适等格调。要使各种色彩达到和谐统一，同时突出和服从主体基调，应注意相似色（如紫与红、紫与蓝、黄与绿等）和互补色（如红与绿、蓝与红、

紫与黄等）的调配，从而收到理想、和谐、适用及完美的效果。

7.1.2　灯具的分类

灯具的分类有以下几种方式。

（1）按安装方式分类，灯具一般可分为嵌顶灯、吸顶灯、吊灯、壁灯、活动灯具、建筑照明等六种。

（2）按光源分类，灯具可分为白炽灯（紧凑型荧光灯归为这一类）、荧光灯、高压气体放电灯等三类。

（3）按使用场所分类，灯具可分为民用灯、建筑灯、工矿灯、车用灯、船用灯、舞台灯等。

（4）按配光方式分类，灯具可分为直接照明型、半直接照明型、全漫射式照明型和间接照明型。

7.1.3　灯种的代号及表示方法

（1）民用灯具的灯种代号：如表7.1所示。

表7.1　民用灯具的灯种代号

代号	灯种	代号	灯种	代号	灯种
B	壁灯	L	落地灯	T	台灯
C	床头灯	M	门灯	X	吸顶灯
D	吊灯	Q	嵌入式顶灯	W	未列入类

（2）光源的种类及代号：如表7.2所示。

表7.2　光源的种类及代号

代号	光源种类	代号	光源种类	代号	光源种类
不注	白炽灯	G	汞灯	J	金属卤化物灯
Y	荧光灯	X	氙灯	H	混光光源
L	卤钨灯	N	钠灯		

7.1.4　常用照明术语

建筑装饰灯具常用术语如表7.3所示。

表7.3　建筑装饰灯具常用术语

名称	符号	单位		说明
色温	K	绝对温度	Kelvin	当光源所发出的光的颜色与黑体在某一温度下辐射的颜色相同时，黑体的温度就称为该光源的色温，黑体辐射理论是建立在热辐射基础上的，所以白炽灯一类的热辐射光源的光谱功率分布与黑体在可见区的光谱功率分布比较接近，都是连续光谱，用色温的概念完全可以描述这类的颜色特性

续表

名称	符号	单位		说明
相关色温	K			当光源所发出的光的颜色与黑体在某一温度下辐射的颜色接近时，黑体的温度就称为该光源的相关色温。由于气体放电光源一般为非连续光谱，与黑体辐射的连续光谱不能完全吻合，所以都采用相关色温来近似描述其颜色特性，色温（或相关色温）在 3 300 K 以下的光源，颜色偏红，给人一种温暖的感觉；色温超过 5 300 K 时，颜色偏蓝，给人一种清冷的感觉。通常气温较高的地区，人们多采用色温高于 4 000 K 的光源，而气温较低的地区则多用 4 000 K 以下的光源
显色指数	Ra			把光源对物体真实颜色的呈现程度称为光源的显色性。光源的显色性是由显色指数来表明，它表示物体在光下颜色比基准光（太阳光）照明时颜色的偏离能较全面反应光源的颜色特性。显色指数以标准光源为准，将其显色指数定为 100，其余光源的显色指数均低于 100。显色指数用 Ra 表示，Ra 值越大，光源的显色性越好。显色分两种：①忠实显色：能正确表现物质本来的颜色需使用显色指数（Ra）高的光源，其数值接近 100，显色性最好。②效果显色：要鲜明的强调特定色彩，表现美的生活可以利用加色法来加强显色效果

7.1.5 常用光源的特性比较

常用光源的特性比较如表 7.4 所示。

表 7.4 常用光源的特性比较

光源	种类	效率/（lm/W）	显色性		色温度/K	光色效果	用途
			Ra	评估			
白炽灯	清光泡	6~25	100	极佳	2 900	具暖和效果，辉度高	稍微要求讲究稳重气氛之起居室、浴室等场所
	磨砂泡	6~25				具暖和、舒适效果	显现食物美色之餐桌照明
	珍珠泡	10~15				光色柔和照明气氛快乐	点灭次数多，点灯时间较短之玄关、厕所等场所
卤素灯	J、JCV、JC、JDR 型	10~20	100	极佳	3 000	显色性佳、光色清晰、鲜艳	餐桌、客厅、壁饰、商品展示等照明
日光灯	昼光色	45~75	74	可	6 500	微蓝色光、具凉爽气氛	一般场所
	白色	48~82	61	可	4 200	微黄色光、具温暖气氛	
	昼白色	48~82	72	可	5 000	白色光、具柔和气氛	

续表

光源	种类	效率/(lm/W)	显色性		色温度/K	光色效果	用途
			Ra	评估			
日光灯	高显色性	58~95	95	极佳	5 000	与白炽灯泡同	要求真实色彩表现的场所
	三波长昼光色	54~88	84	佳	6 700	具清凉感、物体原色、清晰可见	书房、客厅、卧室等
	三波长白色	58~95	84	佳	5 000	柔和色彩、自然健康	
水银灯	清光	40~50	23	差	6 000	刺眼	庭园、景观照明、室外信道照明、围墙照明、转角照明
	荧光色	45~70	53	尚可	4 100	白色光、较不刺眼	

7.2 建筑照明要求

7.2.1 公共建筑室内照明要求

1. 公共建筑室内灯具散光照明方式

（1）直接散光照明：直接散光照明是100%或90%的光线直接照射物体，裸露的日光灯、白炽灯，通过镀铬、镀银镶面的灯罩将100%或90%的光线投射到工作面。其优点是节约光能、亮度大，常用于公共大厅或局部照明；缺点是容易产生眩光，容易使人视觉疲劳，所以安装时要避免眩光的产生。

（2）半直接照明：半直接照明是指60%的光线直接照射物体或工作面，40%的光线透过半透明的灯罩射到天棚和墙面上，光线柔和、不刺眼，是理想的照明方式，多用于客房和卧室，也用于办公室。

（3）均匀漫射式照明：这种照明方式是指照明灯射到各个方向的光线大致相同，属于一般照明方式，对于没有特殊要求的空间如走廊、楼梯间、门厅，过道等较为合适。

（4）间接散光照明：这种照明是将100%或90%的光线都投射到天棚或墙面上，经过反射再投射到物体或工作面上，其照明特点是光线柔和、不刺眼，没有较强的阴影，适合于卧室和娱乐场所。

（5）半间接散光照明：这种照明的散光方式与半直接照明的相反，它是把绝大部分光线照射到天棚或墙的上半部。这类照明虽然亮度较小，但整个房间亮度均匀，阴影不明显。这类灯具多用在会议室、卧室、娱乐场所。其缺点是光通量损失较大。

2. 控制调整光源发光的照明器具

使用光源的光时，由裸露的光源放射的光往往不能直接用于照明。为了得到适当、舒适的照明环境，就要调整、控制光源发出的光，这就需要有照明器具。

照明器具常采用不透明、半透明和透明的材质，可使光线发生反射、穿透、折射和扩散，其结果是产生和显示光学特性，即配光、向上光束、向下光束、辉度、遮光角、器具效率、最大发光度、射束孔径角、射束光束等。

（1）定义：

1）器具效率：光源发出的光，在照明器具上反射、折射、穿透到照明器具的外边，与此同时，一部分光被吸收损耗掉。由于这种损失，被有效利用的光就减少了，用以度量这种损失的标准就是器具效率。

2）遮光角：用眼直接看光源，显得很刺眼，用不透明材质或半透明材质来遮光，其遮光范围就是遮光角。

（2）照明器具：

1）反射罩（图 7.1a）：这是将射向上方的光用不透明的反射材料遮蔽来改变配光的照明器具。

2）遮光罩（图 7.1b）：将射向上方或侧面的光用半透明穿透材料遮蔽来改变配光、辉度、光色的照明器具。

3）球形灯（图 7.1c）：这是将光源用扩散形的穿透材料遮蔽来改变配光、辉度、光色的照明器具。

4）反射器（图 7.1d）：这是将射向下方的光用不透明的反射材料遮蔽来改变配光的照明器具。

5）照明罩（图 7.1e）：这是将光源用扩散形的穿透材料遮蔽来改变配光、辉度的照明器具。

6）照明嵌板（图 7.1f）：这是将光源用板状的扩散形穿透材料遮蔽来改变配光、辉度的照明器具。

7）格栅照明器（图 7.1g）：这是将来自光源的直射光，除紧靠光源部分以外的部分都遮挡住，再用不透明或半透明遮光板组装成格栅状的照明器具。

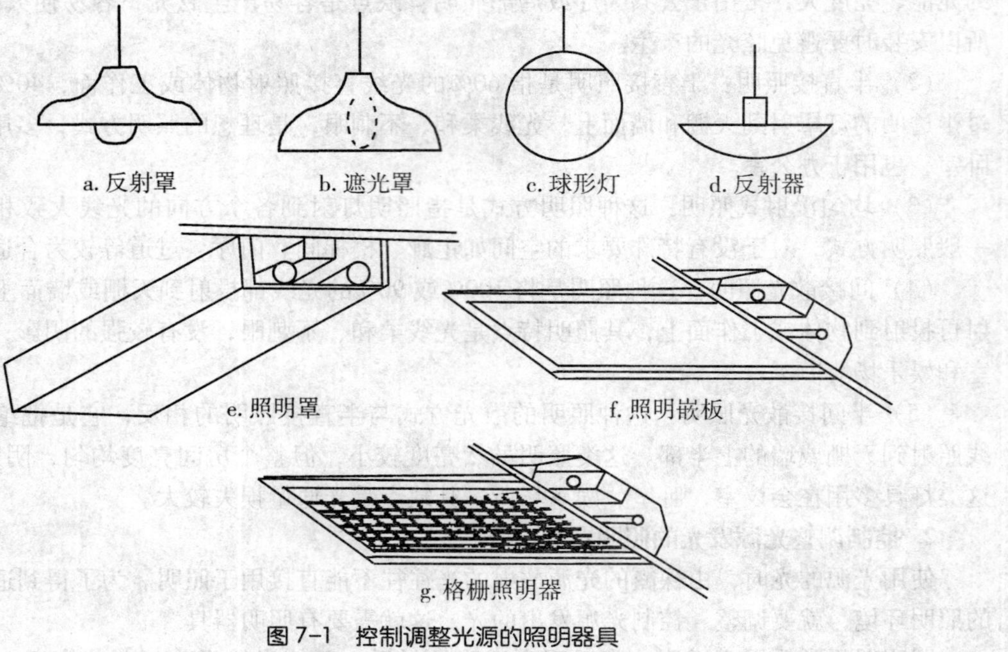

图 7-1　控制调整光源的照明器具

（3）公共场所的照明要求：公共场所的照明应给人创造舒适的视觉环境及具有良好照

度的工作环境，并配合室内的艺术设计起到美化空间的作用。

1）楼梯间：楼梯间是连接上下空间的主要通道，照明必须充足，平均照度不应低于100 lx，所采用的灯具应是漫射式照明灯具，以免产生眩光。

2）办公室或绘图室：这种空间最好的照明形式是发光顶棚或发光带式照明。办公桌和绘图桌上还可加局部照明。台灯或工作灯一般可用60～100 W的白炽灯，但要加灯罩，要求均匀透光，以免引起视觉疲劳。

3）商店：商店照明应以吸引顾客、提高售货率为标准，要突出商品的优点，引起顾客的购买欲望。不同商品要求不同的照明形式。例如工艺品、珠宝、手表等，为了使其光彩夺目，应采用高亮度照明；布匹、服装等商品要求照明接近于自然光，以便顾客能看清商品的本来颜色；肉类和某些食品最好用玫瑰色的照明，以使这些食品的颜色更加新鲜。

为使空间开阔、大方、和谐、统一，商店的照明最好采用顶灯，柜台中货架上的商品还可加壁灯和射灯，柜台内也可安装荧光灯管，以使商品更加醒目。

4）餐厅、饭店：餐厅、饭店的灯光要求柔和，不能太亮，也不能太暗，室内平均照度以50～80 lx即可。照明方式可采用均匀漫射式或半间接式，餐厅中部可采取吊灯或发光顶棚的照明形式。餐厅灯具的光色要与自然光接近，以便准确显示食物的颜色；灯具的造型也应美观，以便通过灯具照明和厅内色彩的综合效果，创造出活跃、舒适的进餐环境。

5）影剧院：影剧院观众厅的照明方式多采用半直接式、半间接式和间接式，所用灯具多为吊灯、吸顶灯、槽灯和发光顶棚。照度要求平均为80～100 lx，能使观众看清节目单就行了。舞台门两侧及顶部均应安装聚光灯，乐池中安装白炽灯。休息厅的照明灯多采用吊灯、吸顶灯、壁灯，照度达到50～80 lx即可。门厅多采用吊灯、吸顶灯，因是人流通过地区，所以照明要求不高。

7.2.2 居住空间照明要求

随着生活水平的提高，人们对照明要求也越来越讲究，居住空间只有基本照明已远远不能满足要求了。现在许多局部照明的灯具，如台灯、立灯、壁灯、投影灯等，相继进入人们的居室，这样既符合使用要求，也增加室内生活气息。

1. 起居室照明

居住面积不足的家庭，起居室既是日常活动的场所，又是会客室，所以除去基本照明外，还需设置局部照明，如设置台灯、壁灯、立灯等，这样既可满足各种活动的照明，又能以独特的方式丰富室内的艺术气氛。一般来说，12 m^2 以上的起居室应有一个基本照明和两三个局部照明。

2. 卧室照明

卧室是休息和睡眠的房间，要有较好的私密性，所以光线应柔和，不得有任何强烈的光刺激，以使人更容易进入睡眠状态，从而尽快消除疲劳。

卧室照明形式应采用间接式或半间接式，基本照明安置在天花板正中，床头还可安置壁灯或台灯，台灯应放置在床头柜上；床头两侧装射灯也可以。梳妆台的镜子两侧可安装小型荧光灯管或用白炽灯做的小型组合壁灯。

3. 厨房照明

厨房内不仅应有基本照明，还应有局部照明。工作台面、备餐台、洗涤器和炉灶等都应充分照明。灯具应构造简单、开关方便，并能防水、便于清洁。

4. 卫生间照明

卫生间如果比较小，可以只在镜旁设置灯具照明；如果卫生间较大，可用吸顶灯或壁灯作为基本照明。由于卫生间水汽大，所以对灯具防水、防汽的性能要求比较高。

7.3 常用灯饰、灯具

常用的装饰灯具有装饰吊灯、吸顶灯、壁灯、荧光灯、台灯等。

7.3.1 吊灯

吊灯是一种常见的照明兼装饰用灯具，吊灯在室内装饰的艺术效果中占有相当重要位置，是公共建筑中的主要照明形式之一。吊灯通常悬挂在室内屋顶，对建筑物起画龙点睛的作用，给人一种华丽高雅的感觉。

吊灯的种类很多，题材和风格也各不相同。吊灯一般用在宾馆、饭店的大厅、宴会厅、影剧院、会堂、机场候机室、贵宾厅及公共建筑的门厅、会议厅等。常用的有欧式烛台吊灯、中式吊灯、水晶吊灯、羊皮纸吊灯、时尚吊灯、锥形罩花灯、尖扁罩花灯、束腰罩花灯、五叉圆球吊灯、玉兰罩花灯、橄榄吊灯等。用于居室的有单头吊灯和多头吊灯两种，前者多用于卧室、餐厅，后者宜装在客厅里。吊灯的安装高度，其最低点应离地面不小于2.2 m。

1. 按风格分类

按风格分，吊灯的主要品种如下。

(1) 欧式烛台吊灯：欧洲古典风格的吊灯，灵感来自古时人们的烛台照明方式，那时人们都是在悬挂的铁艺上放置数根蜡烛。如今很多吊灯设计成这种款式，将蜡烛改成了灯泡，但灯泡和灯座还是蜡烛和烛台的样子。

(2) 水晶吊灯：水晶吊灯有多种类型，如天然水晶切磨造型吊灯、重铅水晶吹塑吊灯、低铅水晶吹塑吊灯、水晶玻璃中档造型吊灯、水晶玻璃坠子吊灯、水晶玻璃压铸切割造型吊灯、水晶玻璃条形吊灯等。

市场上的水晶灯大多由仿水晶制成，但仿水晶所使用的材质不同，质量优良的水晶灯是由高科技材料制成，而一些以次充好的水晶灯甚至以塑料充当仿水晶的材料，光影效果自然很差。所以，在购买时一定要认真比较、仔细鉴别。

(3) 中式吊灯：外形古典的中式吊灯，适合装在门厅区。在进门处，明亮的光感给人以热情愉悦的气氛，而中式图案又会告诉那些张扬浮躁的客人，这是个传统的家庭。要注意的是，灯具的规格、风格应与客厅的装饰相协调一致。

(4) 时尚吊灯：时尚吊灯的材质一般采用具有金属质感的铝材、另类气息的玻璃等，在外观和造型上以另类的表现手法为主，色调上以白色、金属色居多，更适合与简约现代的装饰风格搭配。

2. 按造型分类

按造型分类，吊灯大体可分为以下三类。

(1) 单灯罩形吊灯：单灯罩形吊灯是以一个灯罩为主体的吊灯，灯罩内含一个光源或多个光源。

(2) 单层枝形吊灯：单层枝形吊灯是将完全相同的单元，其中包括灯罩、连接杆、挂链、挂片等均匀地、对称地围绕吊杆分布，并只布置在一个平面上的枝形吊灯。这种吊灯总体外观扁平，有普通层高的室内都可采用，而且款式很多，造型可以任意组合，要比单灯罩形吊灯气派得多。图 7.2 所示为各种单层枝形吊灯。

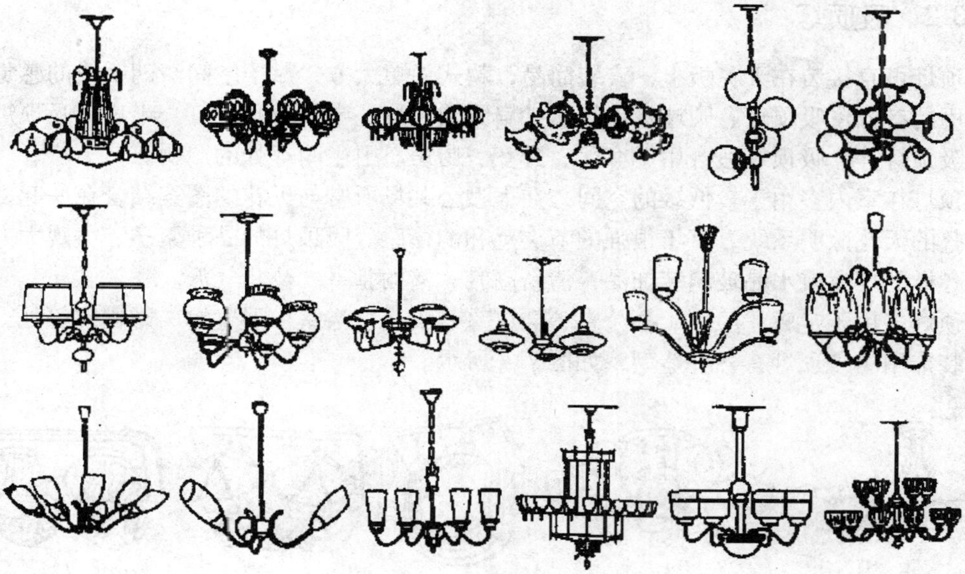

图 7.2 单层枝形吊灯

（3）多层枝形吊灯：分布在多个平面上的枝形吊灯称为多层枝形吊灯。

多层枝形吊灯每层的伸展范围不同，一般是上小下大，给人一种稳定的感觉，有高贵华丽、富丽堂皇的气派（图 7.3）。一般用于大厅、会堂中央，成为最引人注目的装饰品。

图 7.3 多层枝形吊灯

在选择吊灯时，最好选择安装节能灯光源的吊灯、材质内外一致的吊灯和带分控开关的吊灯，这样的吊灯其灯头较多，可以局部点亮。豪华复杂的吊灯（如水晶宫吊灯）一般适合复式住宅，简洁式的低压花灯适合一般住宅。

7.3.2 吸顶灯

吸顶灯可直接装在天花板上，安装简易，款式简单大方，赋予空间清朗明快的感觉。吸顶灯常用的有方罩吸顶灯、圆球吸顶灯、尖扁圆吸顶灯、半圆球吸顶灯、半扁球吸顶灯、小长方罩吸顶灯等。吸顶灯适合用于客厅、卧室、厨房、卫生间等处的照明。

吸顶灯在室内多用于较低矮的空间，在大型公共场所常与天花的图案结合在一起，形成一个完整的天花照明系统，富于很强的节奏感和韵律感。吸顶灯的品种繁多、美观大方，配有各式各样的灯罩或水晶玻璃装饰品，清新高雅、富丽堂皇、豪华气派。

吸顶灯多用于走廊、门厅、办公室、会议室、厨房、浴室、展览馆、影剧院等处，作为照明和装饰用。吸顶灯有各种造型，如图 7.4 所示。

图 7.4 吸顶灯

吸顶灯内一般有镇流器和环行灯管。镇流器有电感镇流器和电子镇流器两种，与电感镇流器相比，电子镇流器能提高灯和系统的光效，能瞬时启动，延长灯的寿命。电子镇流器还具有温升小、无噪声、体积小、重量轻等优点，耗电量仅为电感镇流器的 1/3~1/4，所以选择电子镇流器吸顶灯较好。吸顶灯的环行灯管有卤粉和三基色粉两种，三基色粉灯管显色性好、发光度高、光衰慢；卤粉灯管显色性差、发光度低、光衰快。区分卤粉和三基色粉灯管，可同时点亮两灯管，把双手放在两灯管附近，可发现卤粉灯管光下手色发白、失真，三基色粉灯管光下手色是皮肤本色。

7.3.3 壁灯

壁灯是装在墙上的小型照明灯具，可起到照明和装饰的双重效果，渲染气氛，增加情趣。常用的有双头玉兰壁灯、双头橄榄壁灯、双头鼓形壁灯、双头花边杯壁灯、玉柱壁灯、镜前壁灯等。壁灯的安装高度，其灯泡应离地面不小于 1.8 m。

壁灯常用于影剧院、会议室、展览馆等公共场所和卧室、起居室、浴室等小型室内空间。

与其他灯具相比，壁灯亮度都不太高，但造型与装饰效具要求较高，使用壁灯要注意使室内达到协调统一的装饰效果。

图 7.5 所示为各种壁灯造型。

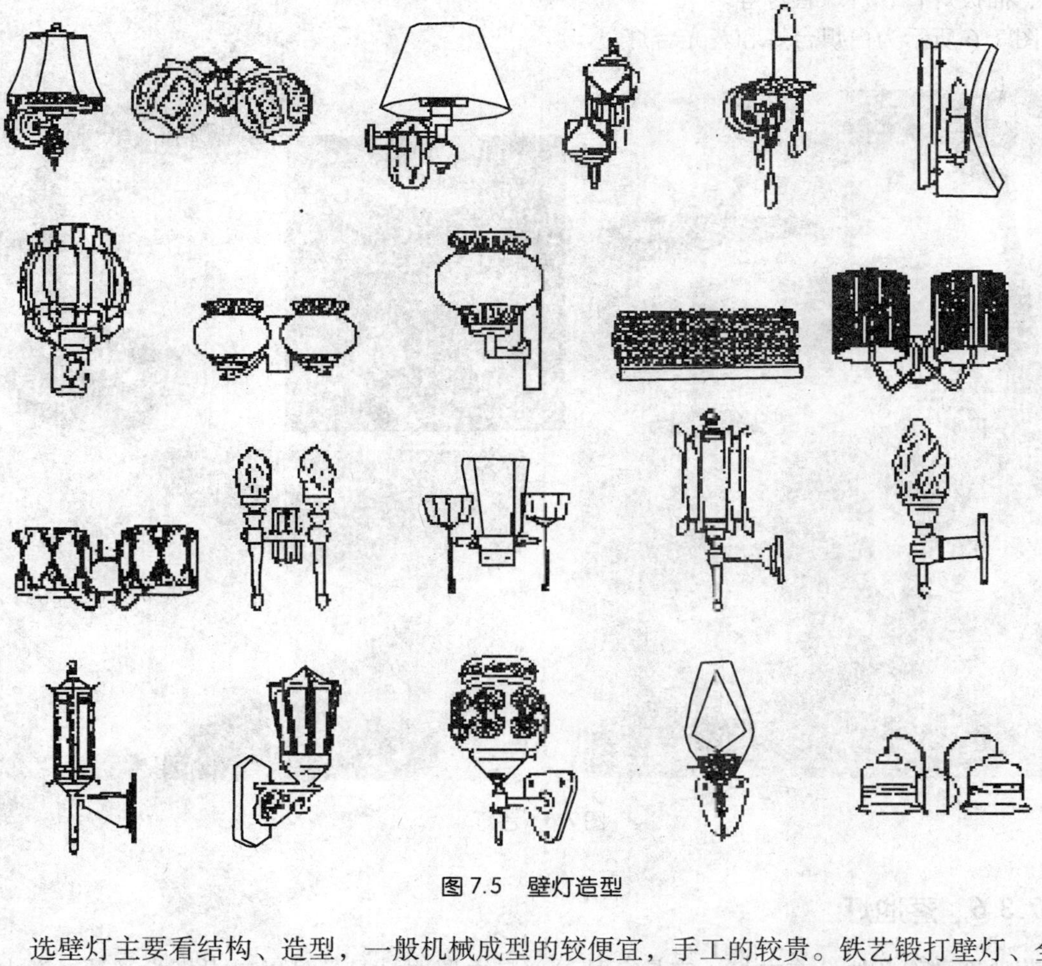

图 7.5 壁灯造型

选壁灯主要看结构、造型，一般机械成型的较便宜，手工的较贵。铁艺锻打壁灯、全铜壁灯、羊皮壁灯等都属于中高档壁灯，其中铁艺锻打壁灯常被选用。此外，带灯带画的数码万年历壁挂灯，既具有照明、装饰作用，又可作为日历，很受消费者欢迎。

7.3.4 荧光灯

荧光灯也就是日光灯，灯管外形有条形、环形和U形三种，其灯光效高、显色性好、光线柔和。荧光灯可以单独用作室内照明，但在一些大型公共场所，如宾馆，饭店、医院、图书馆、商店等照明时用不同的安装方式（吸顶、嵌入、壁装等），组合成藻井式反光槽照明、光龛式反射照明、发光带照明、发光顶棚照明、光檐式槽灯照明等多种形式，取得了良好的照明和装饰效果。

7.3.5 台灯

台灯在室内只是作为一种辅助灯具，可移动，常用在写字台、办公桌、床头柜上作为局部照明使用。台灯有白炽灯泡和荧光灯管两种。台灯按材质可分为陶瓷灯、木灯、铁艺灯、铜灯、树脂灯、水晶灯等，按功能可分为护眼台灯、装饰台灯、工作台灯等，按光源可分为灯泡、插拔灯管、灯珠台灯等。

图7.6所示为白炽台灯和荧光台灯。

图7.6 台灯

7.3.6 落地灯

落地灯又称坐地灯或立灯，它是一种局部自由照明灯具。多以白炽灯为光源，有大、中、小三种类型。

落地灯的灯罩通常用纱、绢、塑料片等制成，有的艺术灯罩还绘绣有图案和花边，灯杆以金属镀铬居多，结构安全稳定，方位调节自如。

落地灯常用于卧室、书房、客房等处的局部照明，常摆设在茶几或沙发附近，作为待客、休息或阅读区域的照明。

7.4 功能灯具

7.4.1 射灯

射灯可安置在吊顶四周或家具上部，也可置于墙内、墙裙或踢脚线里。光线直接照射在需要强调的家什器物上，以突出主观审美作用，达到重点突出、环境独特、层次丰富、气氛浓郁、缤纷多彩的艺术效果。射灯光线柔和，雍容华贵，既可对整体照明起主导作用，又可局部采光，烘托气氛。

射灯分低压、高压两种，一般选用低压射灯，因其寿命长一些，光效高一些。射灯的光效高低以功率因数体现，功率因数越大光效越好，普通射灯的功率因数在 0.5 左右，价格便宜；优质射灯的功率因数能达到 0.99，价格稍贵。

射灯的尺寸一般比较小，灯泡功率多为 100 W、150 W 和 200 W 等。国外还生产供展览用的彩色灯泡。

图 7.7 所示为射灯造型。

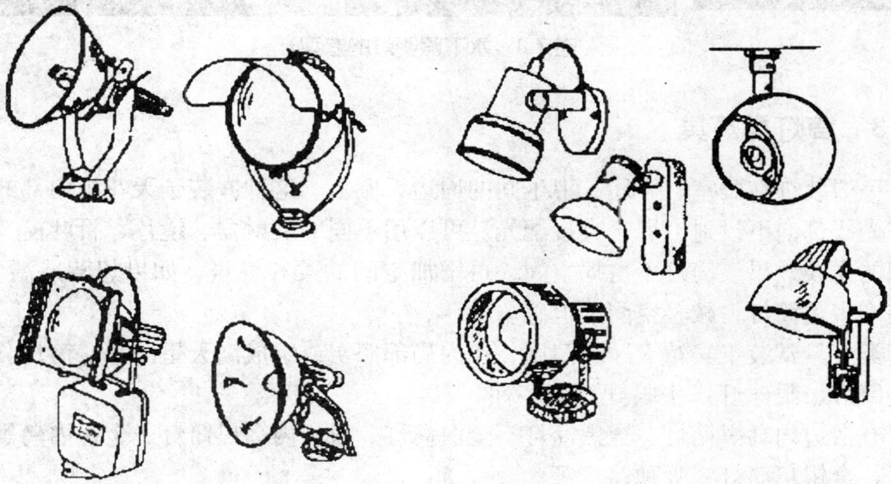

图 7.7 射灯造型

7.4.2 水下照明灯

水下照明灯用于喷水池的水面、水柱、水花的彩色照明，使人工喷泉的景色在各色灯光的交相辉映下更壮观、更绚丽多姿、光彩夺目，因此可以达到美化环境，点缀城市的效果。

水下照明灯的滤色片分红、黄、绿、蓝、透明五种。其接线盒为铸铝合金结构，密封可靠，进线孔在接线盒的底部，可与预埋的直径 2.54 cm（in）电缆管连接。出线盒在接线盒的侧面，分为两通、三通、四通等几种。

灯内光源采用 220 V、150~300 W 自反射密封型白炽灯泡。

水下照明灯灯具投光角度和位置可以随意调整，以便使之处于最佳投光位置，达到令人最满意的照明效果。

图 7. 8 所示为水下照明灯的造型。

图 7.8　水下照明灯的造型

7.4.3　筒灯类灯具

筒灯一般装饰在卧室、客厅、卫生间的周边天棚上。这种嵌装于天花板内部的隐置性灯具，所有光线都向下投射，属于直接配光。可以用不同的反射器、镜片、百叶窗、灯泡，来取得不同的光线效果。筒灯不占据空间，可增加空间的柔和气氛，如果想营造温馨的感觉，可试着装饰多盏筒灯，减轻空间压迫感。

筒灯类灯具常装于宾馆大厅、门厅，作为局部照明或组成满天星图案。筒灯分为一般筒灯和吊杆筒灯、眼球灯（牛眼灯）等多种。

筒灯有白边内乌黑筒灯、全黑筒灯、全白筒灯、银边内乌黑筒灯、金边内乌黑筒灯、全金色筒灯、全银色筒灯、吸顶筒灯等。

吊杆筒灯有银色吊杆筒灯、金色吊杆筒灯、眼球形吊杆筒灯、圆形四环吊杆筒灯等多种。

眼球灯有金色眼球灯、乌黑眼球灯、全白眼球灯、银色眼球灯、古铜色眼球灯等多种。

图 7. 9 所示为筒灯的造型。

7.4.4　舞台灯具

舞台灯具为转灯类灯，有两头转灯、四头转灯、六头转灯、八头转灯、十六头转灯等。此外，还有扫描灯、聚光灯、滚筒灯、太阳灯、宇宙灯等。

舞台灯的造型如图 7. 10 所示。

图 7.9　筒灯的造型

图 7.10　舞台灯的造型

7.5　其他灯饰、灯具

除了以上介绍的常用灯饰、灯具外，还有庭园灯、路灯、标志灯、应急灯、防水防尘灯和霓虹灯等灯饰灯具，以下做简单介绍。

7.5.1　庭园灯

庭园灯又称园林灯，通常以白炽灯或荧光灯为光源。

灯体造型常有柱式和亭式之分。

（1）柱式：一般较高，多分布在路边、池塘畔、绿地旁等处，灯罩常用彩色玻璃或有机玻璃等制成方形、圆球形、扁形、菱形以及各种花形。

（2）亭式：多数低矮，主要位于休憩座椅边，花木丛中，亭台楼阁旁，亦灯亦饰。

其造型多数与建筑物风格和环境相协调，有梯形、圆球形、圆筒形和四角、六角、八角柱形等，是一种艺术效果较高的灯饰。其造型如图 7-11 所示。

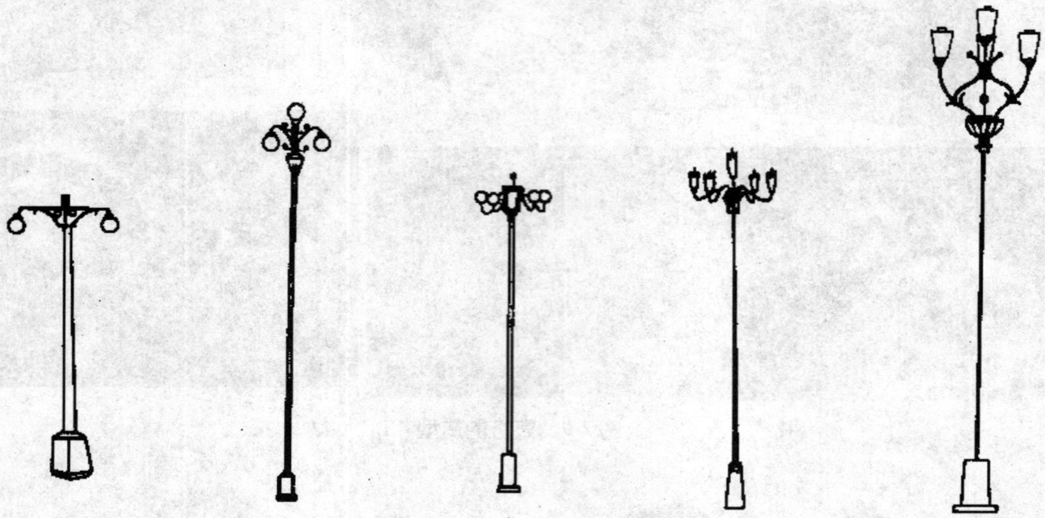

a. 圆球柱灯（1） b.圆球柱灯（2） c.圆球柱灯（3） d. 玉兰柱灯 e. 圆顶罩柱灯

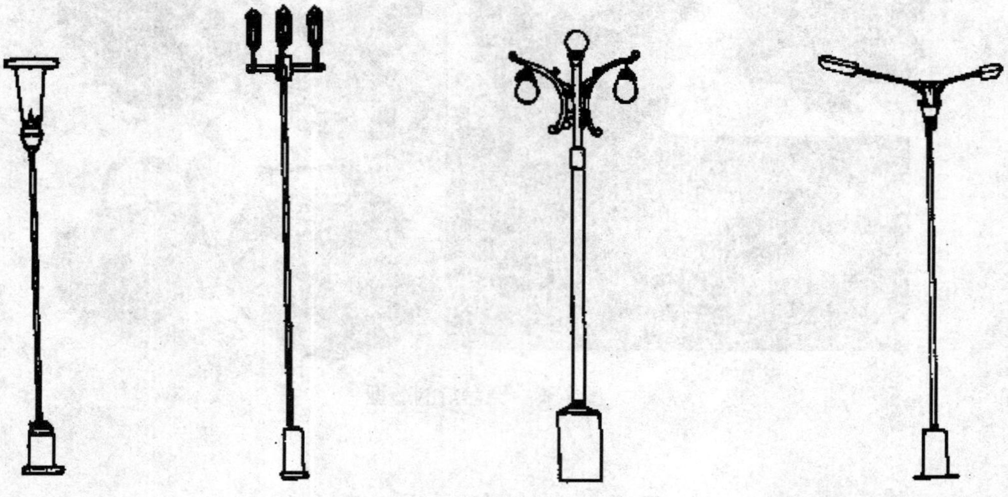

f. 筒柱灯 g. 筒形柱灯 h. 球形柱灯 i. 双头庭园灯

图 7.11 庭院灯的造型

庭园灯主要适用于庭院、公园、古建筑、饭店、宾馆、公共场所及一些旅游场所等建筑的周围照明和装饰。

7.5.2 路灯

路灯常用于道路、广场、公园、游乐场等公共场所照明。通常以白炽灯、水银灯、荧光灯和碘钨灯、高压钠灯等为光源。灯体有大、小型之分，多用钢管、铝合金管、塑料管及混凝土电杆等制成，分为单头和多头、带罩和敞开等多种形式，造型各异，光线分布均而广，是一种有一定装饰效果的灯饰。

7.5.3 标志灯和应急灯

标志灯用于需要灯光标志的场所用作标志照明；应急照明灯是应急照明灯具，其内部安装有小型蓄电池，在正常供电时被充电，当因故障中断供电时即可自动将光源点亮，为应急人员疏散和信号指示提供一定的照度。其造型如图 7-12 所示。

图 7.12 部分标志灯、应急照明灯外形

这两种灯具适用于医院、影剧院、商场、银行、宾馆、人防及地下设施、高层建筑及生产场所。

7.5.4 防水防尘灯

防水防尘灯是一种密闭结构较好的灯具，有一定防水防尘性能，灯具由灯壳、保护玻璃罩、密闭橡胶垫、防水灯口组成，根据不同的使用环境有带金属保护网和不带保护网两种。这类灯具适用于室内外环境温度-35～50 ℃，有水溅、多灰尘、潮湿的车间、地下室、隧道等场所照明。其造型如图 7.13 所示。

7.5.5 霓虹灯

霓虹灯是将惰性气体充入电灯泡里，灯亮时，惰性气体受到激发便发射出它们的特征谱线，因发出彩色光而被称为霓虹灯。

氩在电场激发下会发射浅蓝的光；氦制的霓虹灯发射浅红色的光；灯泡里充进水银蒸气，就成了高压水银灯，它射出的光线是蓝紫色的；把氦、氖、氩和水银四种气体，或两种或三种混合气体装进灯泡里，就得到了色彩绚丽的霓虹灯。

霓虹灯是一种冷阴极辉光放电管，其辐射光谱具有极强的穿透大气的能力，色彩鲜艳绚丽、多姿，发光效率明显优于普通的白炽灯，它的线条结构表现力丰富，可以加工弯制成任何几何形状，满足设计要求，通过电子程序控制，可变幻色彩的图案和文字，受到人们的欢迎。

霓虹灯的亮、美、动特点，是目前任何电光源所不能替代的，在各类新型光源不断涌现和竞争中独领风骚。

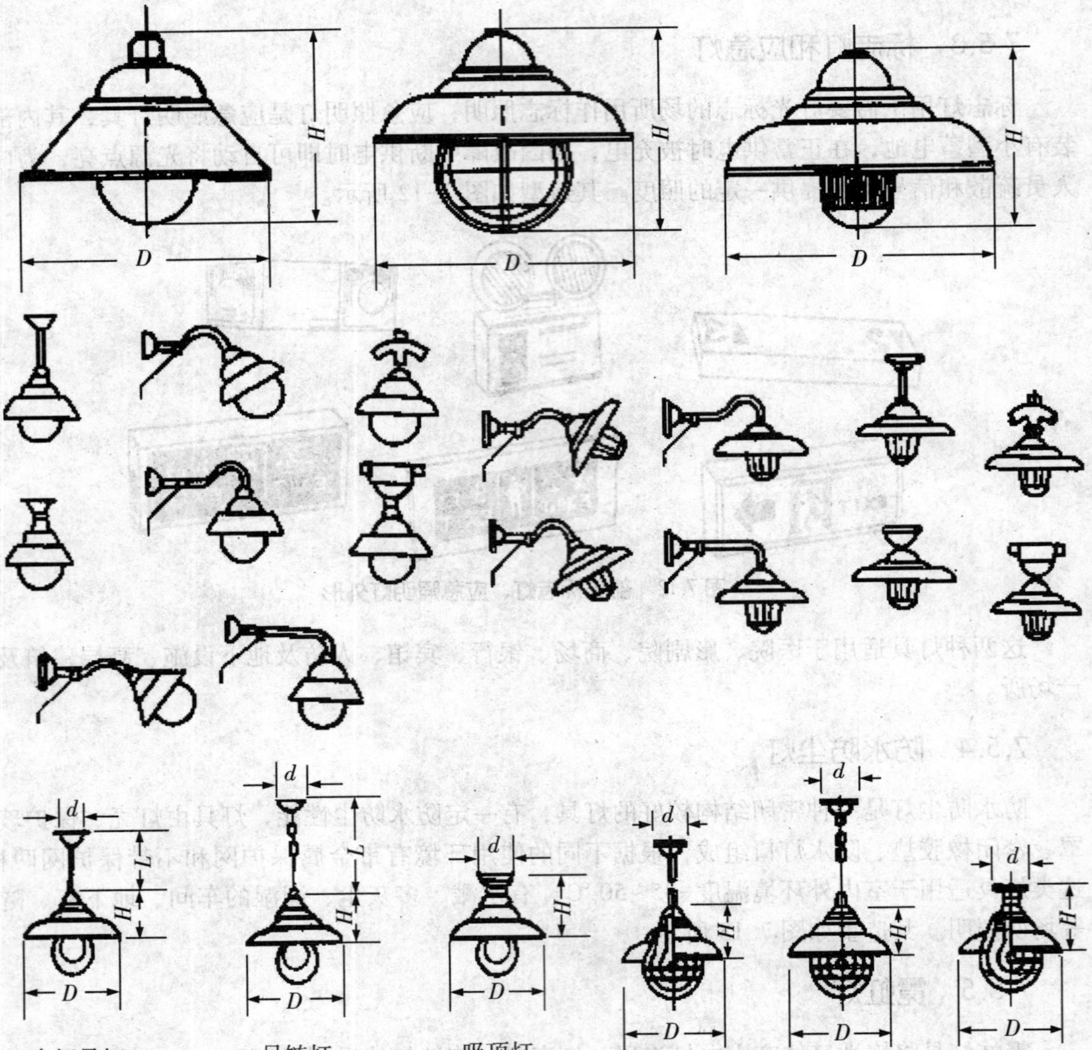

图 7.13　防水防尘灯的造型

7.6 建筑装饰灯具的选择

7.6.1 选择灯饰应遵循的五个原则

(1) 与房间的高度相适应。房间高度在 3 m 以下时，不宜选用长吊杆的吊灯及垂度高的水晶灯，否则会有安全隐患。

(2) 与房间的面积相适应。灯饰的面积不要大于房间面积的 2%~3%，如照明不足，可增加数量，否则会影响装饰效果。

(3) 与整体的装修风格相适应。中式、日式、欧式的灯具要与周围的装修风格协调统一，才能避免给人以杂乱的感觉。

(4) 与房间的环境质量相适应。卫生间、厨房等特殊环境，应该选择有防潮、防水特殊功能的灯具，以保证正常使用。

(5) 与顶部的承重能力相适应。特别是做吊顶的顶部，必须有足够的荷载，才能安装相适应的灯具。

7.6.2 选择灯具应考虑的问题

(1) 安全：居室中安全用电是非常重要的，因此选择灯具时要选正规厂家生产的灯具，如选择劣质灯具，有可能出现炸裂或烧坏线路的危险。正规产品一般都标有总负荷，我们可根据总负荷来确定灯泡的瓦数和多头吊灯中灯泡的个数。

(2) 简约：灯饰有两大功能，照明和装饰，但最重要的功能还是照明，装饰只是起一个画龙点睛的效果，因此我们要摒弃太多无用的装饰照明；过于复杂的造型、过于繁杂的花色、太多无用的装饰，用在简洁的居室设计中，不但不会美化空间，反而还会显得俗不可耐。

(3) 节能：选择灯具时不能只讲究豪华、漂亮，还要考虑节能。尽量选用节能灯泡，节能灯泡省电、照度好，也不散发热量，适合多头灯具；节能灯泡大都是标准螺口。

(4) 耐用：耐用是衡量灯具好坏的一个重要指标，一个经常坏、时刻要维修的灯具在日常使用中存在较多麻烦。因此灯具的生产厂家是否正规、使用寿命是多久，都是我们选择灯具时须考虑的重要因素。

(5) 方便：选择灯具时，还要考虑保持灯具的清洁卫生、换灯泡是否方便，掌握换灯泡的一些小技巧，因很多人就为换吸顶灯的灯泡而头疼。

(6) 功能：不同房间有不同的功能，为体现这些功能我们要选择不同的灯饰。

(7) 协调：灯饰与房间的整体风格要协调，同一房间的多盏灯具其色彩和款式也要保持和谐，才会有整体美感。

(8) 环保：环保灯具是近年来随着人们的环保意识逐渐增强而提出来的，主要是对灯的镀层、发光等是否含有对人体有害的重金属、紫外光而提出的；我们在选购灯饰时要了解清楚，因为这关系到我们的健康。环保照明将成为未来家居照明的主要发展方向。

7.6.3 灯饰的选择方法

怎样为不同的房间选择合适的灯饰，应从以下几方面入手。

1. 灯饰的材质

灯饰材质不一样，灯光的透射、反射、吸收、扩散都会出现不同的“质感”，室内的意境就完全不一样了。例如，水晶灯的绚丽灿烂适于豪华气派的大空间别墅、复式楼；传统宫灯用在古色古香的中式风格的房屋就会相得益彰；镀金铜灯古朴典雅，适于展示欧陆风情，镀铬、镀镍的金属灯则适合现代风格。

2. 灯饰的造型

灯饰的造型应与家具等其他室内用品和谐、配套、呼应，不能只看重灯饰本身的造型，而忽略了灯饰与房间整体装修风格的统一。比如摆放红木家具的房间就适合挂一个古色古香的灯笼，挺洋气的餐厅可装上一个欧式的吊灯。还要根据室内空间大小、总面积、室内高度选择灯具，使灯具的造型、大小与居室相适应。

3. 灯饰的颜色

灯具的表面色彩，要注重与室内窗帘、家具和谐，使整个室内布置形成一个完美的艺术整体。假如把红色的灯具配在绿色的墙面上，那就会显得太刺眼；在一个以白色为主的充满现代气息的居室中挂一盏古典宫灯就会显得不伦不类。灯罩往往也是重要因素，对调节气氛起的作用很大。如乳白色磨砂玻璃罩，不但本色纯洁，而且反射出来的灯光也显得柔和，能创造一种静谧的气氛。又如色彩浓艳的透明玻璃罩，不但本色华丽，而且反射出来的灯光也绚丽多彩，能创造一种热闹豪华的气氛。再比如藤编灯饰，灯罩由藤条编织而成，造型有方有圆，自然古朴，若置于家中茶室——二三好友，几杯清茶，别有韵味。

4. 灯饰的光源

光和色彩一样对人的心里感觉有冷暖之分，光用色温来说明，低色温光色偏红，给人温暖的感觉；高色温光色偏向黄蓝，营造出清凉感。不同功能的房间光源要适中，灯光的光度过强、过弱或过白，都会影响人的视力和健康。

美国科学家曾做过一个著名的色块刺激实验，发现不同颜色（光频率）对眼疲劳的影响有着明显的差异。针对这一原理，美国等一些国家和部分图书采用了黄底色纸张印刷，确实比白色纸张印刷读起来要舒服一些。而在德国，室内装修墙壁粉刷时，人们已开始理性地适用一些浅色，主要是米黄、浅蓝等，来代替刺眼的白色。2000 年初，英国艾塞克斯大学的薄膜覆盖法获得成功：采用一些特定颜色（频率）的薄膜覆盖在书本上，阅读时会使眼睛放松，不容易串行，还明显地提高阅读效率。

彩光污染危害更严重。它主要是指现代舞厅、歌厅的旋转灯光、荧光灯以及闪烁的彩色光源。据测定，歌舞厅中的黑色灯产生的紫外线，如果长期受其照射，会诱发流鼻血、脱牙、白内障，甚至导致白血病和其他癌变。彩色光源不仅对眼睛不利，而且干扰大脑中枢神经，人们会出现恶心、呕吐、失眠、注意力不集中、性欲低下等症状。

7.6.4 室内灯光布置

室内装修要合理布置灯光。这不单指亮度、位置、角度的合理性，还包括颜色格调、光源类型、配光方式等一系列问题。具体来讲，一是要注意色彩的协调；二是要避免眩光，以利于消除眼睛疲劳，保护视力；三是要合理分布光源，顶棚光照要明亮；四是光线照射方向和强弱要合适，避免直射人的眼睛。

1. 客厅灯饰

一般来说，客厅以选用庄重、明亮的吊灯或吸顶灯为宜。地面至天花板 2. 8 m 以上宜布置吊灯，低于2.5 m的最好不用吊灯，如果一定要买吊灯，灯高不能超过300 mm，否则会有压抑感；有电视背景墙的客厅，还可在电视上方装上几盏射灯，光圈温柔地向下照射；配有沙发的客厅，在沙发后面可装饰一盏落地灯。灯具的造型与色彩要与客厅的家具摆设相协调。

2. 餐厅灯饰

餐厅灯罩宜选用外表光洁的玻璃、塑料或金属材料，以便随时擦洗。也可用落地灯照明，在附近墙上还可适当配置暖色壁灯，这样会使进餐气氛更热烈，并能增进食欲。

3. 书房灯饰

书房照明应以明亮、柔和为原则。一般书房中设一台主灯，书桌上宜选用合适的台灯。款式各异的台灯不但装饰性强，而且可根据光照需要进行移动、调节、使用方便，还可保护我们的视力。主灯在书房中当有二三知己闲聊或会客品茶时开，而平时读书学习则开台灯即可。书柜内可装设几盏小射灯，从上至下照射，这种照明不但可以让我们方便找书，还可以保持温度，防止书籍潮湿霉烂。

4. 卧室灯饰

卧室照明要求舒适、雅致而富有情调，因此，卧室的主灯不能过白或过强，应光线柔和；还可采用由三四个不同照射角度或方向的灯头构成壁灯，再配以几盏暖色调的灯泡，让卧室内形成几个不同光晕的照射，每个光源的光照又互相融合，使卧室充满优雅、浪漫、宜人的情调。壁灯宜用表面亮度低的漫射材料灯罩，这样可使卧室显得光线柔和，利于休息。床头柜上可用子母台灯，大灯作为阅读照明，小灯供夜间起床用。如卧室设置梳妆台，还要在镜子前装一盏射灯；射灯光线要适中，否则化妆会失真。

5. 厨房、卫生间和过道的灯饰

厨房、卫生间和过道里一般使用吸顶灯，因为这些地方需要照明的亮度不大，且水汽大、灰尘多，用吸顶灯便于清洁，而且利于保护灯泡。厨房灯具要安装在能避开蒸汽和烟尘的地方。

思考题

1. 灯饰灯具有哪些种类？其性能和特点各如何？
2. 建筑装饰中怎样科学、合理地选购灯具？

8　建筑装饰金属

在建筑装饰材料中，金属装饰材料以其独特的光泽与颜色、庄重华贵的外表及经久耐用的特点，在建筑装饰工程中被广泛采用。

8.1　金属材料的形态、表面处理及用途

金属材料通常分为两大类，第一类是黑色金属材料，如钢、铁等；另一类为有色金属材料，如铜、铝及其合金等。建筑装饰工程中用量最大的金属材料是铝材和建筑装饰钢材。

从性质与用途考虑，金属材料又分为两种：一种为结构承重材料，一种为饰面材料。结构承重材料较为厚重，起支撑和固定作用，多用作骨架、支柱、扶手、爬梯等；而饰面材料一般较薄且易于加工处理，但表面精度要求较高。

金属材料的最大特点是色泽效果突出。铝、不锈钢较具时代感；铜材较华丽、优雅，其中古铜色铜材则较古典；而铁则古朴厚重。金属装饰材料还具有韧性大、耐久性好、保养维护容易等特点。但金属材料造价高、硬度大，施工有一定难度，因此，在使用金属装饰材料时，一定要了解所用材料的性质及规格尺寸，尽量减少接缝、接点和接头，以免影响外观效果，同时还要了解建筑装饰用金属材料的形态及表面处理方式。

8.1.1　建筑装饰用金属材料的形态

建筑装饰用金属材料的形态可以分为六种，如表 8.1 所示。

表 8.1　建筑装饰用金属材料形态

材料形态	材质	表面处理	用途	备注
饰面薄板	铜板、铁板、铝板、不锈钢板、铅钢板、锌钢板	光面、雾面、丝面、凹凸面、腐蚀雕刻面、搪瓷面等	壁面、天花面	
规格型材	铁、钢、铝及其合金、不锈钢、铜	方式极多	框架、固定、收边	
金属管材	不锈钢管、铁管、铜管、镀锌钢管	有花管及光管两种	家具弯管、支撑管、防盗门等	有空心和实心两种，多用空心管
金属焊板	铁棒、不锈钢、钢筋		铁架、铁窗	扁铁、钢筋等

续表

材料形态	材质	表面处理	用途	备注
金属网	铁丝网、钢网、铝网、不锈钢网、铜网等	可编织成菱形、方形、弧形、六角形、矩形等	用在壁面、门的表面，有悬挂、隔离等作用	用细金属线编织而成
金属五金	铜、不锈钢、铝		家具的壁面	

8.1.2 建筑装饰用金属材料表面处理方式及用途

建筑装饰用金属材料表面处理方式及用途如表 8.2 所示。

表 8.2 建筑装饰用金属材料表面处理方式及用途

处理方式	用途
表面腐蚀出图案或文字	多用于不锈钢及铜板
表面印花	花纹色彩直接印于金属表面，多用于铝板
表面喷漆	多用于铁板、铁棒、铁管、铱板，如铁门、铁窗
表面烤漆	多用于钢板条、铁板条、铝板条
电解阳极处理（电镀）	多用于铝材或铝板，表面有保护作用
着色处理	如着色铝门窗、着色铝板
表面刷漆	多用于铁板、铁杆，如楼梯、扶手、栏杆
表面贴特殊弹性薄膜保护	使金属不与外界接触
加其他元素成合金	具有防蚀作用，如不锈钢
立体浮压成图案	如花纹铁板、花纹铝板

8.2 铝合金装饰材料

铝元素占地壳的 8.13%，仅次于硅和氧。

铝在自然界中以化合物状态存在，铝的矿石有铝矾土，其中 Al_2O_3 含量为 47%~65%，它是炼铝的最好原料，高岭土（$Al_2O_3 \cdot 2SiO_2 \cdot 2H_2O$），含 $Al_2O_3$39%；矾土岩石是铝矾土和高岭土的中间矿物，含 $Al_2O_3$40%~60%。

铝的生产分两个步骤：第一步是从铝矿石中提取 Al_2O_3，第二步是电解 Al_2O_3 得金属铝。

铝属于有色金属中的轻金属，银白色。

铝的密度为 2.7 g/cm^3，熔点为 660 ℃。铝的导电能力很好，若与同等重量的钢相比，铝的导电能力为钢的 188%；与同体积的铜相比，铝的导电能力为铜的 56%。铝的导热性也很好，仅次于铜。

铝的化学性质很活泼，它和氧的亲和力很强，在空气中表面容易生成一层 Al_2O_3 薄膜（0.1 μm 左右），具有一定耐蚀性。但铝不能与卤素元素接触，不耐碱，也不能经受强酸的作用，否则将产生下列化学反应而受到腐蚀。

$$2Al + 2NaOH + 2H_2O \xlongequal{} 2NaAlO_2 + 3H_2\uparrow$$

$$2Al + 6H_2SO_4（浓） \longrightarrow Al_2(SO_4)_3 + 3SO_3\uparrow + 6H_2O$$

铝的电极电位较低，如与电极电位高的金属接触并且有电解质（如水汽等）存在时，会形成微电池，产生电化学腐蚀，所以用于铝合金门窗等铝制品的连接件应用不锈钢件。

铝的强度和硬度较低（σ_b=80~100 MPa，布氏硬度200），但可通过冷加工强化，强度可提高一倍以上。也可通过添加Mg、Mn、Si、Cu、Zn、Li等合金元素，再经热处理进一步强化，这好比在碳素钢中添加一定量的合金元素形成合金钢一样。所形成的铝合金既具有优良的物理和力学性能，也保持了重量轻的优点，因而在建筑装饰中得到了广泛的应用。

铝的抛光表面对白光的反射率达80%以上，对紫外线、红外线也有较强的反射能力。铝还可以进行阳极氧化和电解着色，从而获得具有良好装饰效果的表面。

由于铝及铝合金具有以上优异性能，以铝合金门窗、幕墙为代表的新型建筑装饰铝合金制品，在整个铝合金耗量中占有重要位置。

8.2.1 变形铝合金的性质和分类

所谓变形铝合金，就是通过冲压、弯曲、辊轧、挤压等工艺使其组织、形状发生变化的铝合金。它分为两大类：第一类是热处理非强化型，第二类是可热处理强化型。所谓热处理非强化型，是指不能用淬火的方法提高强度，如铝锰合金、铝镁合金。可热处理强化型铝合金，是指可通过热处理的办法提高强度，如硬铝、超硬铝及锻铝等都属于这类合金。

各种变形铝合金的牌号分别用汉语拼音字母和顺序号表示，顺序号不直接表示合金元素的含量。代表各种变形铝合金的汉语拼音字母如下：

LF——防锈铝合金（简称防锈铝）。

LY——硬铝合金（简称硬铝）。

LC——超硬铝合金（简称超硬铝）。

LD——锻铝合金（简称锻铝）。

LT——特殊铝合金。

LQ——硬钎焊铝。

防锈铝有铝锰合金和铝镁合金两种。常用防锈铝的牌号有LF21、LF2、LF3、LF5、LF6、LF11等。其中除LF21为铝锰合金外，其余各个牌号都属于铝镁合金。

1. 热处理非强化铝合金

（1）铝锰合金（Al-Mn合金）：LF21为铝锰合金的典型代表，含锰量为1.0%~1.6%。其突出的特点是抗蚀性好，其在中性介质中的抗蚀性次于纯铝，在其他介质中的抗蚀性与纯铝相近；塑性好，焊接性能优良；加锰以后有一定的固溶强化作用，但热处理强化作用甚微。该合金广泛应用于民用五金设备中。

（2）铝镁合金（Al-Mg合金）：该合金中的镁含量为2.0%~5.5%，如LF2合金镁含量为2.5%。其性能特点是刚性好，冷却硬化后具有中等强度，其抗拉性能介于纯铝和铝锰合金之间；疲劳强度高，低温性能良好；随着温度降低，抗拉强度、屈服强度、伸长率均提高，低温韧性也很好。

2. 可热处理强化铝合金

（1）Al-Mg-Si合金（铝合金建筑型材用材）：Al-Mg-Si合金是锻铝，其典型代表为LD30和LD3l。

1）LD30合金的特点是中等强度，有良好的塑性、优良的可焊性和耐蚀性，特别是无应力腐蚀开裂倾向。可阳极氧化着色，也可涂漆、上珐琅，适宜于作建筑装饰材料。镁硅含量比 LD31 的稍高，并含有少量铜，因而强度高于 LD31，但淬火敏感性也比 LD31 的高，挤压后不能实现风淬，需重新固溶处理和淬火时效（金属材料在淬火时，由于快速冷却而形成过饱和固溶体，且该固溶体处于不平衡状态，溶质原子有自发析出的倾向，时效时又第二相的脱溶符合固态相变的阶次规则，即在平衡脱溶相出现之前会出现一种或多种亚稳定结构），才能获得较高的强度。

2）LD31 属低合金化的 Al-Mg-Si，是高塑性合金，热处理强化后具有中等强度，冲击韧性高，对缺口不敏感，有极好的热塑性，可以高速挤压成结构复杂、薄壁、中空的各种型材或锻造成结构复杂的锻件；淬火温度范围宽，淬火敏感性低，挤压和锻造脱模后，只要温度高于淬火温度，即可用喷水或穿水的方法淬火，薄壁件（<3 mm）还可实现风淬。焊接性能和耐蚀性优良，无应力腐蚀开裂倾向，加工后表面十分光洁，且容易阳极氧化和着色。它是 Al-Mg-Si 系合金中应用最为广泛的品种。

Al-Mg-Si 系合金是目前世界各国制作铝合金门窗、幕墙等建筑装饰材料最主要的合金品种。我国的 LD30 和 LD31 锻铝分别相当于国际上流行的 6061 和 6063 铝合金。

（2）A1-Cu-Mg 合金：这种合金是硬铝，共有 16 个牌号，其中 LY12 是硬铝的典型产品，各国产品成分几乎相同，用量最大。该合金的主要特点是强度高，有一定耐热性，可用作 150℃以下的工作零件。热状态、退火或新淬火状态下成型性能都比较好，热处理强化效果显著，抗蚀性较差，常用纯铝包覆保护，焊接时易产生裂纹。可用于各种半成品的加工，如薄板、管材、线材、冲压件等。

（3）A1-Zn-Cu-Mg 合金：该合金是超硬铝，有 8 个牌号，LC9 是该合金中应用较早较广的合金，20 世纪 40 年代已应用于飞机制造业。热处理强化后可得到 525 MPa 的强度，在 150 ℃以下具有高强度，并有很好的低温强度。焊接性能差，有应力腐蚀开裂倾向，常需做保护性处理。

8.2.2 铝合金表面处理技术

铝材表面自然氧化膜薄而软，耐蚀性较差，在腐蚀性较强的条件下，不能起到有效的防护作用。为了提高铝材的抗蚀性能，常用人工方法提高其氧化膜厚度。在此基础上再进行着色处理。表面处理主要包括表面处理前的预处理、阳极氧化、化学氧化和着色处理。

1. 表面预处理

经挤压成型的建筑铝型材表面不同程度地存在着污垢和缺陷，如灰尘、氧化铝膜、油污、人工搬运指印（脂肪酸及含氮化合物）等。因此在表面处理之前，必须对制品表面进行必要的清洗，使其裸露出纯净的基体，以形成与基体结合牢固、色泽和厚度均匀的人工氧化膜层，获得使用与装饰效果俱佳的表面。

表面处理前的预处理主要包括除油、碱腐蚀、中和（出光）及其间的水洗等工序，氧化着色后则需要进行封孔处理。

（1）除油：除油也叫脱脂，目的是为了消除制品表面的工艺润滑油、防锈油对氧化和着色处理的不利影响。除油有多种方法，如有机溶剂除油、表面活性剂除油、碱溶液除油等，目前应用最广泛的方法是碱溶液除油。

除油后进行水洗，以彻底清除污秽。清洗不彻底将导致碱洗表面凹凸不平，光泽不良。

（2）碱腐蚀（碱洗）：碱腐蚀也叫碱蚀洗，它是除油工序的补充处理，其作用是进一步清除铝型材表面附着的油污脏物、自然氧化膜及轻微伤痕，从而使纯净金属基体裸露，以便于氧化着色并形成优质膜层。通过改变溶液组成、温度、处理时间及其他操作条件，可得到平滑的碱洗表面。

（3）中和：中和也叫出光或光化。铝材碱洗后形成的附着灰色或黑色挂灰在冷的或热的清洗水中都不溶解，但却能溶解于酸性溶液中。中和的目的就在于用酸溶液除去挂灰或残留碱液，以获得光亮的金属表面。

建筑铝型材多用 LD3l 合金，该合金不含铜和难熔氧化物，碱洗后的挂灰可用稀硫酸溶液除去，出光效果良好。

其他铝合金的中和常在 300~400 g/L 硝酸溶液中进行，并在室温下浸洗 3~5 min。

中和处理后应进行十分认真的水清洗工作，以防清洁的表面受到污染，否则前几道工序的有效处理可能会前功尽弃。但若是 LD31 合金用稀硫酸中和处理，而后进行硫酸法阳极氧化表面处理时，则这道清洗工序可以省略。

2. 阳极氧化处理

阳极氧化处理的目的是通过控制氧化条件及工艺参数，在预处理后的铝材表面形成比自然氧化膜（小于 0. 1 μm）厚得多的氧化膜层（5~20 μm）。

（1）阳极氧化处理的种类：阳极氧化在工业上的应用历史已经很久了，其方法有以下几种。

1）按电流形式分：阳极氧化可分为直流电阳极氧化、交流电阳极氧化和脉冲电流阳极氧化。脉冲电流阳极氧化生产效率高，所形成的氧化膜厚而均匀、致密。

2）按电解液分：阳极氧化可分为硫酸法阳极氧化、草酸法阳极氧化、铬酸法阳极氧化、混合酸阳极氧化和以磺基有机酸为主溶液的自然着色阳极氧化法。草酸法阳极氧化成本高，铬酸法阳极氧化膜层薄、耐磨性差，以硫酸法阳极氧化多用。

3）按膜层性质分：阳极氧化膜可分为普通膜、硬质膜（厚膜）、瓷质膜、光亮修饰层等。

（2）阳极氧化法原理：铝材阳极氧化实质上就是水的电解。它是以铝及铝合金制品为阳极置于电解质溶液中。阴极为化学稳定性高的材料，如铅、不锈钢等。当电流通过时，在阴极上放出氢气，在阳极上产生氧，该原生氧和铝形成的三价铝离子结合，形成 Al_2O_3 膜层。

阴极：$2H^+ + 2e \longrightarrow H_2\uparrow$

阳极：$2Al \longrightarrow 2Al^{3+} + 3e$

（3）阳极氧化膜的结构、性质与应用：阳极氧化膜由内层和外层组成。内层薄且致密，由无水 Al_2O_3 组成，称为活性层或阻挡层，它具有高的硬度和阻止电流通过的作用；外层呈多孔状，由非晶态的 Al_2O_3 组成，它的硬度比活性层低，但厚度却大得多。

3. 化学氧化处理

化学氧化就是铝材在弱碱性或弱酸性溶液中，部分基体金属发生反应，使其表面的自然氧化膜增厚或生成其他一些钝化膜的处理过程。常用的有铬酸膜和磷酸膜，但与阳极氧化膜相比，膜层薄得多，抗蚀性与硬度均较低，不易着色，着色后耐光性也较差，因此一般只作为有机涂层的底层或作为暂时性的防腐保护层。

氧化的原理是当铝浸在煮沸的水中或置于水蒸气中，其表面自然氧化膜逐渐增厚，这种变化的阳极反应为：$Al \longrightarrow Al^{3+} + 3e$；阴极反应有氢析出：$3H_2O + 3e \longrightarrow 3OH^- + 3H_2$ 增大了

的 OH^- 浓度，与离子化的铝形成氢氧化铝：$Al^{3+}+3OH^- \longrightarrow Al(OH)_3$。当薄膜的厚度增加到某一极限时，因其无孔隙，溶液不能和铝接触，氧化停止。膜的主要成分是水铝石（$\alpha-Al_2O_3 \cdot H_2O$）

4. 表面着色处理

经中和水洗或阳极氧化后的铝型材，可以进行表面着色处理。着色方法有自然着色法、电解着色法、化学着色（浸渍着色）法以及树脂粉末静电喷涂着色法等。几种着色方法中最常用的是自然着色法和电解着色法。

（1）自然着色法：铝材在特定的电解液和电解条件下进行阳极氧化的同时而产生着色的方法叫自然着色法。

自然着色法按着色方法分为合金着色法和溶液着色法。

合金着色法是通过控制合金成分、热加工和热处理条件而使氧化膜着色的。不同的铝合金由于合金成分及含量不同，在常规硫酸及其他有机酸溶液中阳极氧化所生成膜的颜色不同。

溶液着色法也是靠控制电解液成分及阳极氧化条件而使氧化膜着色的。

目前实际应用的自然着色法均是合金着色与溶液着色法的综合，即既要控制合金成分，又要控制电解液的成分和阳极氧化条件。

（2）电解着色法：对在常规硫酸浴中生成的氧化膜进一步进行电解，使电解液中所含合金盐的金属阳离子沉积到氧化膜孔底面着色的方法叫电解着色法。

电解着色的本质就是电镀，是将铝制件在硫酸电极液中制出阳极氧化膜，即表面生成由致密的内层（活性层）和多孔的外层组成的氧化薄膜。极薄的活性层具有半导体的性质，在交流电压作用下起到电容作用。电解溶液中的金属离子交替承受着还原和缓慢氧化的作用，以胶体微粒和少量氧化物沉积在氧化膜孔底 3~6 μm 处。光线在这些金属微粒上漫射，氧化膜呈现出颜色。

由于预处理，阳极氧化及电解着色的条件不同，电解析出的金属及其粒度和分布状况也有差异，从而就形成了不同的颜色。

（3）化学着色法（浸渍着色法）：铝材阳极氧化膜的化学着色是基于多孔膜层，犹如纺织纤维一样的吸附染料的能力。阳极氧化膜孔隙的直径为 0.1~0.03 μm，染料在水中分离成单分子，直径为 0.001 5~0.003 0 μm。着色时，染料被吸附在孔隙表面上并向孔内扩散、堆积，且和 Al_2O_3 进行化学或物理作用而使膜层着色，经封孔处理，染料被固定在孔隙内。

化学着色法具有工艺简单、效率高、成本低、着色色域宽、色泽鲜艳等优点。缺点是洗、封孔不当或受到机械损伤时容易脱色，着色膜的耐光性差。故化学着色法常用于室内装饰、日常用小型铝制品的处理。

5. 封孔处理

铝和铝合金经阳极氧化，着色后的膜层为多孔状，具有很强的吸附能力，很容易吸附有害物质而被污染或早期腐蚀，影响外观和使用性能。因此，在使用之前应采取一定方法，将多孔膜层加以封闭，使之丧失吸附能力，从而提高氧化膜的防污染和耐蚀性，这样的处理称为封孔处理。

建筑铝材常用的封孔方法有水合封孔、无机盐溶液封孔和透明有机涂层封孔。

（1）水合封孔：水合封孔包括沸水封孔和常压或高压蒸汽封孔。其原理是：水在高温条件下与氧化膜发生水合反应，生成含水 Al_2O_3。

$$Al_2O_3+H_2O\text{（中性）}\longrightarrow 2Al(OH)_3\longrightarrow Al_2O_3\cdot H_2O$$

由于 $Al_2O_3\cdot H_2O$ 的密度（3 014 kg/m^3）比 Al_2O_3（3 420 kg/m^3）的小，体积增大33%左右，从而堵塞了氧化膜孔隙，使外界有害物质不能侵入，提高了氧化膜的性能。

蒸汽封孔的效果虽比沸水好，但需用大型密闭高压釜，也对连续流水生产带来困难。

（2）金属盐溶液封孔：在金属盐溶液中封孔，既发生氧化膜的水化反应，又存在着盐类水解生成氢氧化物或者由金属离子与染料分子反应生成新的金属络合物，这些物质在膜孔中沉淀析出而使膜孔封闭，所以也叫沉淀封孔。

（3）有机涂层封孔：在阳极氧化、着色后的铝型材表面涂敷透明的有机涂料，不仅能有效提高膜层的耐蚀性、防污染性，而且也可以明显提高装饰效果。常用封孔涂料有乙烯树脂、聚氨基甲酸酯树脂、酚醛树脂、醇酸树脂、丙烯酸树脂、硅树脂、氟树脂等，其中以水溶性丙烯酸树脂应用最为普遍。

涂层方法有喷涂法、静电喷涂法、浸渍法和电泳涂漆法，应用最为广泛的是浸渍法和电泳涂漆法。

8.2.3 铝合金门窗

在现代建筑中采用铝合金门窗，尽管造价较高，但由于长期维修费用低、性能好、美观等，所以在建筑装饰中得以广泛应用。

1. 铝合金门窗的性能特点

（1）重量轻，强度高。铝合金的密度仅为钢材的1/3，且由于是空腹薄壁挤压型材，因而每立方米铝合金门窗耗用铝型材重量仅为8~12 kg（每立方米钢门窗耗钢量17~20 kg），而强度却接近普通低碳钢，可达300 MPa以上。

铝合金门窗的强度通常用窗扇中央最大位移量小于窗框内沿高度的1/70时所能承受的风压等级表示。试验是在压力箱内对窗进行压缩空气加压试验，如A类（高性能窗）平开铝合金窗的抗风压强度为3 000~3 500 Pa。

（2）密闭性能好。密闭性能对门窗来讲是至关重要的，它直接影响到使用功能和能源的消耗。铝合金门窗的密闭性能之所以明显优于钢门窗，主要是因为它的加工精度高，装配极其严密，而且采用了橡胶压条及性能优异的密封材料，这些在施工验收规范中做了十分严格而具体的技术规定。

1）气密性：所谓气密性，是指在一定压力差的条件下，铝合金门窗空气渗透性的大小。通常是在专用压力试验箱中，使窗的前后形成10 Pa以上的压力差，测定每立方米面积在1 h内的通气量。如A类平开铝合金窗的气密性为0.6~1.0 m^3/（m$^2\cdot$h），而B类（中性能窗）为1.0~1.5 m^3/（m$^2\cdot$h）。

2）水密性：所谓水密性，是指铝合金门窗在不渗漏雨水的条件下所能承受的脉冲平均风压值。通常是在专用压力试验箱内，对窗的外侧施加周期为2 s的正弦脉冲风压，同时向窗以每平方米喷射4 L的人工降雨1 min，进行连续10 min的风雨交加试验，在室内一律不应有可见的渗漏水现象。如A类平开铝合金窗的水密性为450~500 Pa，而C类（低性能窗）为50~360 Pa。

3）隔热性：铝合金门窗的隔热性能常按传热阻值（m$^2\cdot$K/W）分为三级，即Ⅰ级≥0.50，Ⅱ级≥0.33，Ⅲ级≥0.25。隔热性能也称保温性能。实腹或空腹钢窗却没有隔热性能的要求。

4）隔音性：铝合金门窗的隔音性能常用隔音量（dB）表示。它是在音响试验室内对铝窗进行音响透过损失试验，当音响频率达到一定值后，铝窗的音响透过损失趋于恒定。用这种方法测出隔音等级曲线。我国按隔音量将隔音性能分为五级，铝合金门窗应在25～40 dB及以上，即Ⅱ～Ⅴ级。

（3）耐久性好，使用维修方便：铝合金门窗不锈蚀、不褪色、不脱落，几乎无需维修，零配件使用寿命极长。

铝合金门窗由于重量轻，加工装配精密、准确，因而开闭轻便灵活，无噪声。

（4）装饰效果好：铝合金门窗表面经过阳极氧化及电解着色处理后，不仅耐蚀、耐磨、有一定的防火能力，而且光泽度极高。大面积铝合金门窗再配以适当色彩的吸热、热反射玻璃，使得建筑挺拔而优雅。

2. 铝合金门窗的安装

铝合金门窗按开启方式可分为很多种，这里仅就共同的、基本的安装问题叙述如下。

（1）准备工作：铝合金门窗安装准备工作包括以下几方面。

1）铝合金门窗的品种、开启方式、色调等应符合设计要求。安装前按规格、品种、竖立排放在清洁、干燥、通风的室内，下部用枕木垫离地面100 mm以上，不得与酸碱盐等侵蚀性物质一起存放。

2）铝合金门窗框除了和墙面相邻的一侧外，其余三面均应用保护胶带护面，以防污染。

3）铝合金门窗所用附件，除不锈钢件外，均应预先做可靠的防锈防腐处理，严禁使用可与铝合金型材产生电化学腐蚀的材料。

4）安装工作一般应在内外墙抹灰等湿作业完工后进行。

（2）安装要点及技术要求：铝合金门窗安装要点及技术要求包括以下几方面。

1）铝合金门窗安装：铝合金门窗安装采用预留洞口后安装的方法，不允许边砌口边安装或先安装后砌口。预留洞口尺寸应符合规定，尺寸偏差过大者应予适当处置。

2）在洞口弹出门窗框的位置线：门窗框四周与洞口的间隙大小视饰面材料而定，对抹灰饰面而言，一般不小于20 mm，若用大理石等贴面，应适当增大至40 mm左右，以便饰面层与门窗框外缘平齐而不得盖住门窗框。门的安装还应考虑到室内地坪标高，保证门扇开启灵活又不留过大缝隙，若是地弹簧门，则地弹簧的表面应与室内地面饰面层标高一致。

3）固定门窗框：先将门窗框临时定位并调整竖直与水平，用射钉将镀锌连接板一端固定在结构上，另一端与门窗框连接，连接点间距不大于500 mm，连接应牢固。

禁止将门窗框直接埋入墙体的所谓“刚性”连接，以保证建筑物受到地震、沉降以及温度应力作用时门窗不致被损坏。

4）在安装竖向或横向的带形窗时，门窗之间的组合，其杆件应与相邻门窗搭接或插接，插、搭的长度不小于8 mm，以形成曲面组合并用密封膏密封，防止门窗在建筑物受地震、沉降及温度应力作用时被拉开，造成水密性、气密性下降。

5）门窗安装中不可避免而使用的明螺钉，应用颜色相同（与门窗颜色）的密封材料填埋，一方面提高装饰效果，另一方面又不降低密封性能。

6）门窗外框与端体之间的缝隙，应按设计要求填塞。当设计无要求时，可用矿棉或玻璃棉毡条分层填塞，缝隙外可留5～8 mm深的槽口，填嵌密封材料。不用水泥砂浆填塞的原因是硅酸盐类水泥水化后将产生大量$Ca(OH)_2$，使水泥砂浆呈强碱性，pH值可达11～12，从而腐蚀铝合金。

7）铝合金门窗玻璃的安装应保证玻璃不直接与铝合金型材接触，与门窗之间保持弹性状态，为此常在玻璃下部垫氯丁橡胶或尼龙块，两侧多用橡胶密封条嵌塞，室外一侧还可用橡胶在密封条上部加注硅酮密封膏，并保证 24 h 内不受振动。

8）清理门窗框扇、玻璃表面的污物和胶迹，若沾上水泥浆等则应随时清洗干净。安装好的铝合金门窗应做好成品保护工作。

9）在安装过程中，应始终注意保护好门窗框扇不被损坏、碰伤、划伤，如吊运时表面应用非金属软质材料衬垫，用非金属绳索捆扎，选择牢靠平稳的着力点；不把门窗框扇作为受力构件使用，或悬挂重物或在框扇内穿物起吊，并应注意防止电焊焊渣落到门窗上。

8.2.4 铝合金装饰板

1. 铝合金花纹板

铝及铝合金花纹板是采用防锈铝合金等坯料，用特制的花纹轧辊轧制而成的。铝合金花纹板的花纹图案一般分为 7 种：1 号花纹板为方格形，2 号花纹板为扁豆形，3 号花纹板为五条形，4 号花纹板为三条形，5 号花纹板为指针形，6 号花纹板为菱形，7 号花纹板为四条形，如图 8.1 所示。花纹美观大方，不易磨损，防滑性能好，防蚀性能强，便于冲洗。花纹板材平整，裁剪尺寸准确，便于安装，广泛应用于现代建筑物端面、车辆、船舶、飞机等工业防滑或装饰部位。花纹板的代号、合金牌号、状态及规格应符合《铝及铝合金花纹板》（GB/T 3618—2006 的规定）。

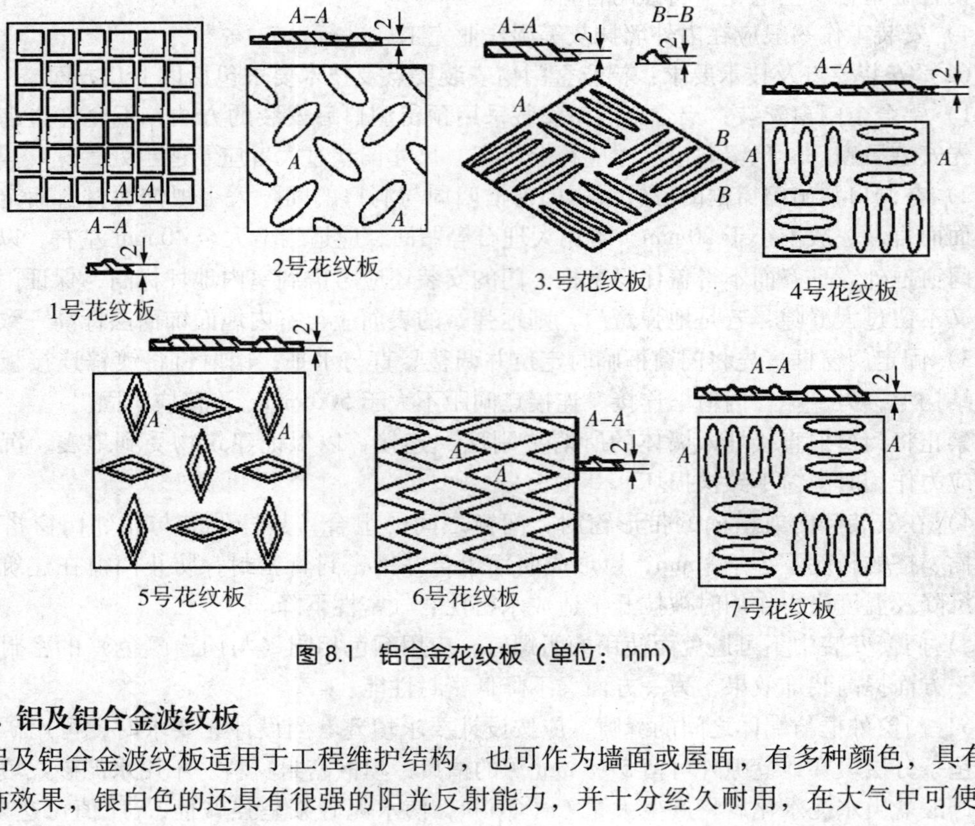

图 8.1 铝合金花纹板（单位：mm）

2. 铝及铝合金波纹板

铝及铝合金波纹板适用于工程维护结构，也可作为墙面或屋面，有多种颜色，具有一定的装饰效果，银白色的还具有很强的阳光反射能力，并十分经久耐用，在大气中可使用 20

年不需更换。波纹板的合金牌号、状态及规格应符合《铝及铝合金波纹板》（GB/T 4438—2006）的规定。

波纹板用于墙面和屋面施工时，应注意以下几个问题：

（1）波纹板必须从下到上逆风铺设，屋面坡度为1/6~1/8。

（2）纵向搭接宽度根据坡度而定，一般搭接150~200 mm。横向搭接一个波或一个半波。

（3）波纹板和檩条连接的固定零件最好用铝合金或不锈钢构件，或采用镀锌钢件。为了防止漏水和防止电化学腐蚀，在螺栓和铝波纹板之间要用氯丁橡胶垫圈。波纹板的固定采用隔一个波安一个固定螺栓，如在风吸力较强的地方，则每个波都应固定。

（4）施工时人不能直接踩在铝波纹板上，必须铺木板或橡胶板。施工完后，不允许有钢铁金属留在铝波纹板表面上，以免引起电化学锈蚀。

3. 铝质浅花纹板

铝质浅花纹板是优良的建筑装饰材料之一。它花纹精巧别致、色泽美观大方，除具有普通铝板共有的优点外，刚度提高20%，抗污垢、抗划伤、擦伤能力均有提高，尤其是增加了立体图案和美丽的色彩，更使建筑物生辉。它是我国所特有的建筑装饰产品。

铝合金浅花纹板对白光反射率达75%~90%，热反射率达85%~95%。在氨、硫、硫酸、磷酸、亚磷酸、浓硝酸、浓醋酸中耐蚀性良好。通过电解、电泳涂漆等表面处理可得到不同色彩的浅花纹板。

4. 铝及铝合金压型板

铝及铝合金压型板是目前世界上被广泛应用的一种新型建筑装饰材料。它具有重量轻、外形美观、耐久、耐腐蚀、安装容易、施工进度快等优点，通过表面处理可得到各种色彩的压型板，主要用于屋面和墙面。

8.2.5 其他铝合金装饰材料

1. 铝合金龙骨

铝合金龙骨是以铝合金板材为主要材料，轧制成各种轻薄型材后组合安装而成的一种金属骨架。按用途分为隔墙龙骨和吊顶龙骨两类。隔墙龙骨多用于室内隔断墙，它以龙骨为骨架，两面覆以石膏板或石棉水泥板、塑料板、纤维板等为墙面，表面用塑料壁纸和贴墙布、内墙涂料等进行装饰，组成完整的新型隔断墙；吊顶龙骨用作室内吊顶骨架，面层采用各种吸音吊顶板材，形成新颖美观的室内吊顶。铝合金吊顶龙骨的规格和性能见表8.3。

表8.3 铝合金吊顶龙骨的规格和性能

名称	铝龙骨	铝平吊顶筋	铝边龙骨	大龙骨	配件
规格/mm	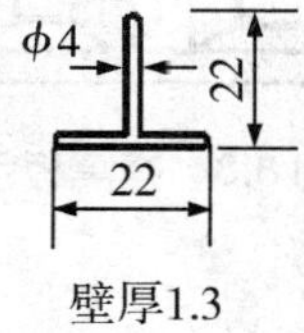 壁厚1.3	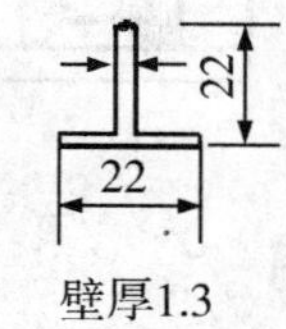 壁厚1.3	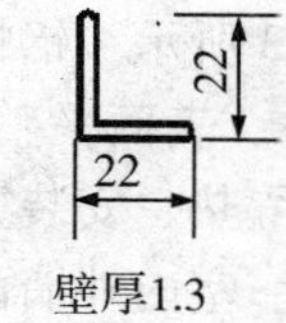 壁厚1.3	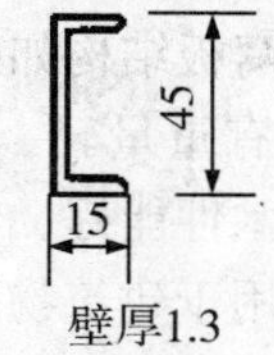 壁厚1.3	龙骨等的连接件及吊挂件

续表

名称	铝龙骨	铝平吊顶筋	铝边龙骨	大龙骨	配件
截面积/cm^2	0.775	0.555	0.555	0.87	
单位质量/(kg/m)	0.21	0.15	0.15	0.77	
长度/m	3 或 0.6 的倍数	0.596	3 或 0.6 的倍数	2	
机械性能	抗拉强度 210 MPa，延伸率 8%				

铝合金龙骨具有强度高、刚度大、自重轻、通用性好、耐火性能好、隔音性能强、安装简易等优点，且可灵活布置和选用饰面材料，装饰美观，是广泛使用于宾馆、厅堂、影剧院、体育馆、商店、计算机房等中高档建筑的吸音顶棚的吊顶构件。

2. 铝合金花格网

铝合金花格网是以铝合金材料经挤压、碾压、展延、阳极着色等工序加工而成的各种以菱形和组合菱形为结构网状图案的新型金属建筑装饰材料。铝合金花格网具有外形美观、重量轻、机械强度高、规格式样多、耐酸碱腐蚀性好、不积污、不生锈等特点。颜色有银白、古铜、金黄、黑色等多种。铝合金花格网花型如图 8.2 所示，其厚度有 5.0 mm、5.5 mm、6.0 mm、6.5 mm、7.0 mm、7.5 mm 等，宽度为 480~2 000 mm，长度为 6 000 mm。

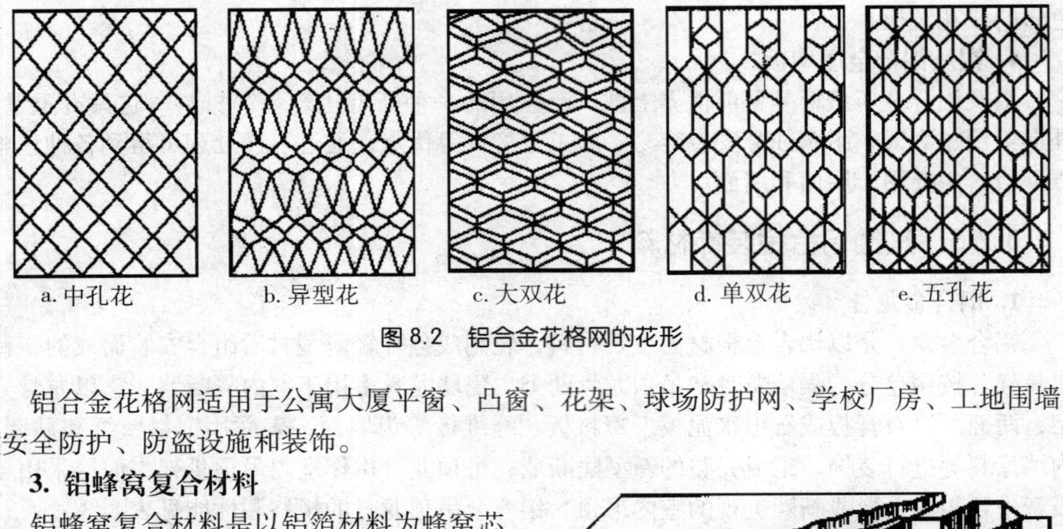

a. 中孔花　b. 异型花　c. 大双花　d. 单双花　e. 五孔花

图 8.2　铝合金花格网的花形

铝合金花格网适用于公寓大厦平窗、凸窗、花架、球场防护网、学校厂房、工地围墙等做安全防护、防盗设施和装饰。

3. 铝蜂窝复合材料

铝蜂窝复合材料是以铝箔材料为蜂窝芯板，面板、底板均为铝的复合板材，在高温高压下，将铝板与铝蜂窝芯板以航空用胶结剂进行严密胶合而成，而板防护层采用氟碳喷涂装饰。蜂窝板结构如图 8.3 所示。铝蜂窝复合材料具有重量轻、质坚、表面平整、耐候性佳、防水性能好、保温隔热、安装方便等优点，适用于建筑物幕墙、室内外墙面装修、屋面、包厢、隔间等，以用作室内装潢、展示框架、广告牌、指示牌、防静电板、隧道壁板及车船外壳、机器外壳和工作台面等的轻型高强度材料，其性能见表 8.4。

图 8.3　蜂窝板示意

表 8.4 铝蜂窝复合板的性能

项目	指标	项目	指标
厚度/mm	12	抗拉强度/MPa	2~3
剥离强度/（N/cm）	30~50	导热系数/［W/（m·K）］	1.7
剪切强度（板-板）/MPa	10~15		

4. 铝箔

铝箔是指用纯铝或铝合金加工成 6.3~200 μm 的薄片制品。铝箔除具有铝的一般性能外，还具有良好的防潮、绝热性能。在建筑工程中，铝箔广泛用作多功能保温隔热材料和防潮材料。

铝箔用作绝热材料时，需要依托层而制成铝箔复合绝热材料。依托层可采用玻璃纤维布、石棉纸、纸张、塑料等，用水玻璃、沥青、热塑性树脂等当作黏合剂粘贴成卷材或板材。建筑上应用较多的卷材是铝箔牛皮纸和铝箔布，它们的依托层是牛皮纸和玻璃纤维布。铝箔牛皮纸用在空气间层作为绝热材料，铝箔布多用在寒冷地区做成保温窗帘，在炎热地区做成隔热窗帘。

用于室内装修时，可选用适当色调和图案的板材。如铝箔泡沫塑料板、铝箔波形板、微孔铝箔波形板、铝箔石棉纸夹心板等，它们强度较高，刚性较好，既有很好的装饰作用，又能起到隔热、保温的作用，微孔铝塑波形板还有很好的吸音性能。

铝箔用在炎热地区的围护结构外表面，可反射掉大量太阳辐射热，产生“冷房效应”；用在寒冷地区，则可减少室内向室外的散热损失，提高结构保温性能。常用材料为铝箔油毛毡，既防水又绝热。

5. 铝粉

在建筑工程中，铝粉（俗称银粉）常用于制备各种装饰涂料和金属防锈涂料，也用于土方工程中的发热剂和加气混凝土中的发气剂。铝粉掺在加气混凝土料浆中，与含钙材料中的氢氧化钙发生化学放热并放出氢气，使料浆形成多孔结构，其化学反应如下：

$$2Al+3Ca(OH)_2+6H_2O \xlongequal{} 3CaO \cdot Al_2O_3 \cdot 6H_2O+3H_2\uparrow$$

8.3 建筑装饰钢材

钢的主要成分是铁和碳，它的含碳量在 2.06% 以下。

钢材品质均匀、密实、强度高，塑性、韧性和加工性能好，能焊接、铆接和切割，便于装配，因此广泛用于装饰工程中。

8.3.1 钢的冶炼

将生铁在炼钢炉中冶炼，使碳的含量降低到预定的范围，其他杂质含量降低到允许的范围，经浇铸即得到钢锭（或钢坯），再经过加工（轧制、挤压、拉拢等）工艺处理后得到钢材。

8.3.2 钢的分类

钢按化学成分可分为碳素钢和合金钢两大类。钢的主要成分是铁和碳，另外，还有少量难以除净的 Si、Mn、P、S、O、N 等，其中，S、P、O、N 为有害杂质。

碳素钢根据碳的含量可分为：低碳钢（含碳量小于 0.25%）、中碳钢（含碳量为 0.25%~0.6%）、高碳钢（含碳量大于 0.6%）。

合金钢根据合金元素的含量可分为：低合金钢（合金含量小于 5%），中合金钢（合金含量为 5%~10%），高合金钢（合金含量大于 10%）。合金元素为 Mn、Si、V、Ti 等。钢中含有一种或多种特意加入的合金元素或碳素钢中的合金元素超过限量都称为合金钢。

钢按脱氧程度不同，可分为沸腾钢、镇静钢和特殊镇静钢、半镇静钢。

按钢中有害杂质的含量，可将工业用钢分为普通钢、优质钢和高级优质钢。

按钢的用途，可将钢分为结构钢、工具钢和特殊性能钢。

装饰工程中主要使用碳素钢中的低碳钢，合金钢中的低合金钢。

8.3.3 钢的化学成分对钢性能的影响

钢中除主要成分铁和碳外，还含有少量的 Si、Mn、P、S、O、N、Ti、V 等元素，含量虽少，对钢的性能影响很大，现分述如下：

（1）Si 是在炼钢时为脱氧而加入的，当钢中含 Si 量小于 1.0%时，能显著提高钢的强度，而对塑性及韧性没有明显影响。

（2）Mn 是炼钢时为脱氧去硫而加入的，Mn 能消除钢的热脆性，改善热加工性。当含 Mn 量为 0.8%~1.0%时，可显著提高钢的强度和硬度，几乎不降低钢的塑性和韧性。Mn 为低合金钢的主加合金元素。

（3）P 是钢中有害杂质，从炼铁原料中带入，其最大危害是使钢的冷脆性显著增加，低温下的冲击韧性下降，可焊性降低。

（4）S 是有害杂质，从炼铁原料中带入，能使钢的热脆性显著提高，热加工性和可焊性明显降低。

（5）O 是钢中有害杂质，主要存在于非金属夹杂物内。非金属夹杂物能使钢的机械性能下降，特别是韧性下降，氧还有促进时效倾向的作用，氧化物所造成的低熔点使钢的可焊性变差。

（6）N 对钢性质的影响与 C、P 相似，使钢的强度提高，塑性及韧性显著下降。N 还可加剧钢的时效敏感性和冷脆性，降低可焊性。

（7）Ti 是强脱氧剂，能细化晶粒，显著提高强度和改善韧性。Ti 还能减少时效倾向，改善可焊性。

（8）V 是弱脱氧剂，V 加入钢中可减弱 C 和 N 的不利影响。能细化晶粒，有效地提高强度，减小时效敏感性，但有增加焊接时的淬硬倾向。

8.3.4 钢材的力学性能

钢材的力学性能主要有抗拉、冷弯、冲击韧性、耐疲劳性和硬度等。

1. 抗拉性能

抗拉性能是钢材的重要性能，可用低碳钢（软钢）受拉的应力-应变图来表明，如图 8.4 所示。图中 8.4 分为四个阶段：

（1）弹性阶段：弹性阶段为 *OA* 范围，如卸去拉力，试件能完全恢复原状，这种性质称为弹性。与 *A* 点对应的应力称为弹性极限，用 σ_p 表示。此阶段应力与应变的比值为常数，

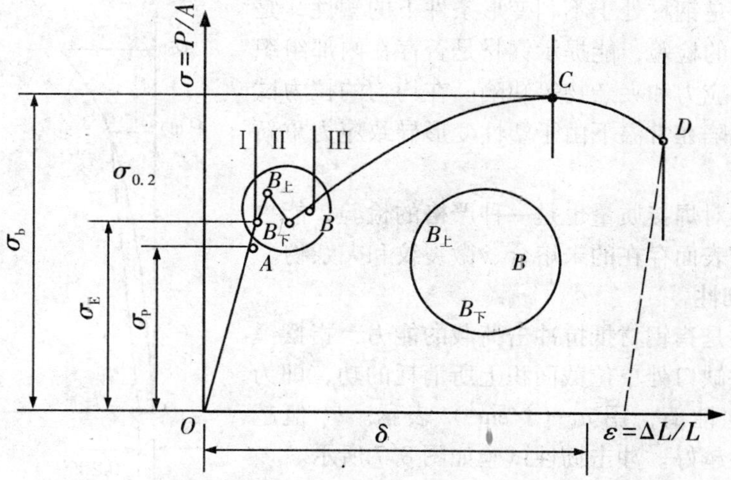

图 8.4 低碳钢（软钢）受拉的应力–应变示意

称为弹性模量，用 E 表示，即 $E=\sigma/\varepsilon$。弹性模量反映钢材的刚度，即产生单位弹性应变时所需应力大小。它是钢材在受力条件下计算结构变形的重要指标。

（2）屈服阶段：屈服阶段 AB 为应力超过 A 点后，应变的增长速度大于应力的增长速度，如卸去拉力，试件上已有不能消失的塑性变形，即达到屈服阶段。如图 8.4 所示，$B_{上}$ 点是屈服阶段的最高点，为屈服上限；$B_{下}$ 点为屈服下限。因为 $B_{下}$ 点比较稳定容易测定，所以一般以 $B_{下}$ 点对应的应力，作为屈服强度取值的依据，屈服点应力用 σ_s 表示。

（3）强化阶段：强化阶段 BC 在屈服阶段后，由于试件内部组织发生变化，如晶格畸变、错位等，使其抵抗塑性变形的能力又重新提高，故称为强化阶段。对应 C 点的应力称为抗拉强度，用 σ_b 表示。

（4）颈缩阶段：颈缩阶段仅为应力达到曲线最高点后，在试件薄弱处截面明显缩小，产生“颈缩现象”。塑性变形迅速增加，拉力下降，直到断裂。

抗拉强度在设计中虽然不能利用，但可用屈强比 σ_s/σ_b 验证钢材受力超过屈服点工作的可靠性。屈强比小，结构安全性高；屈强比太小，钢材不能有效地利用。

试件拉断后将断裂处对接，测断后标距 l_1（mm），断裂后标距与原始标距 l_0（mm）的百分比，称为伸长率，以 δ 表示。即

$$\delta=[(l_1-l_0)/l_0]\times100\%$$

伸长率是衡量钢材塑性的重要技术指标。尽管结构在弹性范围内使用，但当应力集中时，其应力可能超过屈服点。有一定的塑性变形能力可使应力重新分布，而避免结构破坏。

硬钢的特点是抗拉强度高，伸长率小，无明显的屈服阶段，不能测定屈服点，如图 8.5 所示。按规范以发生残余变形 $0.2\%l_0$ 时的应力作为规定的屈服极限，用 $\delta_{0.2}$ 表示。

2. 冷弯性能

冷弯性能是指钢材在常温下承受弯曲变形的能力，也是钢材的重要工艺性能。

钢材的冷弯性能指标以试件被弯曲的角度和弯心直径对试件厚度（或直径）的比值来表示。试验时采用的弯曲角度越大，表示冷弯性能越好。钢的技术标准中对各号钢的冷弯性能都有规定：按规定的弯曲角和弯心直径进行试验，试件的弯曲处不发生裂缝、裂断或起层，即认为冷弯性能合格。图 8.6 为冷弯试验示意图。

冷弯试验是钢材处于不利变形条件下的塑性，是一种比较严格的检验，能提示钢材是否存在内部组织的不均匀、内应力和夹杂物等缺陷。在均匀的拉力试验中，这些缺陷在常温下由于塑性变形导致应力重新分布。

冷弯试验对焊接质量也是一种严格的检验，能提示焊件在受弯表面存在的未熔合、微裂纹和夹杂物。

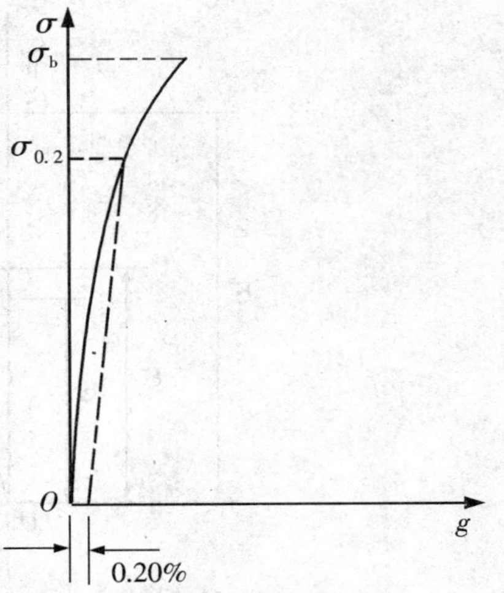

图 8.5　硬钢的屈服点 $\delta_{0.2}$

3. 冲击韧性

冲击韧性是指钢材抵抗冲击荷载的能力，指摆锤冲断标准试件缺口处单位截面积上所消耗的功，即为钢材的冲击韧性值，用 a_k（J/cm^2）表示。a_k 值越大，冲击韧性越好。冲击韧性试验如图 8.7 所示。

钢材冲击韧性的高低，与钢材的化学成分、组织状态、冶炼、轧制质量有关，还与环境温度有关，即

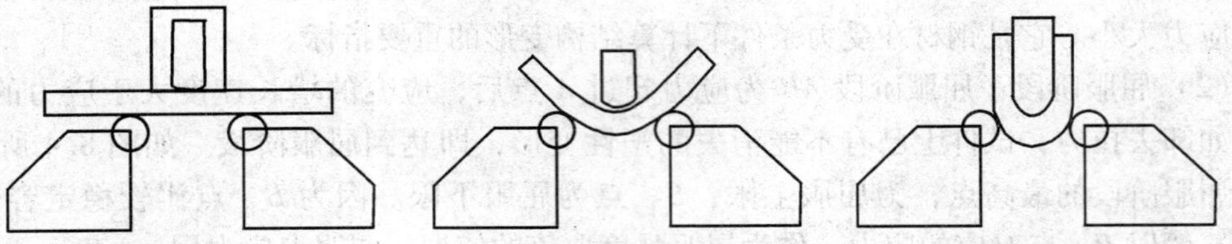

图 8.6　冷弯试验示意

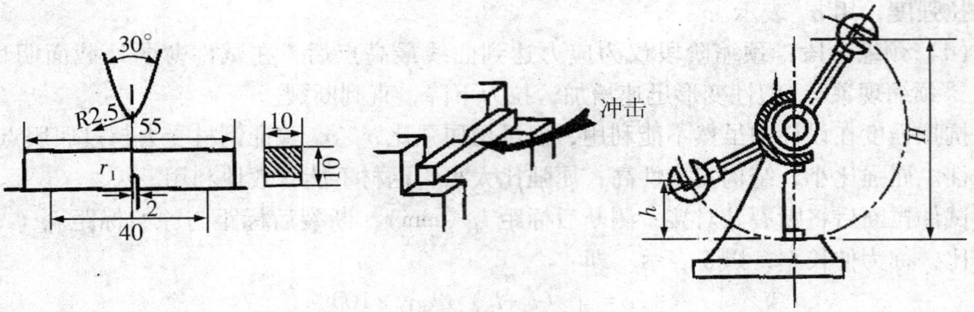

图 8.7　冲击韧性试验示意（单位：mm）

温度下降，韧性下降，当温度下降到一定范围时而呈脆性，这种性质称为钢材的冷脆性，这时的温度称为脆性临界温度。由于脆性临界温度难以测定，规范中根据气温条件规定为 −20 ℃或−40 ℃的负温冲击值指标。

4. 硬度

钢材的硬度是指其表面局部体积内抵抗外物压入产生塑性变形的能力。测定钢材硬度较常用的为布氏法和洛氏法。

（1）布氏法的测定原理是利用直径为 D（mm）的淬火钢球，以 P（N）的荷载将其压入试件表面，经规定的持续时间后卸除荷载，即得直径为 d（mm）的压痕，以荷载 P 除压

痕表面积 F（mm^2），所得的应力值即为试件的布氏硬度（HB）值，以数字表示，量纲为1；HB 值越大，表示钢材越硬。布氏硬度测定如图 8.8 所示。

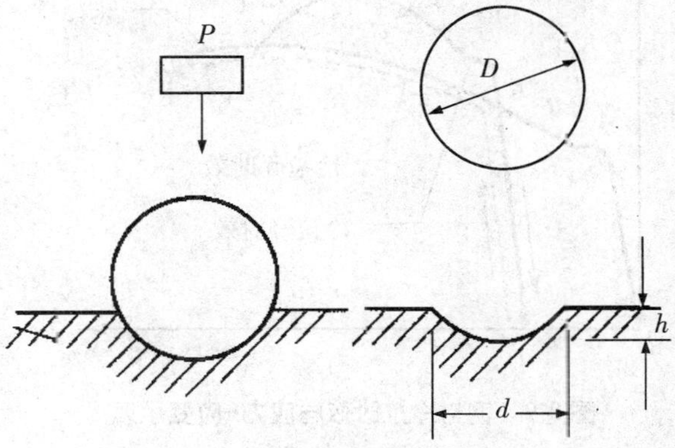

图 8.8 布氏硬度测定示意

（2）洛氏法根据压头压入试件的深度大小表示材料的硬度值。洛氏法压痕很小，一般可用于判断机械零件的热处理效果。

5. 疲劳强度

钢材在交变荷载作用下应力远小于抗拉强度时发生断裂，这种现象称为钢材的疲劳破坏。疲劳破坏的危险应力用疲劳极限来表示，疲劳极限指疲劳试验中试件在交变荷载作用下，在规定的周期基数内不发生断裂所能承受的最大应力，周期基数一般为 200 万次或 400 万次以上。

钢材的疲劳破坏，一般认为是由拉应力引起的。因此，钢材的疲劳强度与抗拉强度有关，钢材的抗拉强度高，其疲劳强度也高。

钢材的疲劳强度与钢材的内部组织和表面质量有关，疲劳裂纹是在应力集中处形成和发展的。

设计重复荷载进行疲劳验算的结构，应了解所用钢材的疲劳极限。

8.3.5 钢材的焊接性能

焊接是装饰钢材的主要连接方式，因此，要求钢材具有良好的可焊性。可焊性指焊接后的焊缝处的性质与母材性质相近。可焊性的好坏与钢材的化学成分和含量有关。当钢中的含碳量大于 0.25%时，可焊性变差，加入的合金元素 Mn、V、Ti 等也将增加焊接的硬脆性，降低可焊性，尤其是 S 元素能使焊接时产生热脆性。

8.3.6 钢材的冷加工时效及其应用

钢材在常温下进行冷加工（冷拉、冷拔或冷轧）使其产生塑性变形，而屈服强度则得到提高，这个过程称为冷加工强化。

产生冷加工强化的原因是钢材在塑性变形中缺陷增多，发生畸变，对进一步变形起到阻碍作用。因此，钢材的屈服点提高，塑性、韧性和弹性模量下降。经过冷加工的钢材在常温下放置一段时间后，其强度和硬度会自发地提高，塑性和韧性会逐渐降低。钢材这种随时间的延长，塑性和韧性下降的现象称为时效，如图 8.9 所示。

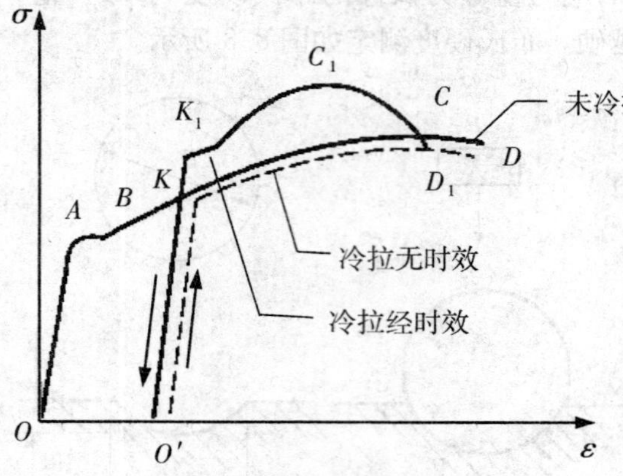

图 8.9 钢材冷拉时效后应力-应变示意

自然时效是指将冷加工的钢材在常温下存放 15~20 d，人工时效是指将冷加工的钢材加热到 100~200 ℃并保持 2~3 h，这个过程称为时效处理。

8.3.7 建筑装饰钢材制品及其应用

在现代建筑装饰中，金属制品受到广泛使用，如柱子外包不锈钢板或铜板，墙面和顶棚镶贴铝合金板，楼梯扶手采用不锈钢管等。由于金属装饰制品坚固耐用，装饰表面具有独特的艺术风格与强烈的时代感，且安装方便，故在一些要求高级装修的公共建筑中，越来越多地被采用。

目前，建筑装饰工程中常用的钢材制品主要有不锈钢钢板与钢管、彩色不锈钢板、彩色涂层钢板、彩色压型钢板、镀锌钢卷帘门板及轻钢龙骨等。

1. 普通不锈钢及其制品

（1）不锈钢一般特性：众所周知，普通钢材易锈蚀。钢材的锈蚀有两种，一是化学腐蚀，即在常温下钢材表面受氧化而生成氧化膜层；二是电化学腐蚀，这是因钢材在较潮湿的空气中，其表面发生“微电池”作用而产生的腐蚀。钢材的腐蚀大多属电化学腐蚀。

事实证明，当钢中含有 Cr 元素，就能大大提高其耐腐蚀性，这就是所谓不锈钢。不锈钢是以 Cr 元素为主加元素的合金钢，Cr 含量越高，钢的抗腐蚀性越好。除 Cr 外，不锈钢中还含有 Ni、Mn、Ti、Si 等多种元素，这些元素都能影响不锈钢的强度、塑性、韧性和耐蚀性。

不锈钢的耐腐蚀原理是由于 Cr 的性质比 Fe 活泼，在不锈钢中，Cr 首先与环境中的氧化合，生成一层与钢基体牢固结合的致密的氧化膜层，称为钝化膜，它能使合金钢得到保护，不致锈蚀。

不锈钢按其化学成分可分为铬不锈钢、铬镍不锈钢和高锰低铬不锈钢等几类。按不同耐腐蚀特点，又可分为普通不锈钢（简称不锈钢）和耐酸钢两类，前者具有耐大气和水蒸气侵蚀的能力；后者除对大气和水蒸气有抗蚀能力外，还对某些化学侵蚀介质（如酸、碱、盐溶液）具有良好的抗蚀性。常用的不锈钢有 40 多个品种，其中建筑装饰用不锈钢主要是 OCr 18Ni9、Cr 18Ni、OCr 13、Cr 17Ti 等几种。

（2）不锈钢装饰制品：建筑装饰用不锈钢制品主要是薄钢板，其中厚度小于 2 mm 的薄钢板用得最多。

不锈钢的主要特征是耐腐蚀，而光泽度是其另一重要特点。不锈钢经不同的表面加工可形成不同的光泽度和反射性，并按此划分成不同的等级。高级抛光不锈钢的表面光泽度，具有同玻璃相同的反射能力。建筑装饰工程可根据建筑功能要求和具体条件进行选用。

不锈钢除制成薄钢板外，还可加工成型材、管材及各种异型材，在建筑上可用作屋面、幕墙、隔墙、门、窗、内外墙饰面、栏杆扶手等；目前，不锈钢包柱被广泛用于大型商场、宾馆和餐馆的入口、门厅、中厅等处，这是由于不锈钢包柱不仅是一种新颖的具有很高观赏价值的建筑装饰手法，而且，由于其镜面反射作用，可取得与周围环境中的各种色彩、景物交相辉映的效果。同时，在灯光的配合下，还可形成晶莹明亮的高光部分，从而有助于在这些共享空间中，形成空间环境中的兴趣中心，对空间环境的效果起到强化点缀和烘托的作用。不锈钢包柱，作为一种现代的高档柱面装饰方法，在国内外的发展是较快的。

2. 彩色不锈钢板

彩色不锈钢板是在不锈钢板上进行技术性的和艺术性的加二，使其表面成为具有各种绚丽色彩的不锈钢装饰板，其颜色有蓝、灰、紫、红、青、绿、金黄、橙、茶色等多种。

彩色不锈钢板具有抗腐蚀性强、较高的机械性能、彩色面层经久不褪色、色泽随光照角度不同会产生色调变幻等特点，而且彩色面层能耐 200 ℃的温度，耐盐雾腐蚀性能超过一般不锈钢，耐磨和耐刻画性能相当于箔层涂金的性能。当弯曲 90°时，彩色层不会受损。

彩色不锈钢板可用作厅堂墙板、天花板、电梯厢板、车厢板、招牌等装饰之用。采用彩色不锈钢板装饰墙面，不仅坚固耐用，美观新颖，而且具有强烈的时代感。

3. 彩色涂层钢板

为提高普通钢板的防腐和装饰性能，从 20 世纪 70 年代开始，国际上迅速发展起来一种新型带钢预涂产品——彩色涂层钢板。近年来我国为发展这种产品，在上海宝山钢铁公司兴建了我国第一条现代化彩色涂层钢板生产线。这种钢板涂层可分有机涂层、无机涂层和复合涂层三种，以有机涂层钢板发展最快。有机涂层可以配制各种不同色彩和花纹，故称之为彩色涂层钢板。彩色涂层钢板的结构如图 8. 10 所示。彩色涂层钢板具有优异的装饰性，涂层附着力强，可长期保持新颖的色泽，并且加工性能好，可进行切断、弯曲、钻孔、铆接、卷边等。

彩色涂层钢板有一涂一烘、二涂二烘两种类型的产品。上表面涂料有聚酯硅改性树脂、聚偏二氟乙烯等，下表面涂料有环氧树脂、聚酯树脂、丙烯酸酯、透明清漆等。

彩色涂层钢板的性能如下：

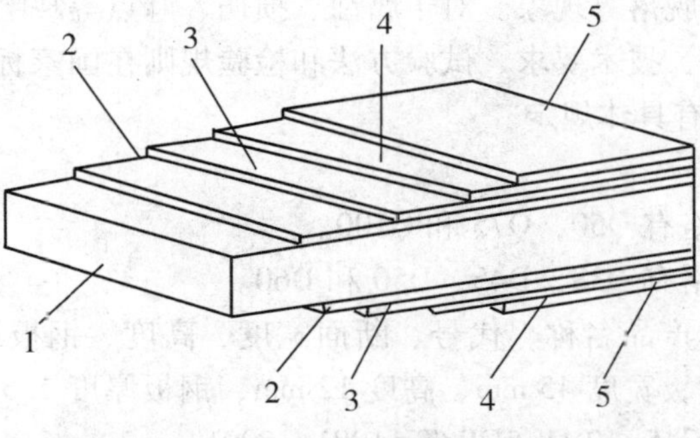

图 8.10 彩色涂层钢板的断面结构示意

1. 冷轧板 2. 镀锌板 3. 化学转化层 4. 初涂层 5. 精涂层

（1）耐污染性能：将番茄酱、口红、咖啡饮料、食用油涂抹在聚酯类涂层表面，放置24h后用洗涤液清洗烘干，其表面光泽、色差无任何变化。

（2）耐热性能：涂层钢板在120 ℃烘箱中连续加热90 h，涂层光泽、颜色无明显变化。

（3）耐低温性能：涂层钢板试样在-54 ℃低温下放置24 h后涂层冲击性能无明显变化。

（4）耐沸水性能：各类涂层产品试样在沸水中浸泡60 min后表面的光泽和颜色无任何变化，无起泡、软化、膨胀等现象。

彩色涂层钢板可用作建筑外墙板、屋面板、护壁板、拱复系统等，如商业亭、候车亭的瓦楞板，工业厂房大型车间的壁板与屋顶等。另外，还可用作防水汽渗透板、排气管道、通风管道、耐腐蚀管道、电气设备罩等。

塑料复合钢板是在Q215，Q235钢板上覆以厚0.2~0.4 mm的软质或半软质聚氯乙烯膜而制成的，被广泛用于交通运输及生活用品方面，如制作汽车外壳、家具等。

4. 彩色压型钢板

彩色压型钢板是以镀锌钢板为基材经成型机轧制并涂敷各种耐腐蚀涂层与彩色烤漆制成的轻型围护结构材料。这种钢板具有质量轻、抗震性好、耐久性强、色彩鲜艳、易加工以及施工方便等优点。适用于工业与民用及公共建筑的屋盖、墙板及墙壁装贴等。

压型钢板是由异形彩色镀锌钢板、单向螺栓等配件及防水嵌缝胶泥组合而成的。

5. 钢门帘板

钢门帘板是钢卷帘门的主要构件，通常产品厚度为1.5 m，展开面宽度为130 mm，每米帘板的理论质量为8.2 kg，材质为优质碳素结构钢。钢卷帘门坚固耐久，既具有装饰美观作用，又具有良好的防盗性。可广泛用作商场、商店及银行等建筑的大门及橱窗等防护设施。

6. 轻钢龙骨

轻钢龙骨是镀锌钢带或薄钢板由特制轧机以多道工艺轧制而成。它具有强度大、通用性强、耐火性好、安装容易等优点，可装配各种类型的石膏板、钙塑板、吸音板等。用作墙体隔断和吊顶的龙骨支架，美观大方。它广泛用于各种民用建筑工程以及轻纺工业厂房等场所，对室内装饰造型、隔音等功能起到良好效果。

轻钢龙骨断面有U形、C形、T形及L形。吊顶龙骨代号D，隔断龙骨代号Q。吊顶龙骨分主龙骨（又叫大龙骨、承重龙骨）和次龙骨（又叫四面龙骨，包括中龙骨和小龙骨）。隔断龙骨则分竖龙骨、横龙骨和通贯龙骨等。轻钢龙骨的断面形状如图8.11所示。

轻钢龙骨外形要求平整、棱角清晰，切口不允许有影响使用的毛刺和变形。龙骨表面应镀锌防锈，不允许有起皮脱落等现象。对于腐蚀、损伤、麻点等缺陷也需按规定检出。

轻钢龙骨的产品规格、技术要求、试验方法和检验规则在国家标准《建筑用轻钢龙骨》（GB/T 11981—2001）中有具体规定。

（1）产品规格系列：

1）隔断龙骨主要规格有Q50，Q75和Q100。

2）吊顶龙骨主要规格有D38，D45，D50和D60。

（2）产品标记顺序：产品名称、代号、断面宽度、高度、钢板厚度和标准号。例如断面形状为C形的吊顶龙骨，宽度45 mm、高度12 mm、钢板厚度1.5 mm的吊顶承载龙骨可标记为建筑用轻钢龙骨DC45×12×1.5GB/T 11981—2001。

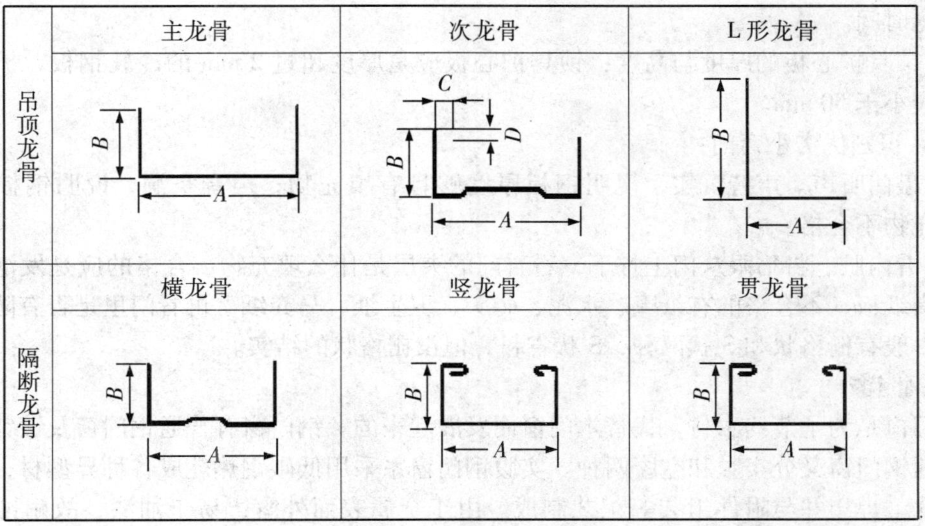

图 8.11 轻钢龙骨的断面形状

8.3.8 钢制品在建筑装饰中的实际应用

1. 防盗门

（1）防盗门一般采用钢质材料制成，按式样可分为栅栏式防盗门、实体门和复合门。

1）栅栏式防盗门：上部为栅栏式钢管或钢盘，下部为冷轧钢板，采用多锁点锁定，保证了防盗门的防撬能力，但效果不如封闭式防盗门。

优点：通风、轻便、造型美观、价格相对低廉。

2）实体门：门板全部为冷轧钢板挤压而成，钢板厚度多为 12 mm 和 15 mm，耐冲击力强。门扇双层钢板内填充保温防火材料，具有防盗、防火、绝热、隔音等功能。一般装有猫眼、门铃等。

3）复合式防盗门：由实体门与栅栏式防盗门组合而成，具有防盗和夏季蝇蚊、通风纳凉和冬季保暖、隔音等特点。

（2）防盗门按材质又分为三类：不锈钢防盗门、喷粉钢防盗门和表面覆塑钢防盗门。

1）不锈钢门：款式主要是格栅式，特点是美观大方、不起锈，但色彩单一，防盗性能差，价格也较高（500~2 000 元/m^2）。

2）喷粉门：采用冷轧钢板作原材料，特点是多锁点，色彩丰富多样，价格较不锈钢门低。

3）表面覆塑钢门：即在钢板表面覆一层硬聚氯乙烯塑料（PVC）保护膜，门板表面有多种印刷花纹，如仿大理石、仿木纹、仿皮纹等，突破了防盗门色彩单一冷硬的感觉，能与室内装饰配合，特点是多锁点，表面色彩丰富，不起锈。

（3）防盗门选购：

1）材质：门框钢板厚度≥2 mm，门体厚度≥20 mm，门体钢板厚度≥1 mm，门体重量≥40 kg，内有数根加强钢筋，使门体前后面板有机地连接在一起。

2）锁具：尽量选择带有防钻锁头的产品，钻头钻进锁孔后，锁头会跟着钻头同步旋转，具有较强的防破坏能力。

3）锁头和插杆数量：最好选择两个锁头各控制两个插杆的防盗门，那样即使遭破坏，也可拖延时间。

4）锁具护心板的厚度与高度：锁具护心板应是厚度超过 2 mm 的冷轧钢板，护心板的高度不应小于 50 mm。

（4）识别优劣小窍门：

1）敲门听声。声音沉实，说明钢板厚度够且有填充物；声音空洞，说明钢板厚度不够，填充物不合格。

2）看内脏。将猫眼从门上拧下，看看门的夹层是什么填充物，合格的应是发泡剂、石棉、蜂窝纸板；不合格的有纸壳、水泥、砖头、卫生纸、马粪纸。再看门里是否有防盗龙骨衬着，一般有栅格状和 S 状两种，S 状省料，但没栅格状的结实。

2. 钢门窗

钢门窗是为了节约木材，代替木门窗而发展起来的。钢门窗有普通钢门窗及镀锌彩板门窗。普通钢门窗又分实腹和空腹两种。实腹钢门窗系采用低碳钢热轧成各种异型材，再经断料、冲孔、焊接并与附件组装等工艺制成。由于金属表面外露，易于油漆，故耐蚀性能较好；但用钢量较大，又较重，不经济。适用于一般的工业建筑厂房、生产辅助建筑和民用住宅建筑。

空腹钢门窗系采用冷轧带钢经高频焊管机组轧制焊接成各种型材，然后经切割、铣削、焊接、钻孔、组装、除油锈、浸漆等工序而成。空腹钢窗有 25 mm 和 32 mm 宽的窗料，空腹钢门料是用 1.2 mm 厚的薄钢材碾压而成。空腹钢门窗的材料为空芯材料，其芯部空间的表面不便于油漆，因而门窗的耐腐蚀性能不如实腹的好，而且空腹门窗的用钢量要比实腹门窗节省得多。适用于一般生产厂房、民用建筑及辅助建筑等用窗。不宜用于长期处于潮湿环境或腐蚀性较大的建筑物。

普通钢门窗的缺点之一是耐腐蚀性能较差。近年来，粉末静电喷塑工艺技术的推广应用，为钢门窗防锈、防腐问题的解决，开辟了一条有效的途径。此外，钢门窗的气密性、水密性较差，导热系数也较大，使用过程中热损耗也较多。

因而，普通钢门窗只能用于一般的建筑物，而很少用于较高级的建筑物上，特别是有空调设计要求的房间。

8.4 铜及铜合金

8.4.1 纯铜

纯铜从外观看是紫红色的，故又称为紫铜。纯铜的密度为 8.9 g/cm^3，熔点为 1 083 ℃。纯铜的导电性、导热性好（仅次于银），耐腐蚀性好。

铜具有面心立方晶格的晶体结构，其强度较低、塑性较高（σ_b 为 230~250 MPa，δ 为 40%~50%），不适宜用作结构材料，主要用于制造导电器材或配制各种铜合金。

根据铜中的杂质含量多少，工业纯铜可分为四种：T1，T2，T3，T4。T 为铜的汉语拼音字头，数字为编号，数字越大，表示纯度越低。

8.4.2 铜合金

工业上广泛应用的还是铜合金。按照化学成分的不同，可以分为黄铜、青铜和白铜。

1. 黄铜

以铜、锌为主要合金元素的铜合金称为黄铜。黄铜分为普通黄铜和特殊黄铜；铜中只加入锌元素时，作为普通黄铜。普通黄铜不仅有良好的力学性能、耐腐蚀性能和工艺性能，而且价格也比纯铜便宜；为了进一步改善普通黄铜的力学性能和提高耐腐蚀性能，可再加入Pb、Mn、Sn、Al等合金元素而配成特殊黄铜。如加入铅可改善普通黄铜的切削加工性和提高耐磨性，加入铝可提高强度、硬度、耐腐蚀性能等。

普通黄铜的牌号用“H”（黄字的汉语拼音字首）加数字来表示，数字代表平均含铜量，含锌量不标出，如H62。特殊黄铜则在“H”之后标以三加元素的化学符号，并在其后表明铜及合金元素含量的百分数，如HPb59-1。如果是铸造黄铜，牌号中还应加“Z”字，如ZHAl67-2.5。

2. 青铜

青铜原指铜与锡的合金。现在除了铜锌合金的黄铜及铜镍合金的白铜以外，铜与其他元素所组成的合金均称为青铜，青铜分为锡青铜和无锡青铜。

锡青铜是由铜与锡组成的合金，无锡青铜是含Pb、Si、A1、Be、Mn等合金元素的铜基合金，包括铝青铜、硅青铜、铅青铜等。

青铜的牌号以字母“Q”（青字的汉语拼音字首）表示，后面加第一个主加元素符号及除了铜以外的各元素的百分含量，如QSn4-3。如果是铸造的青铜，牌号中还应加“Z”字，如ZQA19-4等。

3. 铜合金的应用

铜合金经冷加工所形成的板材、板带，多用于室内柱面、门厅及家具包面等部位的装饰，也可用来加工制作灯箱和各种灯饰物。

思考题

1. 金属装饰材料的优缺点体现在哪些方面？
2. 金属铝及其合金在实际装饰中在哪些方面应用？其性能和装饰效果如何？
3. 钢装饰制品有哪些？其性能和选购方法是什么？
4. 铜的装饰特点和性能是什么？

9　建筑装饰织物

建筑装饰织物在室内装饰中起着重要的作用，合理地选用装饰织物，不仅给人们生活带来舒适感，还能增加室内的豪华气派感，对现代室内设计起到锦上添花的作用。

建筑室内装饰用织物主要包括地毯、挂毯、墙布、浮挂、窗帘等。为适应现代建筑室内装饰的需要，近年来，这些装饰织物在材质、性能和花色品种等方面发展变化很快，这为现代室内装饰又提供了一类优良的装饰材料。

9.1　地　毯

地毯是一种高级的地面装饰材料，也是世界通用的生活用品之一，它有着悠久的发展史，堪称经久不衰。传统的地毯是手工编织的羊毛地毯，但当今的地毯，其原料款式多种多样，色彩丰富，颜色从艳丽到淡雅，绒毛从柔软到强韧，使用从室内到室外，已形成了地毯的高、中、低档系列产品。

9.1.1　地毯的品种及分类

现代地毯通常按其图案、材质、编制工艺及规格尺寸等进行分类，各类又有多个品种。

1. 按图案类型分类

地毯按图案类型不同，可分为以下几个品种。

（1）“京式”地毯：为北京或传统地毯，它图案工整对称，色调典雅，且具独特的寓意及象征性。

（2）美术式地毯：突出美术图案，给人以繁花似锦之感。

（3）仿古式地毯：以古代的古纹图案、风景、花鸟为题材，给人以古色古香、古朴典雅的感觉。

（4）彩花式地毯：以黑色作为主色，配以小花图案，浮现百花争艳的情调，色彩绚丽，名贵大方。

（5）素凸式地毯：色调较为清淡，图案为单色凸花织成，纹样剪片后清晰美观，犹如浮雕，富有幽静雅致的情趣。

2. 按材质分类

地毯按所用材质的不同，可分为以下五个品种。

（1）羊毛地毯：羊毛地毯即纯毛地毯，由于其采用粗绵羊毛为主要材料，故它具有弹性大、拉力强、光泽好的优点，为高档铺地装饰材料。

（2）混纺地毯：混纺地毯是以羊毛纤维与合成纤维混纺后编制而成的地毯。合成纤维的掺入，可显著改善地毯的耐磨性，如羊毛中加入20%的尼龙纤维，地毯的耐磨性可提高5倍；装饰性不亚于纯毛地毯，且价格相对较低。

（3）化纤地毯：化纤地毯以合成纤维为材料制作而成，现常用的合成纤维材料有丙纶、腈纶、涤纶等，其外观和触感酷似羊毛，它耐磨而较富有弹性，是目前用量最大的低档地毯品种。

（4）塑料地毯：塑料地毯是采用聚氯乙烯树脂、增塑剂等多种辅助材料，经均匀混练、塑制而成的一种新型轻质地毯，它质地柔软、色彩鲜艳、自熄不燃、污染后可水洗、经久耐用，为一般公共建筑和住宅地面的铺装材料。

（5）剑麻地毯：这种地毯是采用植物纤维剑麻为原料，经纺纱、编织、涂胶、硫化等工序而制成，产品分素色和染色两类，有斜纹、罗纹、鱼骨纹、帆布平纹、多米诺纹等多种花色。剑麻地毯具有耐酸碱、耐磨、无静电现象等特点，但弹性较差，且手感十分粗糙。可用于楼、堂、馆、所等公共建筑地面及家庭地面铺设。

3. 按编织工艺分类

按生产时编织工艺的不同，地毯可分为以下三个品种。

（1）手工编织地毯：手工编织地毯专指纯毛地毯，它是采用双经双纬，通过人工打结栽绒，将绒毛层与基底一起编织而成的。其做工精细，图案千变万化，是地毯中的高档品。我国的手工地毯早在2 000多年前就开始生产了，自早年出口国外至今，一直以小“中国地毯”艺精工细而闻名于世，成为国际市场上十分畅销的产品。但手工编织地毯工效低、产量少，因而成本高、价格昂贵。

（2）簇绒地毯：簇绒地毯又称栽绒地毯。簇绒法是目前各国生产化纤地毯的主要方式，它是通过带有一排往复式穿针的纺机，把毛纺纱穿入第一层基底，并在其面上将毛纺纱穿插成毛圈而背面拉紧，然后在初级背衬的背面刷一层胶黏剂使之固定，这样就生产出了厚实的圈绒地毯。若再用锋利的刀片横向切割毛圈顶部，并经修剪则成簇绒地毯，也称割绒地毯或切绒地毯。

簇绒地毯生产时绒毛高度可以调整，圈绒的高度一般为5~10 mm，平绒绒毛高度多在7~10 mm。同时，毯面纤维密度大，因而弹性好，脚感舒适，且可在毯面上印染各种图案花纹。簇绒地毯已成为各国产量最大的化纤地毯品种，是很受欢迎的中档产品。

（3）无纺地毯：无纺地毯是指无经纬编织的短毛地毯。它是将绒毛线用特殊的钩针扎刺在用合成纤维构成的网布底衬上，然后在其背面涂上胶层，使之粘牢，故其又有针刺地毯、针扎地毯或黏合地毯之称。这种地毯因其生产工艺简单，故成本低、价格廉，但其弹性和耐久性较差。为提高其强度和弹性，可在毯底加缝或加贴一层麻布底衬，或可再加贴一层海绵底衬。

近年来，我国还发展生产了纯羊毛无纺地毯，它是不用纺织或编织方法而制成的纯毛地毯。

（4）地毯常用的几种编织方法：

1）缎通：即波斯结编织法，是以经线与纬线编织而成基布，再用手工在其上编织毛圈。以中国的缎通为代表，波斯结缎通、土耳其毛毯等都是这样的编织，如图9.1所示。

2）威尔顿编制法：是一种机械编制法，是以经线与纬线编制成基布的同时织入绒毛线而成的，可使用2~6种色彩线，如图9.2所示。

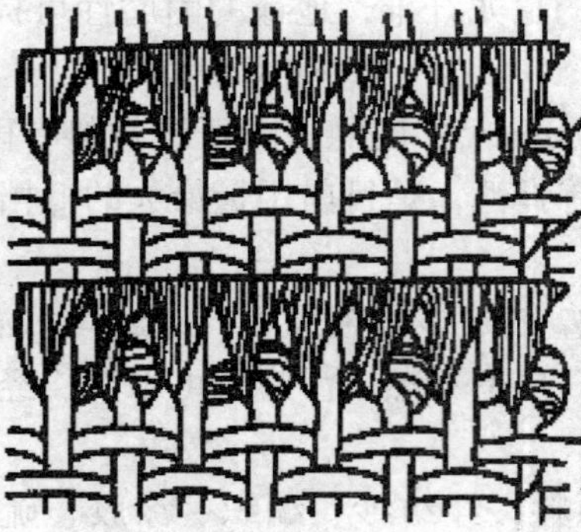

图 9.1　缎通法地毯的构造

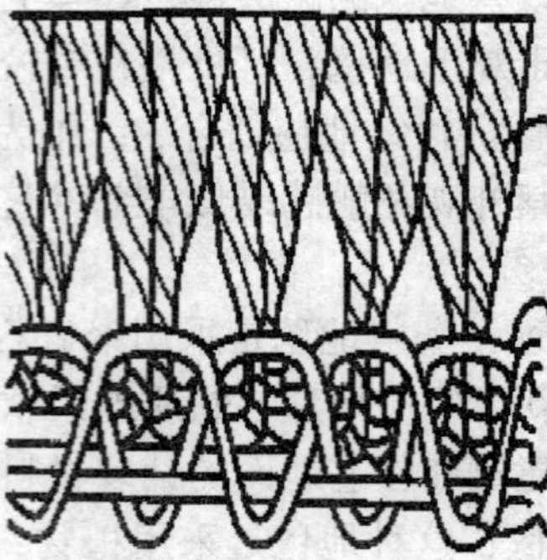

图 9.2　威尔顿编织法地毯的构造

3）阿克斯明斯特法：是通过提花织机编织而成的，编织色彩可达 30 余种，其特点是具有绘画图案，如图 9.3 所示。

4）簇绒法：是在基布上织入绒毛线而成的一种制造方法，可大量、快速且便宜地生产地毯，如图 9.4 所示。

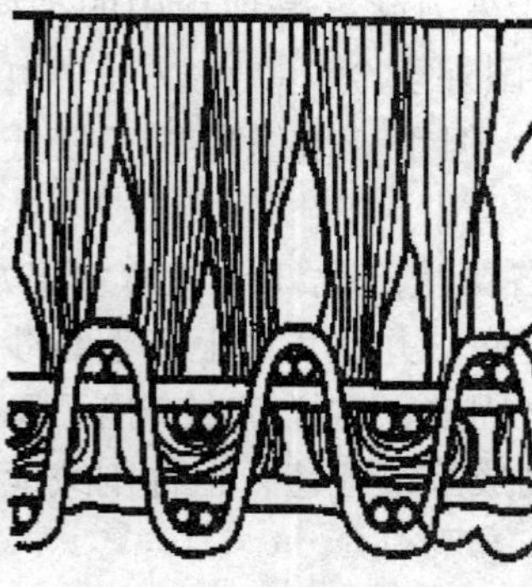

图 9.3　阿克斯明斯特法地毯的构造

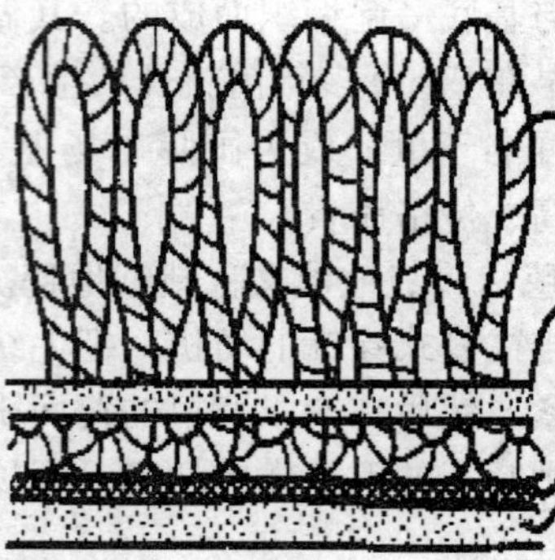

图 9.4　簇绒法地毯的构造

4. 按规格尺寸分类

（1）块状地毯：纯毛地毯多制成方形及长方形块状地毯，其通用规格尺寸从 610 mm×610 mm～3 660 mm×6 710 mm，共计 56 种。另外还有圆形、椭圆形地毯，厚度则视质量等级而有所不同。纯毛块状地毯还可成套供应，每套由若干块地毯组成，铺设时可组成各种不同的图案。

块状地毯铺设方便灵活，位置可随意变动，以满足不同主人的不同情趣要求，给室内设计提供了更大的选择余地。同时，对已被磨损的部位，可随时调换，从而可延长地毯的使用寿命，达到既经济又美观的目的。

门口毯、床前毯、道毯等小块地毯在室内的铺设，不仅使室内不同的功能区有所划分，还可打破大片灰色水泥地面的单调感，起到画龙点睛的效果。

应该指出，各种材质的地毯均可制成块状地毯，如尼龙等化纤小块地毯，将其铺放在浴室或卫生间，可以起到防滑等作用。

（2）卷装地毯：机织的化纤地毯常制成宽幅的成卷包装的地毯，其幅宽有 1～4 m 等多种。每卷长度一般为 20～25 m，也可按要求加工。铺设成卷的整幅地毯，可使室内具有宽敞、整洁感，但损坏后不易更换。

5. 按使用场所不同进行分类

地毯按其所用场所不同，可分为以下 6 级。

（1）轻度家用级：铺设在不常使用的房间或部位。

（2）中度家用级或轻度专业使用级：用于主卧室或家庭餐室等。

（3）一般家用或中度专业使用级：用于起居室及楼梯、走廊等交通频繁的部位。

（4）重度家用或一般专业使用级：用于家中重度磨损的场所。

（5）重度专业使用级：价格甚贵，家庭一般不用，多用于特殊要求的场合。

（6）豪华级：地毯品质好，绒毛纤维长，豪华气派，常用于具有高级装饰的卧室。

建筑室内地面铺设的地毯，是根据建筑装饰的等级、使用部位及使用功能等要求而选择的。总的来说，要求高级者选用纯毛地毯，一般装饰则选用化纤地毯。

9.1.2 纯毛地毯

纯毛地毯分手工编织地毯和机织地毯两种，前者为我国传统纯毛地毯高档产品，后者是近代发展起来的较高级的纯毛地毯制品。

1. 纯毛地毯的特性与应用

（1）手工编织纯毛地毯：手工编织的纯毛地毯是采用中国特产的土种优质绵羊毛纺纱，用现代染色技术染出最牢固的颜色，经精湛的技巧织成瑰丽图案后，再以专用机械平整毯面或剪凹花地周边，最后用化学方法洗出丝光。

手工编织地毯是自下往上垒织栽绒打结（8 字扣，国际上称“波斯扣”）而制成的，每垒织打结完一层称一道，通常以毯面上垒织的道数多少，来表示地毯的栽绒密度；道数越多，栽绒密度越大，地毯质量越好，价格也就越贵。地毯的档次亦与道数成正比关系，一般家用地毯为 90~150 道，高级装修用的地毯均在 200 道以上，个别处可达 400 道。

手工编织纯毛地毯具有图案优美、色泽鲜艳、富丽堂皇、质地厚实、富有弹性、柔软舒适、经久耐用等特点，其铺地效果极佳。

手工编织的纯毛地毯由于做工精细，产品名贵，故售价高，所以常用于国际性、国家级的大会堂、迎宾馆、高级饭店和高级住宅、会客厅、舞台以及其他重要的对装饰性要求较高的场所。

（2）机织纯毛地毯：机织纯毛地毯具有毯面平整、光泽好、富有弹性、脚感柔软、抗磨耐用等特点，其性能与纯毛手工地毯相似，但价格远低于手工地毯。与化纤地毯相比，其回弹性、抗静电、抗老化、耐燃性等都优于化纤地毯。

机织纯毛地毯最适合用于宾馆和饭店的客房、楼梯、楼道、宴会厅、酒吧间、会客室，以及体育馆、家庭等满铺使用。另外，这种地毯还有阻燃性产品，可用于防火性能要求较高的建筑室内地面。

建筑室内地面铺设纯毛地毯后，除具有高雅豪华之感外，还对楼地面具有良好的保温隔热及吸音隔音效果，从而可降低室内的采暖空调费用，并增加室内的宁静感。

9.1.3 化纤地毯

化纤地毯是 20 世纪 70 年代发展起来的一种新型地面铺装材料，它是以化学合成纤维为原料，经机织或簇绒等方法加工成面层织物后，再与背衬材料进行复合处理而制成。

化纤地毯因可机械化生产，故产量高、价格较廉，加之其耐磨性更好且不易虫蛀和霉变，故很受人们的欢迎，世界上许多国家一直以大幅度持续增长的速度发展化纤地毯工业。我国自 20 世纪 80 年代以来，也大量发展和引进化纤地毯的生产技术，目前产品质量已赶上国外同类产品的水平，到 2000 年已达到年产 3 000 万 m^2 以上。世界上化纤地毯产量约占地毯总产量的 80%。

1. 化纤地毯的构造

化纤地毯由面层、防松涂层、背衬三部分构成。

（1）面层：化纤地毯的面层是以聚丙烯纤维、聚丙烯酯纤维、聚酯纤维、尼龙纤维等化学纤维为原料，通过采用机织和簇绒等方法加工成为面层织物。面层织物过去多以棉纱作为初级背衬，以后将逐渐由丙纶扁丝替代。在以上纤维中，丙纶纤维的密度较小，抗拉强度、湿强度及耐磨性等都很好，但回弹性与染色性较差。而腈纶纤维虽密度稍大一些，但具有色彩鲜艳、静电小等优点，回弹性优于丙纶，并具有足够的耐磨性。随着对地毯的不同功能要求，也可用两种纤维混纺制成面层。制作面层的纤维还可进行耐污染和抗静电等处理。在现代地毯的生产中，由于选用了适当分散的酸性阴离子型的染料，在同一染缸中可染成多种色彩，且染色具有良好的热稳定性。印染簇绒地毯的出现，是化纤地毯的重要发展。

化纤地毯机织面层的纤维密度较大，毯面平整性好，但工序较多，织造速度不及簇绒法快，故成本较高。

化纤地毯面层的绒毛可以是长绒、中长绒、短绒、起圈绒、卷曲绒、高低圈绒、平绒圈绒组合等多种，一般多采用中长绒制作的面层，因其绒毛不易脱落和起球，使用寿命长。另外，纤维的粗细也会直接影响地毯的弹性和脚感。

（2）防松涂层：防松涂层是指涂刷于面层织物背面初级背衬上的涂层。这种涂层材料是以氯乙烯-偏氯乙烯共聚乳液为基料，再添加增塑剂、增稠剂及填料等配制而成为一种水溶性涂料，将其涂于面层织物背面，可以增加地毯绒面纤维在初级背衬上的固着牢度，使之不易脱落。同时，待涂层经热风烘道干燥成膜后，当再用胶黏剂贴次级背衬时，还能起防止胶黏剂渗透到绒面层而使面层发硬的作用，从而也可控制和减少胶黏剂的用量，并增加黏结强度。

（3）背衬：化纤地毯的背衬材料一般为麻布，采用胶结力很强的丁苯乳胶、天然乳胶等水溶性橡胶作为胶黏剂，将麻布与已经防松涂层处理过的初级背衬相黏合，以形成次级背衬，然后再经加热、加压、烘干等工序，即成卷衬成品。次级背衬不仅保护了面层织物背面的针脚，增强了地毯背面的耐磨性，同时也加强了地毯的厚实程度，使人更感步履轻松。

2. 主要技术性能要求

化纤地毯的技术性能要求是鉴定其质量的标准，也是用户挑选地毯时的依据。化纤地毯主要技术性能要求如下：

（1）剥离强度：剥离强度是反映地毯面层与背衬间复合强度的大小，通常以背衬剥离强度表示，即指采用一定的仪器设备，在规定速度下，将 50 mm 宽的地毯试样，使之面层与背衬剥离至 50 mm 长时所需的最大力。化纤簇绒地毯要求剥离强度≥25 N。我国上海产簇绒和机织丙纶、腈纶地毯，无论干、湿状态，其剥离强度均在 35 N 以上，超过了国外同类产品的水平。

（2）绒毛黏合力：绒毛黏合力是指地毯绒毛固着于背衬上的牢度。化纤簇绒地毯的黏合力以簇绒拔出力来表示，要求平绒毯簇绒拔出力≥12 N，圈绒毯≥20 N。我国上海产簇绒丙纶地毯，黏合力达63.7 N，高于日本同类产品51.5 N的指标。

（3）耐磨性：地毯耐磨性是其使用耐久性的重要指标，通常是以地毯在固定压力下，磨至露出背衬时所需的耐磨次数来表示，耐磨次数越多，表示耐磨性越好。地毯的耐磨性优劣与所用面层材质、绒毛长度有关，如我国上海产机织丙纶、腈纶化纤地毯，当绒毛长为6～10 mm时，其耐磨次数可达5 000～10 000次，达到了国际同类产品的水平。机织化纤地毯的耐磨性优于机织羊毛地毯（为2 500次）。

（4）弹性：弹性是反映地毯受压力后，其厚度产生压缩变形的程度，这是地毯是否脚感舒适的重要性能。地毯的弹性通常用动态负载下（规定次数下周期性外加荷载撞击后）地毯厚度减少值及中等静负载后地毯厚度减少值来表示。例如：绒毛厚度为7 mm的簇绒化纤地毯，要求其动荷下厚度减少值为：平绒毯≤3.5 mm，圈绒毯≤2.2 mm；静负载后厚度减少值分别要求为≤3 mm与≤2 mm。

实践证明，化纤地毯的弹性不及纯毛地毯，丙纶地毯的弹性又不及腈纶地毯。目前我国生产的化纤地毯，一般受压后的厚度损失在20%～40%，尚逊于国外同类产品水平。

（5）抗静电性：静电性是表示地毯带电和放电的性能。一般来讲，化学纤维未经抗静电处理时，其导电性差，致使织成的化纤地毯静电大，易吸尘，清扫除尘比较困难。这是由于有机高分子材料受到摩擦后易生静电，而其本身又具有绝缘性，使静电不易放出所致。严重时，使行走其上的人会有触电感。为此，在生产合成纤维时，常掺入一定量的抗静电剂，以提高化纤地毯的抗静电性。

化纤地毯的静电大小常以其表面电阻和静电压来表示。目前，国产化纤地毯的静电值较大，尚需进一步改善其抗静电能力。

（6）抗老化性：化学纤维是有机物，有机物在大气的长期作用下，会逐渐老化。化纤地毯的抗老化性是指其在光照和空气等因素作用下，经过一定时间后，地毯化纤纤维老化降解，导致地毯性能指标下降的程度。化纤地毯老化后，受撞击和摩擦时会产生粉末现象。在生产化学纤维时，加入一定的抗老化剂，可提高织成地毯的抗老化性能。

化纤地毯的抗老化性通常是用经一定时间的紫外线照射后，对地毯的耐磨次数、弹性及色泽等变化程度进行评定。

（7）耐燃性：耐燃性是指地毯遇到火种时，在一定时间内燃烧的程度。由于化纤纤维一般易燃，故常在生产化学纤维时加入一定量的阻燃剂，以使织成的地毯具有自熄性或阻燃性。当化纤地毯在燃烧12 min的时间内，其燃烧面积的直径≤17.96 cm时，则认为耐燃性合格。

（8）抗菌性：地毯作为地面覆盖材料，在使用过程中较易被虫、菌等侵蚀而引起霉变，因此，地毯在生产中常要做防霉、抗菌等处理。通常规定，凡能经受8种常见霉变和5种常见细菌的侵蚀而不长菌和霉变时，认为合格。化纤地毯的抗菌性优于纯毛地毯。

化纤地毯的技术性能指标见表9.1。

表9.1 化纤地毯的技术性能指标

性能指标		簇绒法丙纶	簇绒法腈纶	机织法丙纶	机织法腈纶
剥离强度	干/MPa	0.11	0.112	0.118	0.107
	湿/MPa	>0.1	>0.1	>0.1	>0.1

续表

性能指标		簇绒法丙纶		簇绒法腈纶		机织法丙纶		机织法腈纶	
黏合力/N	无衬背			5.6					
黏合力/N	麻布衬背			63.7					
黏合力/N	丙腈纶（丙纶扁丝初级背衬麻布次级背衬）			49.0					
耐磨性	绒毛高度/mm	丙腈纶		7		10	10	8	6
耐磨性	耐磨次数/mm			5 800		>10 000	7 000	6 400	6 000
回弹性 厚度损失百分率（%）	500 次碰撞	37		23		37	23		
回弹性 厚度损失百分率（%）	1 000 次碰撞	43		25		43	25		
回弹性 厚度损失百分率（%）	1 500 次碰撞	43		27		43	57		
回弹性 厚度损失百分率（%）	2 000 次碰撞	44		26		44	26		
表面电阻及静电压 麻布背衬	表面电阻/Ω	5.8×10^{23}		5.45×10^{2}		5.8×10^{13}	5.45×10^{2}		
表面电阻及静电压 麻布背衬	静电压/V	+60		+16±4		+60	+16±4		
表面电阻及静电压 丙腈纶麻布背衬	表面电阻/Ω	8.5×10^{9}				8.5×10^{9}			
表面电阻及静电压 丙腈纶麻布背衬	静电压/V	−15				−15			
光照老化后耐磨次数	紫外光照时间/h	0	100	312	5 000	1 000	312		500
光照老化后耐磨次数	毛高/mm	8				8			
光照老化后耐磨次数	耐磨次数/次	3 400	3 155	2 852	2 632	3 400	3 155	2 852	2 632
光照老化后碰撞厚度损失	紫外光照时间/h	0	100	312	50	0	100	312	500
光照老化后碰撞厚度损失 厚度损失百分数/%	500 次碰撞	32	28	38	29	32	28	38	29
光照老化后碰撞厚度损失 厚度损失百分数/%	1 000 次碰撞	36	31	43	35	36	31	43	35
光照老化后碰撞厚度损失 厚度损失百分数/%	1 500 次碰撞	39	36	45	38	39	36	45	38
光照老化后碰撞厚度损失 厚度损失百分数/%	2 000 次碰撞	41	27	47	41	41	27	47	41
耐热性	燃烧时间/s	626				143			108
耐热性	燃烧面积及形状	直径 3.6 cm 的圆				直径 2.4 cm 的圆			直径 3 cm×2 cm 的椭圆

3. 化纤地毯的主要品种及等级

化纤地毯按其面层织物的构造方法不同，可分为簇绒地毯、针刺地毯、机织地毯、黏合地毯、静电植绒地毯等多种，其中以簇绒地毯产销量最大，其次是针织地毯。

根据国家标准规定，簇绒地毯按其技术要求评定等级，其技术要求分内在质量和外观质量两个方面，具体要求见表 9.2 和表 9.3。按内在质量评定分合格和不合格两个等级，全部达到技术指标为合格，当有一项达不到要求即为不合格，并不再进行外观质量评定。按外观质量分为优等品、一等品、合格品三个等级。簇绒地毯的最终等级是在内在质量各项指标全部达标的情况下，以外观质量所定的等级作为该产品的等级。

表 9.2 簇绒地毯内在质量指标

<table>
<tr><th rowspan="2">序号</th><th rowspan="2">项目</th><th rowspan="2">单位</th><th colspan="3">技术指标</th></tr>
<tr><th colspan="2">平割绒</th><th>平圈绒</th></tr>
<tr><td>1</td><td>动态负荷下厚度减少（绒高 7 mm）</td><td>mm</td><td colspan="2">≤3.5</td><td>≤2.2</td></tr>
<tr><td>2</td><td>中等静负荷后厚度减少</td><td>mm</td><td colspan="2">≤3</td><td>≤2</td></tr>
<tr><td>3</td><td>绒簇拔出力</td><td>N</td><td colspan="2">≥12</td><td>≥20</td></tr>
<tr><td>4</td><td>绒头单位质量</td><td>g/m²</td><td colspan="2">≥375</td><td>≥250</td></tr>
<tr><td>5</td><td>耐光色牢度（弧氙）</td><td>级</td><td colspan="3">≥4</td></tr>
<tr><td rowspan="2">6</td><td rowspan="2">耐磨色牢度（干摩擦）</td><td rowspan="2">级</td><td>纵向</td><td colspan="2" rowspan="2">≥3~4</td></tr>
<tr><td>横向</td></tr>
<tr><td>7</td><td>耐燃性（水平法）</td><td>mm</td><td colspan="3">试样中心至损毁边缘的最大距离≤75</td></tr>
<tr><td rowspan="3">8</td><td rowspan="3">尺寸偏差</td><td rowspan="3">%</td><td>宽度</td><td colspan="2">在幅宽的±0.5 以内长度</td></tr>
<tr><td rowspan="2">长度</td><td>卷状</td><td>卷长不小于公称尺寸</td></tr>
<tr><td>块状</td><td>在长度的±0.5 以内</td></tr>
<tr><td rowspan="2">9</td><td rowspan="2">背衬剥离强度</td><td rowspan="2">N</td><td>纵向</td><td colspan="2" rowspan="2">≥25</td></tr>
<tr><td>横向</td></tr>
</table>

表 9.3 簇绒地毯外观质量评定规定

序号	外观疵点	优等品	一等品	合格品
1	破损（破洞、撕裂、割伤）	不允许	不允许	不允许
2	污渍（油污、色渍、胶渍）	无	不明显	不明显
3	毯面褶皱	不允许	不允许	不允许
4	修补痕迹	不明显	不明显	较明显
5	脱衬（背衬黏结不良）	无	不明显	不明显
6	纵、横向条痕	不明显	不明显	较明显
7	色条	不明显	较明显	较明显
8	毯边不平等	无	不明显	较明显
9	胶渗过量	无	不明显	较明显

4. 化纤地毯的特点与应用

（1）化纤地毯的特点：

1）优良的装饰性。其色彩绚丽、图案多样、质感丰富、主体感强，给人以温暖、舒适、宁静、柔和的感受。

2）耐磨性好。由于化纤的耐磨性比羊毛好，所以化纤地毯的使用寿命长。

3）能调节室内环境。化纤地毯由于有较好的弹性，步行时柔软轻快，此外还具有较好的吸音性和绝热性，能保持环境的安静和温暖。

4）耐倒伏性较好，即回弹性较好。一般地毯面层纤维的倒伏性主要取决于纤维的高度、密度及性质，密度高的手工编织地毯耐倒伏性较好；而密度小的绒头较高的簇绒地毯耐倒伏性差。总体而言，弹性不如羊毛地毯。

5）易藏污。化纤地毯主要对于尘土沙粒等同体污染物易藏污，对液体污染物，特别是有色液体，较易沾污和着色，使用时要注意。受到污染时可用市售的地毯清洗剂进行清洗。

6）耐燃性差。加入阻燃剂后，可以改善阻燃的效果。

7）易产生静电。由于化纤地毯有摩擦产生静电及放电特性，所以极易吸收灰尘，放电时对某些场合易造成危害，一般采用加抗静电剂的方法处理。

（2）化纤地毯的应用：化纤地毯适用于宾馆、饭店、招待所、接待室、餐厅、住宅居室、活动室及船舶、车辆、飞机等地面装饰铺设。对于高密度、流行色、格调新颖、图案美丽的化纤地毯，可用于三星级以上的宾馆。机织提花工艺地毯属高档产品，其外观可与手工纯毛地毯媲美。

化纤地毯可用于摊铺，也可粘铺在木地板、马赛克地面、水磨石地面及水泥混凝土地面上。

另外，近年来投放市场的一种“拼装式高弹性地毯”。它是由 EVA（乙烯-醋酸乙烯共聚物）橡塑发泡板材为背衬，采用火焰热熔复合工艺，将其与化纤地毯面层织物黏合，然后冲切成 30 cm×30 cm 的方块，毯厚为 9 mm±0. 5 mm，每块四边均有镶齿，供任意咬合拼装。其颜色有红、绿、黑等多样，用户选购两种以上的色块，即可任意组成十字形、工字形、田字形或四字形等图案，显示出特殊的装饰效果，美观实用。

拼装式高弹性地毯的特点是：保暖性能好，富有弹性，脚感很舒适，并伴有良好的楼层隔音性，且阻燃、防霉、不蛀，轻便灵活，铺装便捷，利于换洗，可集装储存。适用于旅馆客房、客厅、办公室、居民卧室、幼儿园、敬老院、医院病房等地面铺设。

9.1.4 挂毯

挂毯又名壁毯，它是一种供人们欣赏的室内墙挂艺术品，故又常称艺术壁毯。挂毯要求图案花色精美，为此常采用纯羊毛和蚕丝等上等材料制作而成。在室内装饰环境中，配置合理的壁毯，不仅具有御寒、保暖、防潮、吸光、隔音等实用功能，最主要是可以美化环境、陶冶人们的情操、丰富人们的精神生活，使人们充分体会到壁毯所散发出的那种古老却韵味恒久的艺术之美。

挂毯的图案题材十分广泛，多为动物花鸟、山水风光等，这些图案往往取材于优秀的绘画，如可取材于一代画师徐悲鸿的名画。另外，还可取材于成功的摄影作品。艺术挂毯采用我国高级纯毛地毯的传统做法——栽绒打结编制技法织造而成。优秀的艺术挂毯一般经过艺术工作者的精心设计和制作者的精心编制，拥有普通商用地毯所没有的艺术欣赏性和思想内涵，具有较高的艺术价值和收藏价值。

9.1.5 地毯的选购方法及使用保养

1. 地毯的选购方法

（1）查看地毯质量检测报告。地毯在生产加工，毯背涂胶等制造工序中，所使用的胶乳及各种配合剂都不可避免在产品中存留一些有害物质，如甲醛、苯乙烯、4-苯基环己烯等，在铺设使用时，会给室内空间带来一定程度的污染，对居室中人的健康带来较大影响。因此，在选购地毯时，应查看产品质量报告，看是否达到国家标准。

（2）仔细查看地毯产品标签。地毯标签是轻工行业强制性标准。市场上销售的地毯产品必须按照《地毯标签》（QB 2397—2008）的要求，真实地标注：产品名称、产品的注册商标、地毯毯面纤维名称及含量、地毯的绒头厚度、产品的质量等级、产品的生产日期、生产者的名称和地址、产品的特殊性能等内容。通过对标签标注的查看，可对地毯质量有大体了解。

（3）鉴定产品材质。为防止地毯材质造假，尤其是选择纯毛地毯的时候，一定要首先鉴定地毯的材质。一般的方法是从地毯上取下几根绒线，点燃后根据燃烧情况及发出的气味鉴别。纯毛燃烧时无火焰、冒烟、起泡，但有臭味，灰烬多呈有光泽的黑色固体，用手指轻轻一压就碎。

（4）检查地毯外观质量。消费者在挑选地毯时，要查看地毯的毯面是否平整、毯边是否平直，有无瑕疵、油污斑点、色差。尤其选购簇绒地毯时要查看毯背是否有脱衬、渗胶等现象，避免地毯在铺设使用中出现起鼓、不平整现象，而失去舒适、美观的效果。

（5）其他质量检查。检查地毯手感脚感是否舒服，检查绒头密度，可用手去触摸地毯，其产品的绒头质量高，毯面的密度就丰满，这样的地毯弹性好、耐踩踏、耐磨损、舒适耐用；检查地毯色牢度，选择地毯时，可用手或拭布在毯面上反复摩擦数次，看其手或拭布上是否粘有颜色，如粘有颜色，则说明该产品的色牢度不佳；检查地毯背衬剥离强度，可用手将底布轻轻撕一撕，看看黏结的程度，如黏结不牢，底布与毯体就易分离，这样的地毯就不耐用。

2. 地毯在日常使用时的保养方法

（1）及时清理。每天用吸尘器清理，不要等到大量污渍及污垢渗入地毯纤维后清理，只有经常清理，才易于清洁。在清洗地毯时要注意将地毯下面的地板清扫干净。

（2）均匀使用。地毯铺用几年以后，最好调放一下位置，使之磨损均匀。一旦有些地方出现凹凸不平时要轻轻拍打，或者用蒸气熨斗轻轻熨一下。

（3）去污方法。墨水渍可用柠檬酸擦拭，擦拭过的地方要用清水洗一下，之后再用干毛巾吸去水分；咖啡、可可、茶渍可用甘油除掉；果汁可用冷水加少量稀氨水溶液除去；油漆污渍可用汽油与洗衣粉一起调成粥状，晚上涂到油漆处，待第二天早晨用温水清洗后再用干毛巾将水分吸干。

（4）清除异物。地毯上落下些绒毛、纸屑等质量轻的物质，吸尘器就可以解决。若不小心在地毯上打破一只玻璃杯，可用宽些的胶带纸将碎玻璃粘起；如碎玻璃呈粉状，可用棉花蘸水粘起，再用吸尘器吸。

（5）地毯有焦痕，不严重时，可用硬毛刷子将烧坏部分的毛刷掉；若是严重的焦痕处，再用书本压在上面，等到干后，再进行梳理。

（6）地毯去尘。将扫帚在肥皂水浸泡后扫地毯，保持扫帚湿润，然后撒上细盐，再用扫帚扫，最后用干抹布擦净。清洁地毯时，有条件的可以将化纤地毯水洗，晾干。纯毛地毯最好过一段时间放在日光下晒一会，注意将地毯翻过来晒，挂在绳子上用细棍拍打，将灰尘尽量除去。这样也可以有效去除地毯上的螨虫。

（7）用醋消除地毯上的宠物异味。在4 L温水中加入适量醋，用毛巾浸湿拧干后擦拭地毯。醋不但可以防止地毯变色或褪色，同时还可消除宠物的异味。碳酸钠（苏打）水也具有除臭的功效。擦完之后，再将其放置在通风的地方风干即可。

（8）地毯灰尘去除法。清理地毯时，可以先撒点盐，具有抑制灰尘飞扬的功用。因为盐可以吸附灰尘，即使再小的尘屑，也能被清理得干干净净。同时，还能让地毯变得更耐用，常保颜色艳丽。

（9）擦除地毯上的咖啡渍的办法。如果不小心将咖啡洒到地毯上时，可先用干布或面巾纸吸取水分，再混合等量的白酒和酒精洒在污渍上，用干布擦拭清除。如果没有白酒时，用醋也具有同样的功效。鉴于此，家中若有喝剩的白酒，可善加利用，用以维护居家清洁。除了咖啡之外，包括红茶等容易沾染颜色的食品污渍，也可用相同的方法清除。

（10）清除黏附在地毯上的口香糖的办法。先用塑料袋装上冰块压覆在口香糖上方，让口香糖凝固，之后用手按压测试，待口香糖完全变硬时，再用刷子或牙刷将之拔除，最后用刷子彻底刷净即可。千万不要随意使用化学稀释药剂，因为这样反而会使地毯受损，得不偿失。

9.2 墙面装饰织物

通常在建筑中，室内墙面一般都是石灰砂浆抹面、玻璃窗，再加极少的一点门窗油漆色彩，这种墙面给人一种刻板、冷漠之感。为了改变这种状况，现代建筑的室内墙面，除了大量采用塑料壁纸及内墙涂料外，还普遍采用织物装饰墙面，这些织物以其独特的柔软质地而产生的特殊效果，来柔化空间、美化环境，可以起到把温暖和祥和带到室内来的作用，从而深受人们的喜爱。

近年来，随着人民生活水平的提高，墙面装饰织物的生产和应用正在迅速发展。目前我国生产的主要品种有织物壁纸、玻璃纤维印花贴墙布、无纺贴墙布、化纤装饰贴墙布、棉纺装饰墙布、麻草壁纸、皮革与人造革以及锦缎、丝绒、呢料等高级织物等。

9.2.1 织物壁纸

织物壁纸现有纸基织物壁纸和麻草壁纸两种。

1. 纸基织物壁纸

纸基织物壁纸是以棉、麻、毛等天然纤维制成的各种色泽、花色和粗细不一的纺线，经特殊工艺处理和巧妙的艺术编排，黏合于基纸上而制成。这种壁纸面层的艺术效果，主要通过各色纺线的排列来达到，有的用纺线排出各种花纹，有的带有荧光，有的线中夹有金、银丝，使壁纸呈现金光点点，还可以压制成浮雕绒面图案，别具一格。

纸基织物壁纸的特点是色彩柔和幽雅，墙面立体感强，吸音效果好，耐日晒，不褪色，无毒无害，无静电，不反光，且具有透气性和调温性。适用于宾馆、饭店、办公大楼、会议室、接待室、疗养所、计算机房、广播室及家庭卧室等室内墙面装饰。

2. 麻草壁纸

麻草壁纸是以纸为基底，以编织的麻草为面层，经复合加工而制成的墙面装饰材料。

麻草壁纸具有吸音、阻燃、耐潮湿、不变形等特点，更是具有自然、古朴、粗狂的大自然之美，给人以置身于自然原野之中，回归自然的感觉。麻草壁纸适用于会议室、接待室、影剧院、酒吧、舞厅以及饭店、宾馆的客房等的墙壁贴面装饰，也可用于商店的橱窗设计。

9.2.2 玻璃纤维印花贴墙布

玻璃纤维印花贴墙布简称玻纤印花墙布，它是以中度碱性玻璃纤维织成的布为基材，表面涂以耐磨树脂，并印上彩色图案而制成。其特点是玻璃布本身具有布纹质感，经套色印花后，装饰效果好，且色彩艳丽、花色繁多、在室内使用不褪色、不老化，尤其防火性和防水性好、耐湿性强，可用肥皂水洗刷。其价格低廉，施工简单，粘贴方便。

玻纤印花墙布适用于招待所、饭店、展览馆、会议室、餐厅、工厂净化车间、居民住宅等室内墙面装饰，尤其适用于室内卫生间、浴室等墙面的装贴。但应指出，当墙布表面树脂涂层一旦磨损，将会散落出少量玻璃纤维，使用中应予以注意。

另外，玻纤印花墙布在运输和储存过程中应横向放置，并注意放平，切勿立放，以免损伤两侧布边，影响施工时对花。

9.2.3 化纤装饰贴墙布

化纤装饰贴墙布是以人造化学纤维织成的布（单纶或多纶）为基材，经一定处理后印花而成。化学纤维种类繁多，各具不同性质，常用的纤维有粘胶纤维、醋酸纤维、聚丙烯纤维、聚丙烯腈纤维、锦纶纤维、聚酯纤维等。所谓“多纶”，是指用多种化纤与棉纱混纺制成的贴墙布。

化纤装饰贴墙布具有无毒、无味、透气、防潮、耐磨、无分层等优点。适用于各级宾馆、旅店、办公室、会议室和居民住宅等室内墙面装饰。

9.2.4 无纺贴墙布

无纺贴墙布是采用棉、麻等天然纤维或涤、腈等合成纤维，经过无纺成型、上树脂、印制彩色花纹而成的一种新型贴墙材料。

这种贴墙布的特点是：挺括、富有弹性、不易折断、纤维不老化，对皮肤无刺激作用，色彩鲜艳、图案雅致、粘贴方便，并具有一定的透光性和防潮性，能擦洗而不褪色。

无纺贴墙布适用于各种建筑物的室内墙面装饰，尤其是涤纶棉无纺贴墙布，除具有麻质无纺贴墙布的所有特性外，还具有质地细腻、光滑的特点，特别适用于高级宾馆、高级住宅的建筑物。无纺贴墙布、化纤装饰墙布主要物理性能指标见表 9.4。

表 9.4 无纺贴墙布、化纤装饰墙布主要物理性能指标

项目名称	单位	指标	附注
密度	g/m^2	115	
厚度	mm	0.35	
断裂强度	N/（5 cm×20 cm）	纵向 770，横向 490	
断裂伸长率	%	纵向 3，横向 8	
冲击强度	N	347	Y631 型织物破裂试验机
静电效应	静电值/V 半衰值/s	184 1	感应式静电仪，室温 19 ℃±1 ℃，相对湿度 50% ± 2%，放电电压5 000 V

续表

项目名称	单位	指标	附注
色泽牢度	单洗褪色（级）	3~4	
	皂洗褪色（级）	4~6	
	干摩擦（级）	4~5	
	湿摩擦（级）	4	
	刷洗（级）	3~4	
	日晒（级）	7	

9.2.5 棉纺装饰墙布

棉纺装饰墙布是用纯棉布经过处理、印花、涂布耐磨树脂制作而成的。其特点是墙布强度大，静电小，蠕变性小，无光、吸音、无毒、无味，对施工人员和用户均无害，花型色泽美观大方。可用于宾馆、饭店、公共建筑和较高级的民用建筑中装饰。适合用于水泥砂浆墙面、混凝土墙面、石灰浆墙面以及石膏板、胶合板、纤维板、石棉水泥板等墙面基层的粘贴或悬挂。

棉纺装饰墙布还常用作窗帘，夏季采用这种薄型的淡色窗帘，无论其是自然下垂或是双开平拉成半弧形式，均会给室内创造出清静和舒适的氛围。

9.2.6 高级墙面装饰织物

高级墙面装饰织物是指锦缎、丝绒、呢料等织物，这些织物由于纤维材料、织造方法以及处理工艺不同，所产生的质感和装饰效果也不一样，它们均能给人以极美的感受。

锦缎是一种丝织品，它具有纹理细腻、柔软绚丽、古朴精致、高雅华贵的特点，其价格昂贵，常用于高级建筑室内墙面悬挂装饰，在我国已有悠久的历史。也可用于室内高级墙面裱糊，但因锦缎很柔软，容易变形，施工要求高，且其不能擦洗，稍受潮湿或水渍就会留下斑迹或易生霉变，使用中应予以注意。

丝绒色彩华丽，质感厚实温暖，格调淡雅，用于高级建筑室内窗帘、软隔断或悬挂，显示出富贵、豪华特色。

粗毛呢料或仿毛化纤织物和麻类织物，质感粗实厚重，具有温暖感，吸音性能好，还能从纹理上显示出厚实、古朴等特色，适用于高级宾馆等公共厅堂柱面的裱糊装饰。

9.2.7 皮革与人造革

皮革与人造革用于高级建筑室内墙面装修，最高档的皮是真羊皮，通常采用的是仿羊皮等纹理的人造革。人造革色彩花纹多样，仿真性强，装饰效果甚佳。

皮革与人造革墙面具有柔软、消声、温暖、耐磨等特点，显示高雅华贵的装饰效果，适用于健身房、幼儿园等要求防止碰撞的房间墙面，也可用于录音室、电话间等声学要求较高的房间。另外，还可用于小餐厅、会客室以及住宅建筑的客厅、起居室等，以使环境更加高雅舒适。

目前，还常用仿羊皮人造革制作软包和吸音门等，起到既装饰又实用的效果。

9.2.8 塑料墙布

塑料墙布是以一定的材料为基材，表面进行涂塑后，再经过压延、涂布以及印刷、轧花、发泡等工艺而制成的一种墙面装饰材料。

1. 特点

塑料墙布与传统的织物纤维壁纸相比，有以下特点：

（1）装饰效果好。由于塑料墙布表面可进行印花、压花发泡处理，能仿天然石材、木纹及锦缎，可印刷适合各种环境的花纹图案，色彩也可任意调配，做到自然流畅，清淡高雅。

（2）性能优越。根据需要可加工成具有难燃、隔热、吸音、防霉性，且不易结露、不怕水洗、不易受机械损坏的产品。

（3）粘贴方便。塑料墙布的湿纸状态强度较高，耐拉耐拽，易于粘贴，可用 107 胶或白乳胶粘贴，且透气性能好，可在尚未完全干燥的墙面粘贴，而不致造成空鼓、剥落，施工简单，陈旧后易于更换。

（4）使用寿命长，易维修保养。表面可清洗，对酸碱有较强的抵抗能力，易于保持墙面的清洁。

总之，塑料墙布是目前国内外使用广泛的一种室内墙面装饰材料，也可用于顶棚、梁柱等处的贴面装饰。

2. 常用塑料墙布的种类

塑料墙布大致可分为三大类：普通塑料墙布、发泡塑料墙布和特种塑料墙布。每种塑料墙布又有 3~4 个品种，达几十个乃至上百个花色。

（1）普通塑料墙布：塑料墙布是以 80 g/cm^2 的纸作为基材，涂以 100 g/cm^2 左右的聚氯乙烯糊状树脂，经印花、压花等工序制成。它又包括以下几种：

1）单色压花墙布。这种墙布是经凸版轮热轧花机加工而成，可制成仿丝绸、织锦缎等多种印花。

2）印花压花墙布。这种墙布是经多套色凹版轮转印刷印花后再轧花而成，可制成印有各种色彩图案，并压有布纹、隐条凹凸花纹等双重花纹，故又叫作艺术装饰墙布。

3）有光印花和平光印花墙布。有光印花墙布是在抛光辊轧的面上印花，表面光洁明亮；平光印花墙布是在消光辊轧的面上印花，表面平整柔和，以满足用户的不同需求。

（2）发泡塑料墙布：发泡墙布是以 100 g/cm^2 纸为基材，涂塑上 300~400 g/cm^2 掺有发泡剂的聚氯乙烯糊状料，经印花后，再加热发泡而成。这类墙布有高发泡印花、低发泡印花、低发泡印花压花等品种。高发泡墙布发泡较大，表面富有弹性的凹凸花纹，是一种具有装饰、吸音多功能墙布，常用于影剧院和住房天花板等装饰。低发泡印花墙布是在发泡平面印有图案的品种。低发泡印花压花墙布采用化学压花的方法，即用有不同抑制发泡作用的油墨印花后再发泡，使表面形成具有不同色彩的凹凸花纹图案，所以也叫化学浮雕。该壁纸还有仿木纹、拼花、仿瓷砖等花色，图样逼真，立体感强，装饰效果好，并有弹性，适用于室内墙裙、客厅和内走廊的装饰。

（3）特种墙布：特种墙布品种也很多，常用的有耐水墙布、防火墙布、彩色砂粒墙布、风景壁画墙布等。耐水墙布是用玻璃纤维毡为基材，以适应卫生间、浴室等墙面的装饰。防火墙纸是用 100~200 g/cm^2 的石棉纸为基材，并在聚氯乙烯涂塑材料中掺加阻燃剂，使其具有一定的阻燃、防火性能，适用于防火要求较高的建筑和木板面装饰。表面彩色砂粒墙布是在基材上散布彩色砂粒，再喷涂黏结剂，使表面具有砂粒毛面，一般用作门厅、柱头、走廊等局部装饰。

9.2.9 新型壁纸壁布

1. 消毒杀菌壁纸

消毒杀菌壁纸是在胶面布壁纸上再涂一层经过特殊处理的薄膜，能防酸、防污染，因而使细菌无法在其表面滋生。

2. 吸味壁纸

吸味墙纸可专门吸收和分解一些异味，因它含有一定的化学物质，并掺有芳香剂，因此贴上这种墙纸的房间总是芳香四溢，尤其适用于厨房和厕所的装饰。

3. 戒烟壁纸

美国发明的一种戒烟壁纸，其成分中含有某些化学物质，当空气中有烟味时，壁纸便会散发出一种特殊气味，能使吸烟者对香烟产生厌恶感，从而达到戒烟的目的。

4. 防霉壁纸

这种墙纸能随着气温或室内温度的变化而产生一种特殊功能：吸湿或放湿。它能有效地阻止水蒸气的凝结和霉斑的生成，又可防止室内的过分干燥而使人感到舒适。

5. 防臭壁纸

防臭壁纸适用于卫生间、厨房等处。这种墙纸当其外表遇有或吸附了异味之后，内含的除臭剂能迅速把异味分解而使室内空气重新恢复清新。

6. 防窃听壁纸

德国西门子公司开始生产一种由尼龙和钢制成的能防止电子窃听的室内屏蔽贴墙纸，这种墙纸的防窃听作用要比通常采用的钢、铜或铅屏蔽层的防窃听作用可靠得多。这种新型防窃听贴墙纸已用于装饰柏林市内德国国会大厦的各个厅堂。

7. 变色梦幻壁纸

这是一种被称为“梦幻空间”的新型墙纸，由日本专家研制而成。它采用的是特殊的原料，纸上绘有各种图案，配有各种特殊的荧光灯。不开灯时，墙纸呈白色；打开荧光灯，墙纸上立即呈现出五彩缤纷的图案，如同魔术幻景。目前，该墙纸已经被许多俱乐部、歌舞厅、酒吧和宾馆所使用。

8. 暖气壁纸

英国研制成功一种能够散发热量的壁纸，这种壁纸上涂有一层奇特的油漆涂料，通电后涂料能将电能转化为热能，散发出暖气，适宜冬天贴用。

9. 吸湿壁纸

日本发明了一种吸湿壁纸，这种壁纸表面布满了无数的微小毛孔，每平方米可吸收100 mL的水分。这是洗脸间墙壁的理想装饰品。

10. 杀虫壁纸

美国发明的一种能杀虫的壁纸，苍蝇、蚊子、蟑螂等害虫只要接触到这种壁纸，很快就会被杀死，它的杀虫效力可保持数年。这种壁纸可以擦洗，不怕水蒸气和化学物质。

11. 报火警壁纸

美国一家公司推出一种报火警壁纸，已为众多宾馆使用。这种壁纸在高温、火烤下会发出一种无味、无色、无害的气体，从而触发离子型烟雾探测器，使其发出火灾警报，进而启动自动灭火装置，扑灭火源。

12. 高屏蔽壁纸

英国开发出一种高屏蔽性壁纸，通过在碳纤维表面镀镍，能完全屏蔽高灵敏电子设备等免受电磁波及高频杂音干扰，防止电子侦察活动。其屏蔽效果可与钢制墙壁匹敌，且能使用普通黏结剂粘贴。

9.2.10 壁纸壁布选购

1. 选购方法

(1) 看：看一看壁纸的表面是否存在色差、皱褶和气泡，壁纸的图案是否清晰、色彩均匀。

(2) 摸：看过之后，可以用手摸一摸壁纸，感觉一下它的质感是否好，纸的薄厚是否一致。

(3) 擦：可以裁一块壁纸小样，用湿布擦拭纸面，看看是否有脱色的现象。

(4) 闻：如果壁纸有异味，很可能是甲醛、氯乙烯等挥发性物质含量较高。

2. 应用场合

(1) 清新典雅风格的壁纸：适用于客厅和卧室空间的隔断。

(2) 简洁现代风格的壁纸：适用于客厅和餐厅空间的隔断。

(3) 温馨明朗风格的壁纸：适用于卧室和书房空间的隔断。

同时，壁纸的图案十分美丽，还可以将其裱糊在旧家具上，家具会因此焕发新的活力，而且如果墙面也是同样风格的壁纸，整体居室的格调会十分协调。

(4) 明朗的怀旧风格：比较适合在书房或一些怀旧家具上使用。

3. 用量计算

壁纸的用量用下面的公式计算：一是近似计算方法：地面面积×3（3 面墙）÷（壁纸每卷平方米数）+1（备用）= 所需壁纸的卷数；二是精确计算方法：所需壁纸的总幅数÷单卷壁纸所能裁切的幅数=所需壁纸的卷数。大面积的单色比较流行，也容易搭配使用。小图案壁纸容易拼缝，利用率相对较高；大图案壁纸利用率就相对较低。

9.3 窗帘帷幔

窗帘帷幔除具有调节室内环境色调、装饰室内之外，还具有遮挡外来光线，提供私密性，保护地毯及其他织物陈设不因日晒褪色，防止灰尘进入，保持室内清洁，并起到隔音消音等作用。若窗帘采用厚质织物，尺寸宽大，皱褶较多，其隔音效果最佳。同时还可以起到调节室内湿度的作用，给室内创造出舒适的环境。随着现代建筑的发展，窗帘帷幔已成为室内装饰不可缺少的内容。

9.3.1 窗帘帷幔的品种

1. 按照窗帘帷幔材质分类

按照窗帘帷幔材质，一般分为三大类：

(1) 粗料窗帘。粗料包括毛料、仿毛化纤织物和麻料编织物等，属厚重型织物。粗料窗帘帷幔的保温、隔音、遮光性好，风格朴实大方或古典厚重。

(2) 绒料窗帘。绒料含平绒、条绒、丝绒和毛巾布等，属柔软细腻织物。

绒料窗帘帷幔纹理细密，质地柔和，自然下垂，具有保暖、遮光、隔音等特点，且华贵典雅，温馨宜人，可用于单层或双层窗帘中的厚层。

(3) 薄料窗帘。薄料含花布、府绸、丝绸、的确良、乔其纱和尼龙纱等，属轻薄型织物。薄料窗帘帷幔质地薄而轻，品种繁多，打褶后悬挂效果好，且便于清洗，但遮光、保暖和隔音等性能较差。可单独用于制作窗帘，也可与厚窗帘配合使用。

2. 按窗帘悬挂位置分类

按照窗帘的悬挂位置，可分为外窗帘、中间窗帘和里层窗帘。

(1) 外窗帘：外窗帘一般指靠近玻璃的一层窗帘，其作用是防止阳光暴晒并起到一定的遮挡室外视线的作用，即从室内看得见室外，而从室外看不清室内。外窗帘选用的面料一般为薄型和半透明织物。

(2) 中间窗帘：中间窗帘放在薄型和厚型窗帘之间，一般采用半透明织物，常选用花色线织物、提花织物、提花印花织物、仿麻及麻混纺织物、色织大提花织物等。

(3) 里层窗帘：里层窗帘在美化室内环境方面起着重要作用。里层窗帘对窗帘质地、图案色彩要求较高，在窗帘深加工方面也比较讲究。里层窗帘要求不透明且有隔热、遮光、吸音等功能，选择时以粗犷的中厚织物为主，所用原料有棉、麻及各种纤维混纺。

9.3.2 窗帘帷幔选择与悬挂

合理选择窗帘的颜色及图案是达到室内装饰目的较为重要的一个环节。窗帘颜色的选择要根据室内的整体性及不同气候、环境和光线而定，如随着季节的变化，夏季选用单色薄质的窗帘为宜，冬天选择用深色和质地厚实的窗帘为最佳。窗帘颜色的选择还应同室内墙面、家具、灯光的颜色配合，并与之相协调。图案是在选择窗帘时要考虑的另一重要因素。竖向的图案或条纹会使窗户显得窄长，水平方向的图案或条纹使窗户显得短宽；碎花条纹使窗户显得大，大图案窗帘使窗户显得小。一般大空间宜采用大图案织物，小空间采用小图案织物。另外，窗帘的悬挂长度也影响图案大小的选择。

窗帘的悬挂方式很多，从层次上分为单层和双层；从开闭方式上分为单幅平拉、双幅平拉、整幅竖拉和上下两段竖拉等；从配件上分为设置窗帘盒，暴露和不暴露窗帘杆；从拉开后的形状分为自然下垂和半弧形等。

9.3.3 常用织物纤维的识别

市场上销售的织物品种比较多，鉴别方法也很多，但比较简单可行的方法是采用纤维燃烧的方法。各种化学纤维与天然纤维燃烧速度的快慢、产生的气味和灰烬的形状等均不相同，可从织物上抽取几根纱线，用火柴点燃，观察它们燃烧时的情况，就能分辨出是哪一种纤维。常用纤维燃烧时的特性如表 9.5 所示。

表 9.5 常用纤维的燃烧特性

纤维名称	燃烧特征
棉	燃烧很快，发出黄色火焰，有烧纸般的气味，灰末细软，呈深灰色
麻	燃烧起来比棉花慢，发出黄色的火焰，有烧纸般的气味，灰烬颜色比棉花深些

续表

纤维名称	燃烧特征
丝	燃烧比较慢，且缩成一团，有烧头发的气味，燃烧后成黑褐色小球，用手指一压即碎
羊毛	不燃烧，冒烟而起泡，有烧头发的气味，灰烬多，燃烧后成为有光泽的黑色脆块，用手指一压即碎
粘胶、富强纤维	燃烧很快，发出黄色火焰，有烧纸般的气味，灰烬极少，呈深灰色或浅灰色
锦纶	燃烧时没有火焰，稍有芹菜气味，纤维速卷缩，熔融成胶状物，趁热可以把它拉成丝，一旦冷却即成为坚韧的褐色硬球，不容易研碎

思考题

1. 地毯有哪些种类？它们之间的区别体现在哪些方面？
2. 地毯有哪些编制方法？
3. 墙面装饰织物有哪些？它们的特点和技术性能是什么？
4. 常用织物的识别方法有哪些？

10 建筑室内环境污染与控制

近年来的研究表明，室内空气质量不仅受室外大气污染物渗透、扩散等的影响，也受室内污染源的影响。居室中常见的有害物质多达数千种，种类复杂，对人体健康会造成各种影响。

装修污染物的种类繁多，其释放长达3~15年，对人体健康造成潜在的威胁。装修污染的危害主要包括：造成人体免疫功能异常、肝损伤、脾损伤以及神经中枢受影响；对眼、鼻、喉、上呼吸道和皮肤造成伤害；引起慢性健康伤害，减少人的寿命；严重的可引起致癌、胎儿畸形、妇女不孕症等；对小孩的正常生长发育影响较大，可导致白血病、记忆力下降、生长迟缓等；对女性容颜肌肤的侵害等。由于甲醛对皮肤黏膜有强烈的刺激作用，接触后会出现皮肤变皱、汗液分泌减少等症状。汗液分泌减少会阻碍毛孔内的脏物和人体新陈代谢。

室内建筑、装饰材料中有危害性的物质为挥发性有机污染物、放射性核素、重金属以及微生物等。

10.1 室内污染的来源

室内空气污染源不仅来自室内，而且来自室外。室外空气含有无数的污染物，有从工厂逸散的化学物质、汽车尾气等，在通风对流时流入室内。典型的室内污染物的来源为挥发性物质和建筑装饰用材料的颗粒、家具、设施、办公用品、办公和住宿用清洁设施、人的活动、居住环境中存在的暂时性物质。此外，装修装饰过程中设计的不合理、暖通空调系统的安装和维护不到位等原因，是导致有害物质污染室内空气的重要原因。

10.1.1 室内空气污染源

室内空气主要污染源可以归纳为以下几种：

1. 建筑装饰材料和内部设施

能释放有害物质的建筑装饰材料，包括墙壁镶嵌板、各种人造板、各类保温材料、隔音材料、地面贴砖、石材、油漆、胶黏剂、防漏材料、釉料和绝缘物质。这些建筑装饰材料中有的含有放射性物质，有的会散发出一系列的挥发性有机物。

空气处理系统、湿度调节装置和热交换器、建筑物内的地毯、地板革、塑料装饰物、房间隔板、家具和书架等，均可能成为有毒或有危险的污染源。

各种地毯和地板革的黏合剂往往对人体黏膜有刺激作用。涂料、填充料、油漆、胶合板、刨花板、泡沫塑料填料、各种塑料贴面等，含有各种有机溶剂及甲醛，对人体危害较大。用刨花板或中密度纤维板制作的家具是室内空气中甲醛的重要来源。

2. 办公设备

办公设备可以放出大量的有毒污染物，其中包括复印机（放出臭氧、碳、无碳复印纸复印机的挥发物）、摄像设备（放出醋酸）、图像机（放出丙烯酸酯）。

3. 室内各种化工产品

室内各种化工产品包括装饰材料、化妆品、黏合剂、空气消毒剂、杀虫剂、清洗剂、地毯洗洁剂、地板蜡等，它们在使用时都能污染空气。已有数例因地毯洗洁剂用量超过厂家的规定而使人发病的报告，因为地毯洗洁剂中含有十二烷基硫酸钠。

4. 人体排泄物

人体内大量的代谢废弃物主要通过呼出气体、大小便、汗液等排出体外。人呼出的气体中有毒物质有 149 种，人尿中的有毒物质有 229 种，汗液中有 151 种，通过表皮排出的有 271 种。呼吸道传染病患者和带菌者咳嗽、打喷嚏、谈话时，其病原体随飞沫喷出，会污染室内空气。

5. 燃烧或加热的副产物

燃烧或加热的副产物主要指各种燃料的燃烧、烹调油的加热以及吸烟等。

6. 室内生物性污染

建筑物的密闭使室内小气候更加稳定，温度更适宜，湿度更湿润，通风极差。这种密闭环境很容易滋生尘螨、真菌等生物性变态反应原，还能促使生物性有机物在微生物作用下产生很多有害气体，常见的有 CO_2、NH_3、H_2S 等。

7. 室外污染源

工业企业排放的有害物质或有害气体，交通运输工具排放的废气，外界环境污染，如垃圾堆、臭水坑等，以及花木树丛产生的花粉及孢子。临街的居民，受汽车废气影响较大，室内 CO、HCl 浓度较高。

另外，用于室内淋浴、冷却空调、加湿空气的水，以喷雾形式进入室内。水中可能存在的致病菌或化学污染物可随水雾喷入室内空气中，如军团菌、苯、汽油等。

以上所述仅是几个主要的污染来源。此外，还有家用电器的电磁辐射、光电反应产物（如紫外线灯照射产生臭氧）等造成的污染。实际上，室内有害因素的来源是非常广泛的。

10.1.2 室内空气污染物

1. 挥发性物质

挥发性有机化合物（VOC）是一类重要的室内空气污染物，目前已鉴定出 500 多种。VOC 中除醛类以外，常见的还有苯、甲苯、二甲苯、三氯乙烯、三氯甲烷、萘、异氰酸酯类等，主要来源于各种溶剂、黏合剂等化工产品。

苯是无色液体，带有特殊气味。常见的苯系物有甲苯和二甲苯等，均以蒸气的形式存在于空气中。

耗氧量是一项综合性指标，其值超过标准值，反映出室内还原性有机化合物的含量较高。

对一间装修后使用不到半年的封闭式现代化办公室进行空气采样，室内耗氧量超过苏联的卫生标准（6 mg/m^3）。同时，检测出的苯、甲苯、二甲苯等芳香族化合物，其浓度分别超过世界卫生组织（WHO）指导标准 0.05 mg/m^3 的 2~10 倍，它们的总和则超过指导标准 30 倍以上。

2. 燃烧产物

这里指在室内进行的燃烧产物，主要是各种燃料、烟草的燃烧。燃烧产物是一组成分很复杂的混合性污染物，对室内人群的健康有很大影响。其主要污染物为SO_2、CO、CO_2、NO_x、甲醛、多环芳烃类化合物、可吸入颗粒物（IP）、镉、烟碱（尼古丁）等。

3. 各类有机化合物

室内环境可以受到各种烃及其衍生物的污染，其中有脂肪族、芳香族、烷烃、酮、环芳香族、氯化烃等。

建筑物内有40种以上有机化合物，主要有$C_{8\sim13}$烷烃、$C_{6\sim16}$甲苯、1，3-二甲苯、乙苯、三甲基及其他取代苯、乙烷、辛烷、乙基苯、三氯乙烯、四氯乙烯、萘、苯甲醛、乙基苯、十一烷至十六烷、二甲基戊烯等。

4. 生物体

军团菌属是革兰氏阴性杆菌，是需氧菌，其最适宜培养温度为35 ℃。该菌在自然界的抵抗力较强，广泛存在于土壤、水体中，也可存在于储水槽、输水管道等供水系统中以及冷却塔、存水容器中。人一旦吸入，轻者在体内产生血清学反应，重者则引起军团菌病，简称军团菌病。

尘螨属于节肢动物，普遍存在于人类居住和工作的环境中，具有强烈的变态反应原性，可引起哮喘、过敏性鼻炎和过敏性皮炎、荨麻疹等。

尘螨种类很多，室内最常见的是屋尘螨，其大小为0.2~0.3 mm，能在室温20~30℃的环境中生存，最适宜温度为25℃±2 ℃，最适宜的相对湿度为75%~85%，最佳的相对湿度为80%。尘螨易在空气不流通处生存，空气流动大时则易死亡。

5. 氡及衰变产物

镭是铀裂变后产生的一种元素，存在于所有的岩石和土壤中。惰性气体氡（Rn）在镭裂变后产生，并从镭中扩散出来，进入空气或溶于周围的水中。

世界卫生组织曾将氡列为19种致癌物质之一，并已被确认为室内重要的并可导致肺癌发病率增加的潜在污染物。

氡的危害主要是当氡被吸入体内后，其衰变产生的短寿命子体沉积在肺部的支气管上皮细胞，发射的α粒子具有较高能量，会对细胞造成损伤，受损伤的细胞有可能发生变异，形成癌细胞，受机体免疫力等因素影响，就会发展成肺癌。随着接受辐射剂量的增加，受照人群中肺癌的发病概率也会增加。

室内的氡主要从房屋的地基土壤内和含镭的建筑材料或装饰材料中衰变而来，如花岗岩、瓷砖、水泥及石膏等均可能含有放射性物质。

室内空气污染物的分类见表10.1。

室内污染物浓度的高低，除了与产生的数量有关外，还与污染物进入室内空气后受到的环境影响以及污染物自身的理化特性有关。例如：建筑物的密闭程度、室内小气候状况、空调系统的性能、污染物氧化还原性能等因素，均能影响其室内污染物的浓度。

表 10.1 室内空气污染物的分类

污染物种类	典型污染物
燃烧产物	一氧化碳、氮氧化物、二氧化硫、二氧化碳、多环芳烃、烟草烟雾组分
挥发性有机化合物	杀虫剂组分、杀菌剂组分、杀鼠剂组分 醇类：1-十二烷醇、2-乙醛-1-己醇、异丙醇、戊醇 醛类：甲醛、丙烯醛、庚醛、己醛、丙醛 脂肪族类：环乙胺、癸烷、十二烷、2，4-二甲基己烷、1，3-二甲基环戊烷、二十烷、庚烷、己烷；壬烷、辛烷、戊烷 芳香烃类：苯、二己基苯、己烷苯、甲基己烷苯、萘、4-苯基环己烷、苯乙烯、甲苯、二甲苯 酯类：1-乙基丁酯 卤代烃类：氯仿、二氯苯、二氯甲烷、四氧乙烯、1，1，1-三氯乙烷、三氯乙烯、三氯甲烷
可吸入颗粒物	石棉、玻璃纤维、磨损产生的粉尘、无机尘粒、砷、镉、锂、汞、有机尘粒、纸张粉尘、花粉
呼吸产物	水蒸气、二氧化碳
生物和生物气溶胶	真菌、细菌、原生动物、病毒、微生物颗粒
放射性物质	氡、氡的衰变产物
气味	以上物质单独或组合产生的气味

10.1.3 装饰材料的污染

装饰材料的种类繁多，按材质划分有塑料、纺织品、木质、金属、石材、涂料与胶料、无机矿物制品、玻璃、陶瓷九大类，使用的原料极其广泛和复杂，其中的污染成分五花八门，污染的程度也各有高低。

表 10.2 所示为对人造板、油漆、涂料、黏合剂、地板砖、水泥制品等 16 种装饰材料中主要有毒有害成分调查的结果。

表 10.2 主要装饰材料有毒有害物质成分

装饰材料名称	主要有害成分
醇酸调和漆	癸烷、二甲基癸烷、十一烷、二甲基十一烷、TVOC（总挥发性有机化合物）
无光调和漆	乙苯、二甲苯、异丁烯苯、对甲基异丙苯、癸烷、TVOC
地板背底胶	乙酸乙烯酯
地板蜡	癸烷、十一烷、十二烷
内墙涂料	甲醛、甲苯、乙苯、二甲苯、甲苯二异氰酸酯、重金属、TVOC
化纤地毯、羊毛地毯	甲醛、苯乙烯、4-苯基环己烯、TVOC
地毯衬垫	甲醛、丁基羟基甲苯、4-苯基环己烯、TVOC
地毯胶黏剂	甲醛、2-乙基己醇、TVOC

续表

装饰材料名称	主要有害成分
壁纸、壁布	甲醛、甲苯、二甲苯、乙苯、重金属、氯乙烯、TVOC
木质人造板	甲醛、苯、甲苯、乙氧基乙酸、TVOC
塑料地板砖、卷材地板	甲醛、乙醛、氯乙烯、十一烷、甲苯、二甲苯、乙苯、乙酸乙酯、TVOC
绝缘材料	甲醛、甲苯、二甲苯、乙苯、四氯乙烯、TVOC
石棉制品	石棉尘
石材、墙地砖	放射性物质
溶剂型胶黏剂	甲醛、苯、甲苯、二甲苯、甲苯二异氰酸酯、TVOC
水基型胶黏剂	甲醛、苯、甲苯、二甲苯、TVOC

主要建筑材料和装饰材料产生的空气污染有：

（1）无机建筑材料或装饰材料，包括沙、石、砖、瓦、水泥、墙砖、地砖、马赛克、陶瓷、玻璃以及混凝土、石灰、石膏等及其制品，如砌块、预制品和构件等的放射性。

（2）木质人造板即以木材及植物纤维为原料经机械加工分离成各种形状的单元材料，再经组合并加入胶黏剂和其他添加剂压制而成的胶合板、纤维板或刨花板等板材所释放的甲醛。

（3）涂料中的有机化合物以及重金属。

（4）各种胶黏剂中的挥发性有机化合物、苯、游离甲醛。

（5）水性阻燃剂、防水剂、防腐剂、防虫剂等处理剂中的挥发性有机化合物、游离甲醛。

（6）冬季施工时混凝土防冻剂中所含尿素释放的氨。

（7）地基土壤中的氡气。

10.2 甲醛的污染与控制

甲醛（CH_2O）是一种挥发性有机化合物，无色、具有强烈的刺激性气味，密度略大于空气，易溶于水，其35%~40%的水溶液通称福尔马林。

引起甲醛污染的可能途径有：装修材料及新的组合家具；UF（脲醛树脂胶）泡沫；用甲醛作为防腐剂的涂料、化纤地毯、木制家具中使用的人造木板、油漆和软家具中使用的含苯胶黏剂等。

甲醛捕捉剂一般都是采用物理吸附或者化学中和的原理。大多只是治标不治本。因为从理论上讲，甲醛的释放期长达3~15年，治理后还会出现反弹，所以，目前市场上单一的甲醛清除产品并不能根除甲醛的释放。

10.2.1 室内空气中的甲醛

研究人员通过对住宅、办公室、图书馆、工厂车间等地点的室内和室外空气中甲醛的测量，得到的结果见表10.3。由表10.3可知，室内空气中的甲醛浓度比室外明显地高2~10倍。

表 10.3 室内外空气中甲醛的浓度（mg/m^3）

测定场所	室内	室外	测定场所	室内	室外
平房	0.030~0.44	0.005~0.040	办公室	0.010~0.030	0.040~0.015
旧住宅楼	0.010~0.20	0.005~0.040	图书馆	0.010~0.030	0.050~0.015
新住宅楼	0.050~0.380	0.005~0.040	车间	0.2~0.95	0.010~0.081

此外，室内温湿度对甲醛浓度也有一定的影响，分别见表 10.4 和表 10.5。可以看出，在一定湿度下，随着温度升高，室内甲醛浓度呈上升趋势；而在一定温度区间内，室内甲醛含量与湿度为正比例关系。因此，温度和湿度是促使室内甲醛释放的重要因素。

表 10.4 室内甲醛浓度（mg/m^3）随湿度变化的测定值

次数	相对湿度/%				次数	相对湿度/%			
	55	65	75	85		55	65	75	85
1	0.225	0.327	0.382	0.412	4	0.126	0.190	0.222	0.258
2	0.187	0.271	0.303	0.332	5	0.088	0.147	0.173	0.196
3	0.158	0.224	0.282	0.310	6	0.067	0.123	0.160	0.178

注：表中测试阶段的温度为 8 ℃左右。

表 10.5 室内甲醛浓度（mg/m^3）随温度变化的测定值

测试日期		温度/℃							
		10	14	18	22	26	30	34	38
第一阶段	第一天	0.237	0.360	0.488	0.581	0.622	0.704	0.757	0.792
	第二天	0.168	0.224	0.281	0.358	0.412	0.445	0.510	0.580
	第三天	0.112	0.170	0.195	0.203	0.243	0.269	0.315	0.332
第二阶段	第一天	0.092	0.105	0.115	0.125	0.133	0.166	0.183	0.186
	第二天	0.061	0.070	0.084	0.102	0.100	0.115	0.125	0.128
	第三天	0.048	0.056	0.056	0.074	0.078	0.076	0.084	0.087

注：表中测试阶段的相对湿度为 65%左右。

10.2.2 甲醛的危害及相关规定

甲醛的固、液、气三态均有持续的挥发性，即游离甲醛。游离甲醛在常温下每时每刻都在从发生源处外溢。

空气中只要甲醛的浓度达到 0.1 mg/m^3 时，便可闻到它的气味；当浓度达到 2.4~3.6 mg/m^3时，眼、鼻、喉都将受到刺激。人饮用 30 mL 浓度为 40%的甲醛溶液，20 min 后就会死亡；小动物吸入 400 mg/m^3 的甲醛蒸气，2 h 后会死亡；动物反复吸入各种不同浓度的甲醛，轻者出现喉头、气管黏膜充血、水肿，严重时可发生肺炎。

甲醛在人体内会分解出甲醇，吸入一定量后将引起某种程度的中毒，如麻痹中枢神经系统，使人感到疲劳；损害视网膜，使视力减退并有头痛症状；甲醛的水溶液对皮肤有腐蚀作用，长期接触会使皮肤失去弹性；甲醛有腐蚀肝脏甚至有致癌的危险。

甲醛还能与氧发生反应生成甲酸（HCOOH），进而腐蚀制品中的金属零件。

通常认为游离甲醛会对周围的环境产生污染，恶化室内环境，破坏室内清新的空气和温馨的情调，损害人们的身体健康。甲醛对人体的急性毒作用，主要表现为对眼睛、皮肤、黏膜的刺激作用，引起眼痛、流泪、皮炎等症状。空气中不同甲醛浓度对人体的刺激作用见表 10.6。

表 10.6　空气中甲醛浓度对人体刺激作用

空气中的甲醛浓度/（mg/m^3）	机体刺激反应
<1.2	眼、鼻、咽喉轻度刺激不适，能耐受 8 h
2.4~3.6	轻度流泪，一般可耐受 30 min
12	大量流泪
12~24	鼻与咽喉严重灼伤，流涕，呼吸困难，咳嗽
60~120	5~10 min 发生支气管和肺部严重损害

表 10.7 所示为世界各地的室内甲醛浓度的指导限值与最大容许浓度。从表 10.7 中可以看出，大多数国家的最大容许浓度在 0.1~0.3mg/m^3，瑞士和西班牙虽然较高，但一个是指导限值，一个仅适用于室内安装脲醛树脂泡沫材料的初期。

表 10.7　世界各地甲醛浓度指导限值与最大容许浓度（mg/m^3）

国家或组织	限值	备注
WHO	<0.08	总人群，30 min 指导限值
丹麦	0.13	总人群，基于刺激作用的指导限值
德国	0.10	总人群，基于刺激作用的指导限值
芬兰	0.13	对老或新（1981 年为界）建筑物的指导限值
意大利	0.12	暂定指导限值
荷兰	0.12	标准值，基于总人数刺激作用和敏感者的致癌作用
挪威	0.06	推荐指导限值
西班牙	0.48	仅适用于室内安装脲醛树脂泡沫材料的初期
瑞典	0.11	指导限值，室内安装胶合板或补救措施控制水平
瑞士	0.24	指导限值
美国	0.10	美国 EPA（环境保护组织）
日本	0.12	室内空气质量标准
新西兰	0.12	室内空气质量标准

我国于2001年由国家质量监督检验检疫总局和国家标准化委员会发布室内装饰装修材料有害物质限量10项国家标准，分别对装饰材料中的甲醛含量做出如下规定：

（1）内墙涂料游离甲醛含量≤0.1 g/kg。

（2）橡胶型胶黏剂游离甲醛含量≤0.5 g/kg。

（3）水基型胶黏剂游离甲醛含量≤1 g/kg。

（4）人造板材的甲醛释放量：

1）中密度纤维板、刨花板：E_1 级≤9 mg/100g，E_2 级≤30 mg/100g（穿孔法）。

2）胶合板、细木工板等：E_1 级≤1.5 mg/L，E_2 级≤5.0 mg/L（干燥器法）。

3）饰面人造板等：≤0.12 mg/m^3（气候箱法）和≤1.5 mg/L（干燥器法）。

（5）木制家具中甲醛释放量≤1.5 mg/L。

（6）壁纸中游离甲醛含量≤120 mg/L。

（7）地毯中甲醛释放量：A级≤0.050 mg/(m^2·h)，B级≤0.050 mg/(m^2·h)。

（8）地毯衬料中甲醛释放量：A级≤0.050 mg/(m^2·h)，B级≤0.050 mg/(m^2·h)。

（9）地毯胶黏剂中甲醛释放量：A级≤0.050 mg/(m^2·h)，B级≤0.050 mg/(m^2·h)。

10.2.3 装修时间和材料处理对甲醛的影响

甲醛在室内的浓度变化，主要与污染源的释放量和释放规律有关，也与使用期限、室内温度、相对湿度以及通风程度等因素有关。其中，温度和通风的影响最重要。

表10.8是装饰竣工后不同时间室内空气甲醛浓度的调查值。测试显示，随竣工时间的延长，其浓度逐渐下降。

装饰竣工3年内的甲醛浓度仍显著地高于对照组（3~15年）。

表10.8 装饰竣工后不同时间的室内空气甲醛浓度（mg/m^3）

竣工后时间/个月	样本数	范围	$\bar{x}\pm s$
<6	76	0.094~0.241	0.170±0.056
6~12	64	0.086~0.184	0.114±0.039
12~24	61	0.074~0.146	0.093±0.033
24~36	57	0.052~0.128	0.071±0.022
对照组	55	0.030~0.102	0.047±0.012

我国的大宾馆装修后，甲醛质量浓度峰值可以达到0.85 mg/m^3 左右，使用一段时间后可降至0.08 mg/m^3 以下。

一般住宅在新装饰后的峰值在0.2mg/m^3 左右，使用一段时间后可降至0.04 mg/m^3。

对装饰竣工后不同时间的居留者进行调查，其眼及上呼吸道刺激症状，如流泪、视物不清、咳嗽和呼吸困难等发生率增加。竣工时间越短，上述症状的发生率就越高。其中，眼部刺激症状在竣工24~36个月间的发生率显著地高于对照组，上呼吸道刺激症状的发生率在竣工12个月后虽高于对照组，但两者的差异无显著性，见表10.9。

含有甲醛成分并有可能向外界散发的其他各类装饰材料，有贴墙布、贴墙纸、化纤地毯、泡沫塑料、油漆和涂料等。表 10.10 是放置不同人造板的模拟测试室内空气中甲醛的检测结果。

表 10.9　装饰竣工后不同时间居留者的反应

竣工时间/个月	调查人数	眼部刺激症状		上呼吸道刺激症状	
		有反应人数	占百分比/%	有反应人数	占百分比/%
<6	174	80	46.0	11	6.3
6~12	150	41	27.3	6	4.0
12~24	126	22	17.5	4	3.2
24~36	120	20	16.7	2	1.7
对照组	203	9	4.4	1	0.5

表 10.10　不同板材的模拟测试室内空气中甲醛的检测结果

不同的类型处理的板材	甲醛浓度/（mg/m³）					
	1	2	3	4	5	6
未处理板材	0.311（1）	0.424（2）	0.196（3）	0.127（4）	0.112（5）	—
单层涂覆板材	0.020（6）	0.141（7）	0.026（8）	0.025（9）	0.017（10）	0.045（11）
常规涂覆板材	0.032（12）	0.033（13）	0.033（14）	0.033（15）	0.033（16）	—

注：标准参照值为甲醛 0.08 mg/m^3，表中括号内数据为采样情况号。

由表 10.10 可知：未经处理的板材挥发出甲醛的含量较高，远远大于标准参照值；经单层涂覆后，挥发量明显降低，基本低于拟定的标准参照值；常规涂覆的板材其挥发值略高于单层涂覆的板材，可能是因为测定环境中较高的温度和空气流通较弱造成的。

根据表 10.10 的结果，以放置人造板模拟测试室的天数为横坐标，甲醛浓度为纵坐标，得模拟测试室内细木工板挥发出的甲醛变化趋势图，如图 10.1 所示。

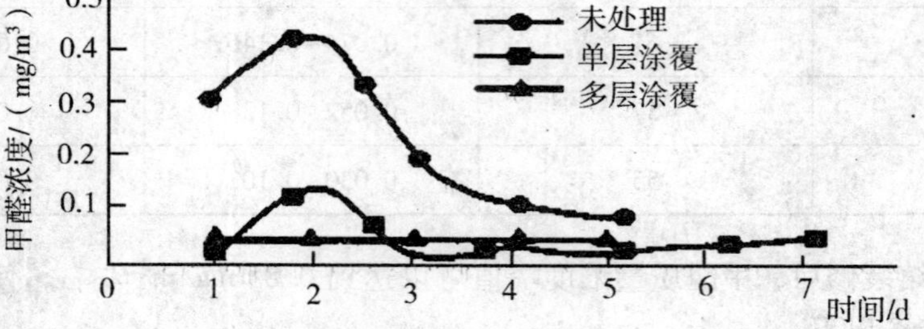

图 10.1　模拟测试室内木质人造板的甲醛挥发变化趋势图

上述分析表明，人造板材表面及端面采取涂覆处理措施，可以控制板材在室内空气中的暴露面积，从而有效减少板材中残留的和未参与反应的甲醛向周围环境的释放。单层涂覆和多层涂覆均能取得较好效果，单层涂覆较经济适用，多层涂覆效果持久。

10.2.4 人造板材中甲醛的释放与控制

装饰材料中甲醛对室内的污染，以木质人造板最为严重，已经引起了材料生产、家具与室内设计、装饰装修施工以及家居人群等各方面的广泛重视。以下介绍人造板在生产与应用中甲醛的释放原因和相关控制措施。

1. 影响人造板甲醛释放的因素

影响人造板甲醛散发的因素主要包括原料因素、工艺因素、测试方法因素、应用环境因素、后期处理因素等方面。

（1）木质原料因素：树种的不同可以影响到制成板材后的甲醛释放。例如，桦木刨花板比云杉刨花板的甲醛释放量高20%，云杉板比栎木板的甲醛释放量高10%。

（2）热压工艺因素：热压温度和热压时间对甲醛释放量有较大影响。从表10.11可以看出，随着热压温度的升高和热压时间的延长，板材的甲醛释放量降低。

（3）化工原料因素：氨基类合成树脂的摩尔比，是决定人造板甲醛散发量的重要因子。从图10.2可以看出，在一定范围内，摩尔比与甲醛释放量之间呈近似的线性关系。

表 10.11 热压温度和时间对刨花板甲醛释放量的影响

摩尔比（甲醛/尿素）	热压［温度/时间（℃/min）］	穿孔法/（mg/100 g）	温度有效系数	摩尔比（甲醛/尿素）	热压［温度/时间（℃/min）］	穿孔法/（mg/100 g）	温度有效系数
1.40	140/8	48		1.80	180/8	110	0.70
	180/8	37	0.77	1.27	180/3.2	27	
1.60	140/8	85			220/3.2	18	0.67
	180/8	65	0.76	1.50	180/3.2	59	
1.80	140/8	157			220/3.2	40	0.68

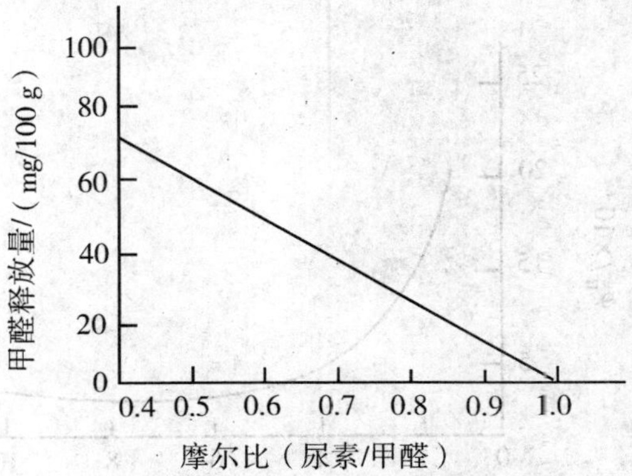

图 10.2 摩尔比对刨花板甲醛释放量的影响

（4）板材种类的影响：胶合板、细木工板、刨花板和中密度纤维板的甲醛散发穿孔值和抽吸值见表10.12。在四种板材中，胶合板的甲醛散发值最高。原因有以下几点：

1）胶合板所用脲醛树脂胶的摩尔比一般比较高，树脂中的游离甲醛含量常常也稍高。

2）树脂重量与木材重量的比值超过其他板种。

3）产品结构以及胶黏剂在板材中的分布状态比其他板材更容易导致甲醛向外界散发。

表 10.12　四种板材甲醛释放量的测试结果

板材种类	树脂中游离甲醛含量/%	穿孔值/（mg/100 g）	抽吸值/（mg/100 g）	生产车间空气中的甲醛浓度/（mg/m^3）
胶合板	0.97	131.4	28.4	0.62
细木工板	1.13	51.8	17.6	0.31
刨花板	0.23	26.6	3.8	0.23
中密度纤维板	0.32	63.9	7.2	0.37

（5）后期处理的影响：板材热压后进行降低人造板甲醛释放量的后期处理十分重要。

（6）使用环境对甲醛释放量的影响：使用环境的温度、相对湿度、空气流动等情况都会影响人造板的甲醛散发。

2. 人造板甲醛释放的控制

（1）改善制胶工艺：由表 10.13 可以看出，树脂中游离甲醛含量随甲醛与尿素摩尔比的降低而减少。因此，减少原料配方中甲醛用量可以降低树脂液中游离甲醛量。

（2）改善热压工艺：由图 10.4 可知，延长热压时间可以降低游离甲醛的含量。另外，在板坯热压过程中，随着热压温度的升高，甲醛释放量降低。

表 10.13　甲醛摩尔比与游离甲醛的关系

摩尔比（甲醛/尿素）	胶水中游离甲醛含量/%	摩尔比（甲醛/尿素）	胶水中游离甲醛含量/%
1∶1.80	2.17	1∶1.70	2.01
1∶1.60	1.58	1∶1.40	1.0
1∶1.20	0.5	1∶1.05	0.1

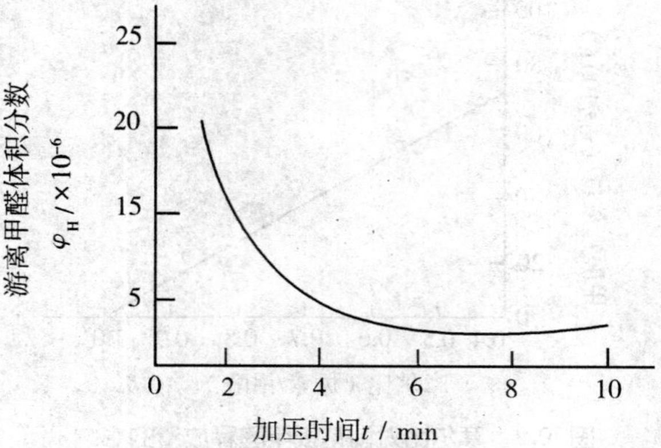

图 10.4　加压时间对甲醛散发量的影响

（3）改善调胶、施胶工艺：要尽量缩短调胶、施胶时间，或使该工序在密闭容器中进行。

（4）添加外加剂：从图 10.5 中我们可以看出，固化剂用量越大，游离甲醛的含量就越低。在留有充足的工艺流程时间的基础上增加固化剂用量，可明显降低游离甲醛含量。

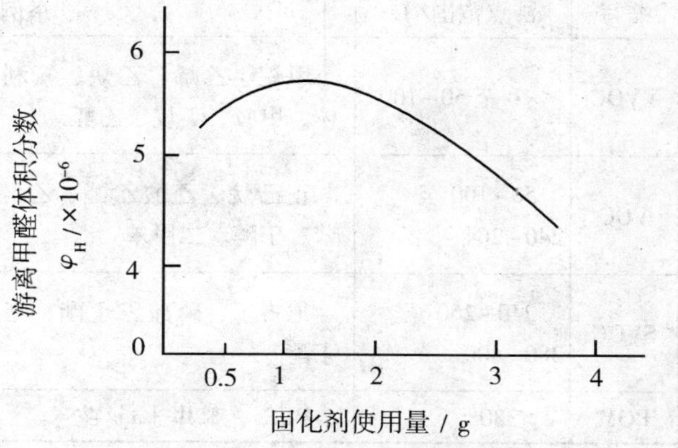

图 10.5 固化剂使用量对甲醛释放量的影响

（5）添加甲醛捕捉剂：常用的甲醛捕捉剂有尿素、三聚氰胺和树皮粉等，硫脲作为甲醛捕捉剂也较为理想。选用捕捉剂后，游离甲醛含量可降低60%左右。

（6）改善板坯含水率：如图 10.6 所示，在板坯含水率一定时，板坯的终含水率越低，板材中甲醛的含量也就越低。因此，降低热压后板坯的终含水率或提高板坯热压前的含水率，就可以使板材中甲醛的含量降低。

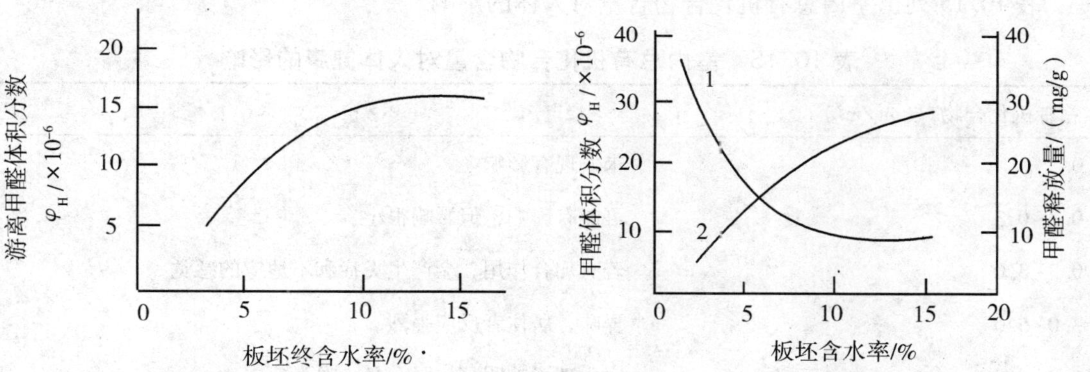

a. 刨花板中游离甲醛体积分数　　b. 热压过程甲醛释放量

图 10.6 板坯含水率对甲醛释放量的影响

10.3 挥发性有机化合物的污染与控制

挥发性有机化合物（VOC）目前已鉴定出 500 多种，一般不逐个分别表示，以总挥发性有机化合物（TVOC）表示。其来源主要为家具与室内装饰材料。

10.3.1 室内 VOC 的污染

在非工业环境中，易挥发性有机化合物（VVOC）中以甲壁污染较为严重，VOC 则通常是空气的重要污染源，如表 10.14 所示。

表 10.14 室内有机污染物分类

类别	缩写	沸点范围/℃	举例
易挥发性有机化合物	VVOC	<0 至 50~100	甲烷、乙烯、乙炔、氟利昂、甲醛、氯化乙烯单体、甲胺、丁烷、乙醛
挥发性有机化合物	VOC	50~100 至 240~264	正己烷、乙酸乙酯、乙醇、苯、甲基乙基酮、甲苯、丁醇、二甲苯
半挥发有机化合物	SVOC	240~260 至 380~400	尼古丁、磷酸三丁酯、噻苯哒唑、邻苯二甲酸二丁酯
颗粒状有机化合物	POM	>380	PCBs、苯并［a］芘

10.3.2 VOC 对人体健康的危害

挥发性有机化合物除甲醛以外主要为苯和苯系物，都是对人体有害的化学物质。室内 VOC 能引起机体免疫功能失调，影响中枢神经系统功能，出现头晕、头痛、嗜睡、无力、胸闷等自觉症状，还可能影响消化系统，出现食欲缺乏、恶心等；严重时甚至可损伤肝脏，引起造血系统出现变态反应等。

表 10.15 列出室内总有机化合物含量对人体的影响。

表 10.15 室内总有机化合物含量对人体健康的影响

总有机化合物/（mg/m^3）	影响
0.2	未发现有影响
0.2~0.3	可能有影响，但影响很小
0.3~3.0	若有加合作用，会产生炎症和不适应的感觉
3.0~5.0	异味，居住者反应强烈
5.0~8.0	对生理影响明显，眼、鼻、喉炎症
8.0~25.0	头疼、头晕
>28	头疼，毒害神经

室内装饰装修与室内 VOC 的散发浓度有着直接的关系，不同居室或公共场所装饰装修后的不同时期，空气中 VOC 的污染状况各不相同。表 10.16 和表 10.17 是有关这种情况的调查。

由表 10.16 可以看出，装潢能造成室内严重的 VOC 污染，装饰材料是室内 VOC 主要的污染源，这些材料包括板材、油漆、涂料等。

因此，在装修时，尽可能选择安全、低毒的新型环保材料，并且加强室内通风，尽量避免装修后在 30 d 内入住。

表 10.16 装潢后不同时间居室空气中主要 VOC 浓度水平（mg/m^3）

测定时段	甲醛	苯	甲苯	二甲苯	空气耗氧量
未装潢	0.014	0.003 7	0.013 5	0.002 0	2.115
装潢时	0.141	15.467 0	0.200 7	37.502 9	521.323
装潢后 30 d	0.122	0.007 3	0.034 2	0.105 4	6.183
装潢后 1 年	0.056	0.006 1	0.028 6	0.008 7	5.908
装潢后 2 年	0.025	0.004 7	0.013 4	0.002 2	5.800
室外（对照）	0.010	0.003 9	0.013 6	0.002 3	2.890

表 10.17 不同公共场所室内空气中主要 VOC 浓度水平（mg/m^3）

测定地点	甲醛	苯	甲苯	二甲苯	空气耗氧量
家具商场	0.079	0.006 4	0.013 7	0.005 1	5.928
证券交易所	0.036	0.005 1	0.013 4	0.002 4	5.840
旅店客房	0.054	0.006 0	0.014 8	0.002 4	4.758
油漆店	0.087	0.005 8	0.014 8	0.003 7	9.900
办公室	0.085	0.005 7	0.014 8	0.002 3	2.308
大型商场服装部	0.046	0.007 1	0.022 5	0.012 1	5.470
鞋部	0.059	0.007 5	0.018 1	0.003 1	7.360
化妆品部	0.063	0.009 1	0.019 7	0.002 8	9.815
室外（对照）	0.010	0.003 9	0.013 6	0.002 3	2.890

10.3.3 影响 VOC 散发的因素和控制措施

1. 影响材料中 VOC 散发的因素

（1）环境温度。

（2）VOC 的浓度。

（3）材料的释放特性。

（4）通风条件和空气流速。

（5）材料种类和性质。

2. 降低 VOC 对人体健康影响的措施

（1）慎重选择装饰装修材料。

（2）加强室内通风换气。

（3）新建房屋采用“加热法”促使 VOC 迅速散发。

（4）使用甲醛捕捉剂来降低板材甲醛释放量。

（5）在室内养上几盆不同品种的花卉。

目前市面上的甲醛“杀手”有两种，一种是封闭剂，一种是甲醛捕捉剂、甲醛消除剂。这两种产品都是各有其利弊的。

将封闭剂涂到产品表面，起到封闭甲醛的作用，使其释放不出来，从原理上来说，这是比较好的一种做法。但是，家具在使用过程中不断磨损，天长日久，当初涂的封闭剂就会失去原有的作用。

甲醛捕捉剂、甲醛消除剂是通过化学反应，加快了家具中甲醛的释放。但是，这种化学制剂有些会对家具造成损坏、在衣物上留下污渍。另外，还有些杀甲醛产品只是在剂液中加了些香精，喷洒到屋中，掩盖原来的味道，根本起不到清除甲醛的作用。

中国预防医学科学院有关人士表示，目前还没有对“甲醛消除剂”这一类的产品做过毒理测试。多数业内人士一致认为，“甲醛消除剂”之类的产品只能在某种程度上减少室内空气中的甲醛污染，并不能完全消除室内空气中的甲醛。

3. 对空气净化有效的植物

目前，已初步认识到对室内空气净化有效的植物主要有：

（1）洋绣球、秋海棠、文竹、菊花等，在夜间可吸收二氧化碳、二氧化硫等有害物质。

（2）吊兰、非洲菊、金绿萝、芦荟、君子兰，可吸收空气中的甲醛。

（3）铁树、菊花、常青藤可吸收苯的挥发性气体。

（4）龟背竹有很强的吸收二氧化碳能力。

（5）龙舌兰、扶郎花可吸收空气中的苯。

（6）月季能吸收氟化氢、苯、硫化氢、乙苯酚、乙醚等气体。

（7）红颧花能吸收二甲苯、甲苯和存在于化纤、溶剂及油漆中的氨。

（8）龙血树（巴西铁类）、雏菊、万年青可清除来源于复印机、激光打印机及存在于洗涤剂和黏合剂中的三氯乙烯。

（9）米兰、蜡梅等能有效地清除空气中的二氧化硫、一氧化碳等有害物。

（10）玫瑰、桂花、紫罗兰、茉莉、石竹等芳香花卉产生的挥发性油类具有显著的杀菌作用。

（11）仙人掌等原产于热带干旱地区的多肉植物，在吸收二氧化碳的同时制造氧气，使室内空气中的负离子浓度增加。

（12）仙人球和仙人掌生长在日照很强的地方，吸收辐射的能力特别强，能够帮助人们减轻一部分辐射的危害。

10.4 放射性物质污染

室内放射性物质污染与建筑材料和装饰材料的关系相当复杂，由材料引起室内放射性物质污染水平增高或超标的综合评价工作应由专业技术人员来完成。正确评价建筑材料和装饰材料的放射性现状，有利于建筑材料行业可持续发展，有利于人们选择合格的建筑材料和装饰材料。

10.4.1 材料的放射性及其危害

1. 放射性材料的内照射和外照射

建筑材料和装饰材料中放射性核素对人体的危害有两个方面：

（1）建筑材料和装饰材料中镭（^{226}Ra）、钍（^{232}Th）和钾（^{40}K）三种主要放射性核素释放出 β、γ 射线，对人体产生所谓的外照射。

（2）建筑材料中的镭、钍衰变释放出来的放射性气体氡（^{226}Rn）及其短寿命子体，通过呼吸进入人体肺内或沉积于器官壁，而对人体产生所谓的内照射。

严格来说，居室的天花板、地板及墙壁四周均产生放射线，对人体产生外辐射。

2. 材料的放射性控制标准

放射性物质是否会对人体产生危害可以从放射性活度和剂量当量两方面加以控制。

（1）放射性活度与比活度：放射性活度简称活度，它的SI单位是"s^{-1}"，SI单位专名是贝可［勒尔］（becquerel），符号为Bq。1Bq＝1次衰变/s。单位质量或单位体积的放射性物质的放射性活度称为放射性比度，或称比活度。

（2）剂量当量：国际放射防护委员会（ICRP）规定，工作人员全身均匀照射的年剂量当量限制为50mSv（毫希沃特），广大居民的年剂量当量限值为1mSv（0.1rem）。我国放射卫生防护基本标准中，规定放射性工作人员受到全身均匀照射时的年剂量当量不应超过50mSv（5rem），公众中个人受照射的年剂量当量应低于5mSv（0.5rem）。当长期持续受放射性照射时，公众中个人在一生中每年全身受照射的年剂量当量限值不应高于1mSv（0.1rem）。

3. 放射性及其危害

如上所述，天然核素对人体的危害有内照射与外照射之分。内照射是以食物、水、大气为媒介，摄入人体后自发衰变，放射出电离辐射。外照射是核素在衰变过程中，放射出电离辐射α、β、γ射线，直接照射人体。

氡及其子体对人体的危害是通过内照射进行的。氡及其子体进入人体后，氡子体会沉积在气管、支气管及人体肺部不断累积，并继续快速衰变产生很强的内照射，放射出能量高的粒子，产生电离并激发杀死、杀伤人体细胞组织，被杀伤的细胞就可能发生变异，成为癌细胞，使人罹患癌症。人类受电离辐射损伤致病，最早被记录的是高氡及其子体照射下的矿工患肺癌。

10.4.2 室内放射性的主要来源

1. γ射线外照射

室内的γ辐射主要来自建筑材料。

2. 装饰材料的外照射

室内经装修后，花岗岩、磷石膏等有可能使室内氡浓度增加，瓷砖不但可能增加室内氡浓度，而且有可能增加β辐射，从而对居住者形成不必要的照射。

3. 室内的氡

氡的来源比较广泛，但室内的氡主要来源于建筑材料和装饰装修材料，以及室内所用的天然气和生活用水及表层土壤。

室内氡浓度水平的高低主要取决于房屋地基地质结构、建筑和装修材料中镭含量的高低、房屋的密封性、室内外空气的交换率、气象条件等。

10.4.3 天然石材的放射性

1. 花岗岩

花岗岩的矿物成分主要有石英、长石和云母，化学成分主要为二氧化硅，属火成岩中的酸性岩石，原生放射性核素^{238}U、^{226}Ra、^{232}Th和^{40}K等含量较高。花岗岩因化学组分差异而呈现不同颜色，其中尤以红色和黑白相间颜色的放射性含量较高。

2. 大理岩

大理岩的放射水平较低，与普通红砖无明显区别。

色彩对放射性也有一定影响。红、绿色大理岩放射性最高，白、黑色大理岩则最低。所以，应谨慎选择红色系、棕色系、绿色系或带有红色大斑点的大理岩石材。另外，我国石材按放射性高低被分为 A、B、C 三类；按规定，只有 A 类可用于家居室内装修。

3. 砂岩

砂岩的放射性物质含量取决于其母岩（多为岩浆岩）中的放射性核素的含量及成岩过程中的环境因素。

花岗岩、大理岩、砂岩石材中天然放射性核素的含量及空气中的吸收剂量率见表 10.18，可以看出，花岗岩的比活度和吸收剂量率远高于大理岩和砂岩。

表 10.18 花岗岩、大理岩、砂岩石材中天然放射性核素的含量及空气中的吸收剂量率

岩类	^{40}K	^{238}U	^{232}Th	^{226}Ra	离地面 1 m 处空气吸收剂量率/（$\times10^{-2}\mu Gy/h$）
	放射性比活度（$\times3.7\times10^{-2}Bq/kg$）				
花岗岩	99.9	5.92	8.14	10.5	12
大理岩	2.4	0.75	0.19	—	2.0
砂岩	10	0.5	0.3	—	3.2

10.4.4 陶瓷地砖的放射性

瓷砖主要用黏土或页岩等作为坯料，表面涂上不同颜色的釉料加工而成。其坯料因原料不同，辐射水平有所差异，一般用页岩作为坯料比用黏土作为坯料的放射性要稍高一些。

釉料中所用含锆化合物有锆英石（$ZrSiO_4$）和氧化锆（ZrO_2），在瓷砖坯体表面涂上釉料后，由于引入了放射性较高的物质，增加了 β、γ 辐射强度，从而增加了室内附加剂量率。使用低辐射釉料的瓷砖，是室内装饰中的明智之举。

10.4.5 其他装饰材料的放射性

1. 石膏装饰材料

天然石膏装饰材料的辐射水平较低，其 γ 外照射吸收剂量率为 0.10~0.16 μGy/h，^{226}Ra 比活度为 10~22Bq/kg，^{232}Th 比活度为 4~11Bq/kg，不会对居住者造成放射性危害。

利用硅酸盐工业中产生的磷石膏制成的建筑材料和室内装饰材料的放射性元素含量较高，^{226}Ra 含量高达 1 221Bq/kg。（正常为 178~740Bq/kg）

一些国家用磷石膏作为建筑材料或装饰材料的房屋内，其^{226}Ra 含量和 γ 吸收剂量率如表 10.19 所示。

2. 木材

木材中的放射性是从土壤中转移而来。由于各地土壤中放射性核素的含量不尽相同，因而木材中的放射性也有区别。一般说来，木材中放射性含量均比较低。

木材中放射性含量较低，因而用它建成的室内，其 γ 辐射水平不高。如北京天坛祈年殿内，γ 吸收剂量率为 0.024~0.12 μGy/h，为全世界迄今所报道的本质建筑物中的最低测量值。

表 10.19 一些国家用磷石膏作为装饰材料时的辐射性

国名	$^{226}Ra/(Bq/kg)$	γ 吸收剂量率/($\mu Gy/h$)
波兰	370	0.63
英国	284	0.59
美国	438	0.75
缅甸	420	0.68
芬兰	258	0.84

10.5 装饰材料污染水平的测定

通过以上的论述可知，装饰材料的主要污染是有害气体，特别是甲醛的危害，此外还有放射性污染和生物污染。甲醛的危害以在装饰装修中使用的大量人造板的污染较严重，挥发性有机化合物的危害以涂料的污染较严重，放射性危害以天然石材的污染较严重，以下就这几种材料的污染水平检测做一简单介绍。

《民用建筑工程室内环境污染控制规范》（GB/T 50325—2010）将氡、甲醛、氨、苯和总挥发性有机化合物（TVOC）及游离甲苯二异氰酸脂（TDI）作为首要污染物。

10.5.1 人造板甲醛释放的测定

《室内装饰装修材料人造板及其制品中甲醛释放限量》（GB 18580—2001）对人造板中甲醛含量或释放量的检测规定了三种方法：穿孔萃取法、干燥器法和气候箱法。

1. 穿孔萃取法

此法是测试人造板甲醛含量的一种基本方法，其操作过程是将 100 g 受试板材（20 mm×20 mm）在甲苯溶液中加热至沸腾回流 2 h，然后用蒸馏水或去离子水吸收所萃取的甲醛，水溶液中甲醛的含量用乙酰丙酮分光光度法测定。

（1）优点：设备简单，易于推广，萃取不受环境温度及气候因素影响，测试结果重复性好，甲苯可回收重复使用。

（2）缺点：测定成本较高，与板材在正常使用条件下的实际散发情况相距较大，并且只适用于未经饰面的板材，测定值与板材的含水率有关，难于将含水率差别较大的板材的甲醛释放量进行比较。

2. 干燥器（空气）法

干燥器法是在干燥器底部放置盛有 300 mL 蒸馏水的玻璃容器，在其上方固定的金属支架上悬挂受试板材（150 mm×50 mm），在一定温度下放置 24 h，蒸馏水吸收释放的甲醛，取样品溶液，其溶液中甲醛的含量用乙酰丙酮分光光度法测定。所得数据为游离甲醛释放量。该法操作简单易行，检测时间短。

3. 气候箱法（环境测试舱法）

气候箱体积通常在 1~40 m^3，箱体材料必须使用化学性质不活泼、无吸附性、不释放挥发性有机化合物的惰性材料如不锈钢等制成。气候箱法是模拟室内环境，并考虑了影响木制板材甲醛释放的各项因素（温度、相对湿度、空气流速和空气交换率），由此测定出箱内空气中的甲醛平衡浓度，从而推算出甲醛的释放量，其数值较为接近实际值。

（1）优点：气候箱法模拟性强，与实际释放情况较接近。

（2）缺点：该法测定结果受测试环境的温度影响较大，20℃与25℃时的测定结果误差高达40%~45%，因此该法仅适用于在温湿度可以控制的恒温恒湿实验室内进行。

4. 其他检测方法

（1）气体分析法。

（2）电化学法、气相液相色谱法。

（3）催化光度法。

（4）室内空气现场甲醛测定仪。

（5）动力学光度法测定甲醛。

（6）荧光法。

（7）化学发光法（CL法）。

（8）空气循环法。

10.5.2 油漆和涂料中有机挥发物的测定

由于技术和设备不成熟，目前还难以采用甲醛测定中的干燥器法或气候箱法测定油漆和涂料中VOC的释放量，而只能测定TVOC。

材料在一定温度下蒸干后，留下的为不挥发物，失去的挥发物为TVOC和水分。由于油漆中一般不含水分，失去的挥发物即为TVOC。水性涂料要检测水分，除去水分即是TVOC。水分含量的测定采用气相色谱法或卡尔·费休法。

1. 气相色谱法

流动相为气体，称为载气；色谱柱分为填充柱和毛细管柱两种，填充柱内装吸附剂、高分子多孔小球或涂渍固定液的载体，毛细管柱内壁或载体经涂渍或交联固定液。注入进样口的供试品被加热气化，并被载气带入色谱柱，在柱内各成分被分离后，先后进入检测器，色谱信号用记录仪或数据处理器记录。

2. 卡尔·费休法

利用化学反应原理进行水分测量的方法，测量结果准确可靠，广泛用于测量液体、固体或气体中的含水量。卡尔·费休法被许多国家和专业机构作为标准分析方法，用于校准其他原理制作的水分仪，如核磁、红外光谱和微波水分测定仪。

10.5.3 石材中放射性物质的测定

1. 室内空气中氡的测定

（1）闪烁瓶法：用气泵将含氡的空气经干燥塔滤气并吸入闪烁室，氡及其子体发射的α粒子使闪烁室内的ZnS（Ag）柱状体产生闪光，光电倍增管再把这种光讯号变成电脉冲，由单片机构成的控制、测量电路，把探测器输出的氡脉冲放大、整形，进行定时计数，单位时间内的脉冲数与氡浓度成正比，从而确定空气中氡的浓度。

（2）活性炭盒法：属被动式采样，能测量出采样期间内平均氡浓度的方法。

把活性炭盒放置在待测建筑物的房间内，按照国标规定的时间采集，采集时间到后取回实验室用低本底多道γ能谱仪测量，通过一套专门的分析计算软件，可直接给出被测房间空气中的氡浓度（Bq/m^3）。

该方法特别适合建筑工程验收、房间氡浓度调查等对大量房间同时进行室内空气中氡浓度的检测。

图 10.7 所示为氡测定仪，泵吸式采气，即闪烁瓶法测氡。图 10.8 所示为低本底多道 γ 能谱仪，即活性炭盒法测氡。

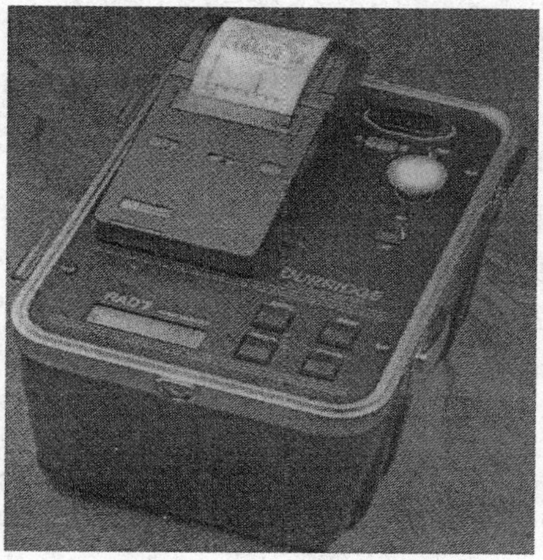

图 10.7 闪烁瓶法测氡

图 10.8 活性炭盒法测氡

2. γ 射线的仪器测定

γ 射线常用测定仪有 TL2806 智能型 X、γ 环境水平剂量率仪，图 10.9 所示为 γ 射线测定仪。其整机小巧、美观，携带方便，并具有辐射强度报警、故障自诊断和保护功能，适用于环境水平 X、γ 辐射剂量水平的测定。例如，环境 γ 本底普查、铀矿勘探、建筑材料及居室放射性检测、各种非开放式放射性场所防护评价等。

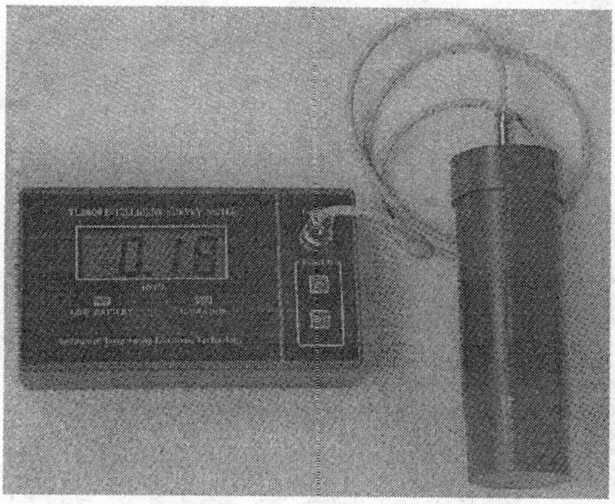

图 10.9 γ 射线测定仪

思考题

1. 污染的种类和来源有哪些?
2. 怎样有效控制各种污染?
3. 污染物含量的测定方法有哪些?

11 绿色装修

绿色是指自然、原始的环境，绿色装修是以自然、安全、简洁、美观、舒适为目标，进行有利健康、有利环境、有利生态并点缀适量有益花卉的装修。即采用高质量的绿色环保建材；请优秀装修公司科学设计，规范施工；在竣工后 20 d（通风）提供由权威单位出具的室内环境质量符合国家标准的安全证明；入住时，摆放适量有益花卉的装修，即为绿色装修。

为什么要进行绿色装修？随着人们生活水平的提高，对建筑的装修装饰越来越重视，对家居装修投入的费用逐年增加，家居装修在满足美观、舒适、温馨的同时，还应重视装修带来的污染。据报道，近 70%的疾病根源于室内空气污染：由于室内环境的恶化，我国的肺癌发病率以每年 26. 9%的惊人速度递增；80%的白血病发病率与室内空气污染有直接关系；乔迁新居后有的新婚夫妇长时间不怀孕，查不出原因，或孕妇在正常怀孕情况下发现胎儿畸形……这些都与装修污染有关。装修产生的污染被誉为“贴身杀手”，对身体产生较大危害，因此，很多人谈装修色变，宁可不装修，也不要因装修危害健康。可见，绿色装修是必然趋势，是人民对健康生活的向往。

要进行绿色装修，首先进行绿色设计，使住宅的空间利用更合理，如科学间隔、通风透气，保证室内空气的新鲜；选用隔断玻璃门窗，减少噪声对人体健康的危害。整体设计不以夸富、攀比为基调，不搞名贵材料堆砌，强调的是色彩的和谐。颜色对人的生理和心理有一定的影响，赏心悦目的色彩有助于人体疲劳的缓解，冷暖色调的合理搭配可有效地调节情绪。其次应选择绿色建筑装饰材料，采用以环境保护为宗旨设计生产的无毒、无害、无污染的装饰材料和国家环保部门指定机构根据环保标准确认、颁证的产品；选择绿色家具，即基本上不散发有害物质的家具，如原木系列、科技木家具、高纤板家具、纸家具系列，未经漂染的牛、猪等皮张制作的家具，以天然藤、竹制作的家具系列等；选择绿色家电和照明，使用以节约资源、保护环境、高效安全为目的的家电和照明设施。再次，强调居室的绿化，摆放绿色植物，可吸收室内的有害物质，改善室内空气质量，给人轻松和谐之感，烘托家庭气氛，增添生活情趣，提高生活质量。

11.1 绿色建筑装饰材料

11.1.1 绿色建筑装饰材料的基本知识

对于形容或界定材料来说，“绿色”是一个抽象的、广义的、含糊的词语，因此常常又将“绿色材料”称为“环境材料”“环境友好材料”“环境协调材料”“生态材料”“环保材料”等。用一两句话来定义绿色材料和绿色建材或绿色装饰材料是难以说清楚的，以下是有关绿色材料与绿色建材的论述。

1. 绿色建材的基本概念

绿色材料是指在原料选取、产品制造、使用或者再循环以及废料处理等环节中对地球环境负荷最小和有利于人类健康的材料，又称为“环境调和材料”。绿色建材是绿色材料中的一大类。

绿色建材的基本功能除作为建筑材料的基本实用性外，还在于维护人体健康、保护环境。

2. 绿色建材的基本特征

（1）资源消耗最小化。绿色建材生产所用原料尽可能少用天然资源，而大量使用尾矿、废渣、垃圾、废液、农作物剩余物等废弃物。

（2）能源消耗最小化。采用低能耗制造工艺和利用太阳能、风能等自然能源。

（3）产品处理无害化。产品可循环或回收再生利用，无污染环境的废弃物。

（4）生产过程清洁化。在产品配制或生产过程中，不使用甲醛、卤化物溶剂或芳香族碳氢化合物，产品中不得含有汞及其化合物，不得用含铅、镉、铬及其化合物的颜料和添加剂，即不使用对环境产生污染和对人体有害的物质。

（5）产品安全和友好化。产品不仅不损害人体健康，而且应有益于人体健康。产品还具有多功能性，如抗菌、灭菌、防雾、除臭、隔热、阻燃、防火、调温、调湿、消声、消磁、防射线、抗静电等。

3. 绿色建材的测试与评价

研究、开发和应用绿色建材时要考虑的内容有：建材对地球臭氧层的破坏程度；掺入的废渣对环境的破坏；是否有利于保护树木和改善生态环境，减少 CO_2 的排放、放射性的影响、有害化学物质的影响和减少声、光、电、磁污染等。

（1）绿色建材的分类：

1）绿色建材的测试指标：一般可分为以下两类。

第一类为单项理化指标，包括放射性强度、甲醛含量等。

第二类为复合测试指标，包括挥发物总含量、人类感觉试验、耐燃等级、氧指数、废物利用率、木材取代性和节能效果等。

2）绿色建材的评价指标：可以分为以下两类。

第一类为卫生类评价指标，包括放射性强度和甲醛含量等。在这类指标中，只要有一项不合格就不符合绿色建材的标准。

第二类为复合类评价指标，包括挥发物总含量、人类感觉试验、耐燃等级和综合利用指标。在这类指标中，只要有一两项指标较好，该材料就可以作为绿色建材。

（2）绿色材料在国内外的发展：德国是世界上最早执行环境标志制度的国家，1978 年德国发布了第一个环境标志——“蓝天使”。一种无毒无味、对人体无害的水性建筑涂料在德国获得“蓝天使”标志后，很快就占据了市场，传统的溶剂性建筑涂料逐渐被淘汰。

丹麦为了促进绿色建材的发展，推出了健康建材（HBM）标准。标准规定，所出售的建材产品在使用说明书上除了标出产品质量标准外，还必须标出健康指标。

美国是较早提出环境标志的国家，华盛顿州要求机关办公室室内所有饰面材料和家具（包括地毯、涂料、胶黏剂、防水材料等）在正常条件下，TVOC 不得超过 0.5 mg/m^3，可吸入的颗粒不得超过0.05 mg/m³，甲醛含量要小于0.06 mg/m³，4-甲基环己烯含量要小于0.006 5 mg/m³（仅对地毯）。

日本于1988年开展环境标志工作，至今环境标志产品已有2 500多种。在绿色建材产品研究和开发以及健康住宅样板工程的兴建等方面都取得了可喜的成果。例如，已建成了日产50 t生态水泥的生产线；日本东陶公司研制成功可有效抑制细菌繁殖和防止霉变的保健型瓷砖；日本铃木产业公司开发出具有调节湿度性能和防止壁面生霉的壁砖及可净化空气的预制板等。

我国也在研究开发绿色建材方面做了大量的工作，取得了一定的成果。

1995年5月，苏州市新型建筑涂料厂的沧浪牌丙烯酸BS合成树脂乳液涂料和洛阳市防水涂料厂的大禹牌DC-818水性多彩涂料被批准为我国第一批环境标志产品。

当前，一些发达国家的绿色建材的开发研究已达到较高水平，工业废渣的综合利用率达到95%~100%。我国在这方面的开发研究也取得了一些突破。

（3）绿色建材的技术开发内容：

1）高新技术绿色建材。其中包括灭菌健康建筑卫生陶瓷、常温远红外建筑陶瓷、电磁波屏蔽材料及防辐射内墙涂料、电致自然光发生材料。

2）工业废渣的综合利用。粉煤灰综合利用技术、城市固体废弃物在建材领域的综合利用技术、磷石膏及脱硫石膏的应用。

3）建材生产的生态化技术。建材生产中的富氧煅烧技术、废气净化与利用、建材环境负担与性能评价体系和数据库、“绿色标志”建筑材料论证体系。

11.1.2 环境功能性装饰材料

环境功能性装饰材料是绿色建材之一，它的主要特征是：

（1）在使用过程中具有净化、治理、修复环境的功能。

（2）在其使用过程中不形成二次污染。

（3）其本身易于回收和再生。

环境功能性装饰材料主要包括抗菌材料、空气净化材料、保健功能材料、电磁波防护材料等。

1. 抗菌自洁装饰材料

（1）抗菌陶瓷：生产抗菌卫生陶瓷的方法主要有：一是在高温下，将能够抑制细菌生长的Ag^+烧结在陶瓷器件的表面，不仅可以避免陶瓷器件滋生细菌，而且细菌一旦附着在上面就会被杀死。二是利用高温将光电催化剂TiO_2烧结在陶瓷器件表面，当荧光灯放出的紫外线冲击到它上面时，TiO_2即产生活性氧，分解有机物，从而阻止细菌的生长，同时还可除去室内臭气，保持空气无异味。三是在普通陶瓷器件的表面涂上一层TiO_2，外面再涂敷铜和银的化合物，在荧光灯的照射下，能发挥最大的杀菌功效，1 h内可杀死99%的葡萄球菌。

1）银系抗菌陶瓷：将抗菌效果好、安全可靠的银、铜等元素加入到陶瓷釉料中，经施釉和烧结后，使之在陶瓷表面的釉层中均匀分散并长期存在。

银、铜一般以其特殊的无机盐形式（用锆酸盐或硅酸盐作载体）引入，在高温烧成时应抑制银的高温反应和着色。在工艺技术上，需从釉料的组成、烧成温度和气氛等方面采取相应措施。

其杀菌机制是：釉中 Ag^+（此外还有 Cu^{2+}、Zn^{2+}等）非常缓慢地溶出，通过扩散到达细胞膜并被细胞膜吸附，破坏细胞膜及细胞的新陈代谢，从而产生了杀菌作用。

2）氧化钛（TiO_2）光催化系抗菌陶瓷：所谓光催化材料，就是通过吸收光而处于高能状态，并以此能量与某些物质发生化学反应的材料。例如 TiO_2，其光催化作用与太阳能电池的工作原理相似，在阳光的作用下，TiO_2 发生电离而产生带负电的电子和带正电的空穴，这种电子和空穴具有很强的还原和氧化能力，能与水或水中的氧发生反应，生成 OH^- 或 O^{2-}，其作用与漂白粉和过氧化氢一样，由于氧化能力很强，因而具有很高的消毒杀菌功能。

在釉面砖的表面引入 TiO_2，可以制成含 TiO_2 光催化的抗菌性陶瓷面砖。以陶瓷粉末为载体、表面包覆 TiO_2 光催化的粉末状陶瓷制品，在环境保护方面展示了广阔的应用前景。例如，它能分解卷烟的烟臭味，使大气污染物质 NO_x 和 SO_x 无害化；能降解一些难于分解的化学物质，也可使泄漏在海洋中的原油分解。总之，TiO_2 光催化陶瓷对净化生态环境具有重要意义。

（2）抗菌塑料：抗菌塑料是一类在使用环境中自身对塑料上存在的细菌、真菌、酵母菌、藻类甚至病毒等起抑制或杀灭作用的塑料，通过抑制微生物的繁殖来保持自身清洁。抗菌塑料作为一类具有特殊功能的新型塑料，在近几年内得到了迅速发展。

目前，抗菌塑料主要通过在普通塑料中添加少量抗菌剂的方法获得。抗菌塑料所用的抗菌添加剂一般分为有机系、无机系和天然抗菌剂。20 世纪中叶较多使用有机抗菌剂整理织物获得抗微生物纤维制品，20 世纪 80 年代后无机系抗菌剂得到迅速发展和应用，目前抗菌塑料的研制开发进入了无机和有机复合抗菌的新时代。另外，在高分子链上直接引入抗菌化合物活性基团的合成研究也越来越受到重视。这些新课题的研究将进一步提高材料的抗菌性，对环保产生积极作用。

抗菌塑料在家电和日用品中得到应用后，将越来越多地应用在建材和室内装饰材料中。高档轿车的内饰也将越来越多地采用抗菌材料，如轿车的方向盘、内饰绒布、座位、把手等已采用抗菌塑料和抗菌材料制作。

（3）抗菌自洁玻璃：抗菌自洁玻璃通过在普通玻璃表面镀上一层纳米 TiO_2 晶体的透明涂层，在紫外光的照射下，它就具有了奇异的特性：首先是光催化活性，可以迅速将附着在玻璃表面的有机污物分解成无机物，从而实现玻璃的自洁净功能。其次是光诱导超亲水性，水的接触角在 5°以下，玻璃表面不易挂住水珠，可以隔断油污与 TiO_2 薄膜表面的直接接触，将有机物从表面抬起，这些有机物也极易被雨水冲走而保持玻璃自身的洁净。第三是具有杀菌效果，在光催化作用下杀灭和分解细菌、病毒。其原理为：由于在玻璃表面覆盖了一层 TiO_2 薄膜，TiO_2 在阳光特别是紫外线的照射下，能形成自由移动的电子，同时留下带正电的空穴，空穴能将空气中的氧激活而变成活性氧，这种活性氧能把大多数病菌和病毒杀死。

抗菌自洁玻璃可广泛应用于医院门窗、器具的玻璃盖板，高档建筑物的室内浴镜、卫生间整容镜，汽车玻璃及高层建筑物的幕墙玻璃等场所。不仅适用于各种公共建筑，也适合寻常家居装饰使用。在家居中，使用自洁净玻璃，可有效地消除室内的臭味、烟味和人体异味。

采用自洁净玻璃制成的建筑玻璃幕墙，可以长久地保持清洁明亮，使建筑物光彩照人，并大大地减少幕墙清洗保洁费用；用自洁玻璃制成道路照明玻璃，可显著提高照明效果，免去清洁费用；将自洁净玻璃用于汽车玻璃和反射镜，不仅免于经常清洁，而且可使雨滴迅速扩散，不影响驾驶员的视线；自洁净玻璃还可以用于太阳能电池、太阳能热水器，明显地提高光-电、光-热转化效率。

2. 空气净化材料

研究表明，采用纯 TiO_2，只有在能量大于 3.2 eV 的光照下才能激发光催化反应，而这种光在自然光中只占有少量份额（约占 4%）。因此，TiO_2 光催化能力受到一定的限制。但在 TiO_2 粒子中掺入一定量的过渡金属和稀土金属的氧化物（特别是稀土元素），可显著提高 TiO_2 粒子在自然光照条件下的降解能力。因为掺杂后，TiO_2 粒子的晶粒得到了细化，增大了表面积，增加了表面缺陷，降低了半导体 TiO_2 的带隙能，从而提高了 TiO_2 晶粒表面的催化活性。

空气净化材料是利用掺杂 TiO_2 光催化剂和具有多孔结构的无机材料进行复合，制得具有净化空气、产生负离子等功能的材料。

我国还率先利用稀土、纳米 TiO_2 与无机材料（主要是膨润土）进行复合，制备出了具有抗菌、空气净化、产生负离子等功能的新材料。新材料是利用稀土原子半径大、极易失掉外层电子的变价特性和高化学活性，在 TiO_2 半导体表面禁带增加能级，从而提高 TiO_2 的光催化活性。与此同时，利用膨润土等无机材料的层状和多孔结构的离子交换特性以及吸附、化合与分解等协同作用，开发生产的空气净化涂覆灭菌的天花板，经测试和应用考核表明，各项性能指标达到国家标准，而且达到或超过日本同类产品平均水平，并具有优良的减少 CO 和产生负离子等环境功能。

3. 保健功能材料

这类材料是指将远红外材料（Zr、Fe、Ni、Cr）及其氧化物和半导体材料（TiO_2、ZnO 等）混合，按特定比例加入到内墙涂料或其他建材中而制成的建筑材料。该类产品在常温下能发射出 8~18 nm 波长的远红外线。医学研究证明，此波长范围的远红外线能促进人体微循环，加快人体的新陈代谢。在建筑陶瓷和卫生陶瓷制造的釉料中适量引入这种远红外材料，生产的产品可供高档建筑使用。

巴西和日本等国的研究人员发现，电气石（俗称碧玉）具有保健功能，因为在其产地巴西的矿山附近，居民和采矿工人不易得病，寿命较其他地区的人们相对较长，他们是得益于电气石。该材料的保健机制被认为是光化、压电、热电、超声、红外的生物效应和微量稀土元素的生物效应及负离子效应。

这种材料经加工可用于室内的内墙材料和天花板制品，以发挥其环境净化和保健效果。

4. 电磁波屏蔽材料

进入高度信息化时代，为防止电磁波干扰而引起的精密仪器误操作及计算机的泄密事件发生，根据电磁波不发生散射的反射理论，要提高电磁遮蔽效果，就需要在玻璃上涂覆一层导电性高的膜层，但提高导电性后会减少可见光的透过率。因此，在导电膜的电磁波反射功能上再加上电介质膜的干涉，从而在达到静电磁遮蔽效果时又能透光。

目前，已开发出了可见光透过率 50%、在遮蔽功能中具有 35~60 dB 优异特性的电磁遮蔽玻璃。

11.1.3 可再生循环型绿色材料

木材是典型的可再生循环性绿色材料，它在远古就被用来作为建筑材料和装饰材料，一直到今天，木材和本质类材料仍然是主要的建筑材料和室内装饰材料。木材的天然性、可再生性、循环利用性以及与人类的亲和性没有任何其他材料可以替代。

世界上的四大材料钢铁、水泥、塑料、木材中，只有木杈才是能够永远为人类服务、使社会持续发展的真正意义上的绿色材料。

以下介绍的几种材料主要是利用木材剩余物、农作物剩余物、工业废渣以及自然界的其他可循环利用材料与无机或有机高分子材料复合制成的、不污染环境的、可以被大自然分解的或可以再生利用的装饰材料。

1. 非木材植物人造板

人造板是室内装饰装修使用最多的重要材料之一，多年来其生产主要以木材为原料。随着世界性的森林资源短缺，木材的供应日趋紧张，木材人造板的生产已受到一定程度的影响，与此同时人造板的需求量却在逐年增长。针对这种情况，国内外进行了大量的研究与开发工作，使非木材植物人造板这种绿色装饰装修材料在建筑工程中逐渐得到广泛的应用。以下对此方面的情况做一简单介绍。

已用于人造板生产的非木材植物原料大多为农作物下脚料和野生植物。根据纤维在植物组织中所在的部位并结合人造板生产中不同原料需采取的不同工艺措施，可以把非木材植物原料分为表 11.1 所列的五大类。

开发非木材植物资源作为绿色人造板生产的原料，具有广阔的前景。

表 11.1　非木材植物人造板原料

秸秆类	稻麦秆、谷子秆、高粱秆、玉米秆、棉秆、麻秆、葵花秆、烟秆、蓖麻秆、油菜秆、竹、芦苇、剑麻头、芝麻秆、荻、巴茅秆
茎梗类	香蕉梗、木薯梗、烟梗、葵柄、黄豆茎、豌豆茎、蚕豆茎、甘薯茎
壳类	花生壳、稻壳、椰子壳、棉籽壳、菜籽壳、核桃壳、茶壳、果壳
废渣类	蔗渣、栲胶渣、麻屑、玉米芯、啤酒花、垃圾、污泥、金钢刺废渣
藤草类	柠条、黄交藤、葡萄藤、龙须草、芨芨草、芳草、席草、芒草

非木材植物原料大多用于生产纤维板和碎料板，特别是近些年来，由于废水污染控制越来越严，非木材植物原料已越来越多地用于碎料板的生产。

纸面稻草板在非木材植物人造板中是一个比较特殊的品种，在生产工艺及产品用途上与纤维板和碎料板均有一定差别，因而与其他几种板材作为特种板材分类。

竹质人造板是一类新型板材，包括纤维板、碎料板、胶合板、装饰板、集成板，木材能够生产的品种，竹材几乎都能生产，而且强度更高。

复合板是指非木材植物原料与其他材料复合生产的板材，如水泥、石膏等无机矿物材料与非木材植物原料生产的复合板材等。

非木材植物人造板的种类归纳见表 11.2。一般其可代替木材人造板，除了用作建筑装饰材料外，也常用于家具、包装等工业的材料。

表 11.2　非木材植物人造板的种类

类别	品种	品种举例
纤维板	软质纤维板	湿法棉秆软质吸音板、稻草软质吸音板
	硬质纤维板	剑麻头硬质纤维板、豆秸硬质纤维板、棉秆硬质纤维板
	中密度纤维板	蔗渣中密度纤维板、棉秆中密度纤维板、竹材中密度纤维板

续表

类别	品种	品种举例
碎料板	普通碎料板	麻屑板、芦苇碎料板、烟秆碎料板、竹大片定向碎料板
	废渣板	蔗渣板、栲胶渣板、麻黄渣板、玉米芯板、垃圾板
	废壳板	稻壳板、花生壳板、核桃壳板
胶合板	普通胶合板	竹席（帘）胶合板、竹片胶合板、高粱秆帘胶合板
	积成胶合板	竹篾积成板、葵花秆积成板
	特种胶合板	竹材空心胶合板、竹材（蔗渣）瓦楞板、重组竹
复合板	夹心复合板	秆段夹心细木工板、碎料夹心胶合板
	复合胶合板	竹木复合胶合板、复合层积材、复合空心胶合板
	无机复合板	石膏碎料板、水泥碎料板、菱苦土碎料板
	特种复合板	纸面稻草板、果壳核人造木、网络板

2. 纸面稻草板

纸面稻草板是以洁净的天然稻草或麦秸为主要原料，经加热挤压成型，外表粘贴面纸而成的一种轻质建筑板材，经贴面和其他方式处理后可作为室内装饰材料。它在生产过程中不产生对环境有害的污染物，产品本身不含有害物质，当它完成使用目的而被拆除时，仍可还其本来面目而回归大自然，因此，纸面稻草板是不折不扣的绿色材料。

纸面稻草板的生产工艺具有设备简单、能耗低、用胶少等特点，生产中不用蒸汽、煤、水，仅用电，能源消耗很少。

稻草板的生产工艺流程为：稻草—开捆—立式进料—侧向挤压—进入冷挤压成型机—进入热挤压成型机—稻草板坯—进入覆纸热压机—稻草板坯表面覆纸—纸面稻草板切割—封边机封边—产品。

纸面稻草板具有较好的物理性能，有一定的保温、隔热、隔音功能，经日晒、雨淋、冰冻能基本保持原有性能。该板可加工性好，可进行锯、钉、胶、漆等施工，是一种理想的墙体材料，也可以用于屋面板、吊顶和各种活动房屋，经过表面装饰加工后可用于室内吊顶、门、隔断墙等装饰装修材料，纸面稻草板用于房屋建筑的主要作用是作为隔墙，有简易隔墙、黏结隔墙、龙骨隔墙几种。

3. 植物纤维喷涂涂料

植物纤维喷涂涂料是以经过破碎、染色、防火、吸音等处理的植物纤维为骨料的一种涂料。根据对植物纤维喷涂涂料在“健康、环保和安全”三方面的评价，可以确认，植物纤维喷涂涂料已满足国际上公认的绿色建材标准。目前该类产品已被权威的环境保护组织（EPA）授予环保产品证书。

植物纤维材料通常采用干法喷涂方式进行施工。植物纤维材料可直接在混凝土、砖、木材、石膏及金属材料等材质的表面进行喷涂施工，也可在其他喷涂产品的表面进行覆盖包裹施工。在喷涂施工期间，黏结材料应连续搅拌，使黏结剂不沉淀、不分层。另外，施工环境温度不宜过低，以防止黏结剂冻结，影响黏结性能。

（1）通用型纤维喷涂涂料：该产品可满足大多数用户对建筑绝热、隔音的要求。同时，它还可以直接用于建筑物室内的表面装饰，赋予建筑物以一种毯状质地的装饰艺术特征。这种产品备有6种标准颜色，即黑、灰、灰白、白、米黄及棕色，供用户直接选用，还可根据用户要求进行配色。该产品在天花板上的一次性喷涂施工厚度可达76 mm。

目前，该产品已在许多建筑装饰工程上得到应用，典型的有体育场馆、礼堂、商场、演播室、博物馆、展览中心及各种娱乐场馆。另外，通过配备合适的通风系统，该产品还可以用在某些特殊场合，如室内游泳池、滑冰运动场等，以防止水汽在金属及混凝土等表面的冷凝结露，而且所用成本低于传统方法。

（2）绝热隔音型纤维喷涂涂料：该纤维喷涂涂料主要用于建筑物墙体的绝热和隔音，一般可作为建筑物的隐藏式隔层材料。例如，在建筑物室内进行最后装饰前，可将该产品用于喷涂于墙板上的缝隙及孔洞，并可将墙体上所有外露的管道、电缆以及其他不规则的附件遮盖住，形成一连续的纤维喷涂层。这样，一方面进一步提高了墙体的绝热性能，另一方面也有效地控制了声音通过墙体的传输。

绝热隔音型纤维喷涂涂料的主要性能如下：

1）耐火极限为1 h［所用测试标准ASTME（美国权威机构）119］。

2）导热系数为0.038W/（m·K）。

3）黏结强度大于10倍的单位面积纤维喷涂涂料质量（所用测试标准ASTME 736）。

（3）天花板吸音型纤维喷涂涂料：该纤维喷涂涂料可分为普通型及加强型两种。后者可用在有抗机械磨损要求的场合。该纤维喷涂涂料可满足新建或翻新建筑对高效吸音及采光性能的要求。其主要用途是天花板系统的吸音喷涂。

1）泡沫塑料板专用纤维喷涂产品的主要性能：

A. 导热系数为0.040W/（m·K）。

B. 吸音系数为0.75NRC（降噪系数）（喷涂层厚25.4 mm，基材为固体）。

2）吸音型纤维喷涂涂料的主要性能：

A. 光反射系数为白色73，北极白不小于81（所用测试标准ASTMC 523）。

B. 黏结强度（kPa）：普通型>287，加强型>431（测试标准ASTME 736）。

C. 抗压强度（kPa）：普通型>192，加强型>287（测试标准ASTME 761）。

该吸音型纤维喷涂产品的特点：一方面，可提供给低熔点的易燃硬质泡沫塑料板一层表面隔离保护层，以降低泡沫塑料的闪点和改善其表面燃烧特征；另一方面，通过这两种高热阻率材料的结合，其绝热、隔音性能得到进一步的强化。

该专用纤维喷涂涂料主要可用于冷库、冷冻设备、冷却器、金属结构建筑及地下停车场等一些绝热、隔音要求较高的工程。

11.1.4 节能型绿色装饰材料

节能型绿色装饰材料主要是指节能玻璃。节能型建筑玻璃的品种有：

1. 热反射玻璃

在平板玻璃表面镀覆金属或金属氧化物薄膜，该薄膜具有反射太阳光的功能，主要是反射太阳光中的红外光，使玻璃能够部分阻挡太阳能进入室内，降低室内空调负荷。此种玻璃称为热反射玻璃。热反射玻璃还具有很好的装饰功能，有几十个颜色品种和不同的反射率指标。

2. 吸热玻璃

在玻璃制造过程中，原料中加入金属离子，使玻璃具有吸收太阳能的功能，减少进入室内的太阳能，降低室内空调负荷。此种玻璃称为吸热玻璃。吸热玻璃是有色玻璃中的一种，一般有灰色、茶色、蓝色和绿色等品种。

3. 低辐射玻璃

在平板玻璃表面镀覆特殊的高可见光透过率金属氧化物薄膜，使照射到玻璃上的远红外光被膜层反射，从而降低玻璃的热辐射通过量。此种玻璃称为低辐射玻璃。这是一种新型的高效节能玻璃，夏季可以降低室外侧向室内的热辐射，冬季可以减少室内侧热量流失。使用时，最好与吸热玻璃组合成中空玻璃，会获得最佳的节能效果。

4. 中空玻璃

中空玻璃用两片或两片以上平板玻璃组合而成，玻璃之间留有干燥的空气层或惰性气体层，玻璃边部设有铝条和分子筛并用胶密封。由于存在空气层，中空玻璃的保温性能较之单片玻璃有极大改善。中空玻璃以其优良的保温性能成为节能玻璃的重要品种。

5. 真空玻璃

真空玻璃是指将两层玻璃之间抽成真空，而中空玻璃内腔是干燥空气或惰性气体，很明显，具有真空层的中空玻璃隔热效果最好。用两层 3 mm 平板玻璃制成的真空玻璃与相同结构的中空玻璃相比，在玻璃一侧保持 50 ℃的条件下，真空玻璃的另一侧的表面温度与室温相同，而中空玻璃的另一侧则烫手。真空玻璃的保温原理与保温瓶类似，除了隔断对流热交换外，还使热传导值降至极低。

11.1.5 复合型绿色装饰材料

1. 微发泡仿木塑料装饰材料

微发泡仿木塑料是指改变内部结构后的塑料；它把以往的结晶型和无定型结构变成微发泡结构，一个泡连着一个泡的组织结构非常类似木材细胞的结缔组织，这样就具有与木材相似的密度和内部结构（空心小泡），可以进行刨、锯、钉、切、黏结等形式的木材加工。采用不同的树脂、配方、加工工艺，可设计出各种木材纹理，甚至不同的年轮、虫眼、树节，是可以乱真的仿木塑料产品。

微发泡仿木装饰塑料制品的性能及用途：

（1）有良好的加工性。这种发泡制品可采用各种木材加工业所用的加工方法加工，如钻孔、锯、铣、钉、螺旋拧紧及胶粘等而不产生破裂及翘曲，可以加工成各种不同规格和形状的型材，还可以加工成弯曲的型材。

（2）有优良的环境性能。发泡仿木装饰塑料制品无毒、无味、无害，具有良好的尺寸稳定性和抗跌落冲击性能，而且其防潮、防火、防虫、防蛀及隔音性能还优于木材。

（3）有优良的物理力学性能。与木材相比，由于其表面密实，使这种制品具有良好的防渗透性及优异的热绝缘性。它的热绝缘性比密实的非发泡聚氯乙烯（PVC）制品高 40%，比木材高 20%。

（4）有良好的表面装饰性。由于保持了与普通 PVC 相同的表面特性，所以可采用普通 PVC 油墨印刷，采用液式凹版印刷技术可获得与自然木材相同的效果。

微发泡仿木装饰塑料制品已用于木材的传统应用领域，如制作面板、隔墙板、门、窗、书架、墙柜、桌子、椅子及顶盖、电线、电缆管等。

总之，到目前为止，发泡 PVC 建筑装饰材料（型材、板材、管材等）是一种与木材性能最为相似的聚合物材料。

2. 微晶玻璃花岗岩

微晶玻璃花岗岩装饰材料是目前国际上开始流行的高级建筑装饰新材料，较天然花岗岩石材具有更灵活的装饰设计和更佳的装饰效果。

微晶玻璃花岗岩是应用受控晶化新技术而得到的新型装饰材料，其特点是结构致密、高强、耐磨、耐蚀，在外观上纹理清晰、色彩鲜艳、无色差、不褪色。

目前微晶玻璃花岗岩是天然石材最为理想的替代品，适用于墙面和地面的装饰材料。微晶玻璃花岗岩装饰材料与天然花岗岩相比，有以下特点：

（1）色泽：可以根据设计部门和使用部门的要求，生产各种色彩、色调和混合色装饰材料，尤其令人瞩目的是可以生产高雅的纯白色板材，这是天然花岗岩所不具有的品种，因而微晶玻璃装饰板具有更佳的装饰效果。

（2）材质：微晶玻璃装饰板的成分与石材相同，均属硅酸盐质，在材料内部结构中存在硅灰石的主晶相，所以在强度、耐磨度、耐蚀度上均优于天然花岗岩石材。

（3）环保：石材具有微量的有害人体的放射性辐射剂量，而微晶玻璃装饰板材无任何种类的放射剂量，保证了环境无放射性污染，有利于保护人类的生态环境。

（4）规格：可生产各种厚度、尺寸的平板、弧形板。

微晶玻璃花岗岩迎合了现代社会对光丽亮泽、气派豪华装饰的追求，顺应了新型高档、典雅高贵建材发展的潮流，是当今世界各国飞机场、银行、地铁、宾馆酒楼、别墅及个人居室等场所首选的理想装饰板材。

3. 文化石

文化石是泛称，可分为天然文化石与人造文化石两大类。前者似古建筑上的墙砖，具有历经沧桑的剥蚀的表面质感与色彩，装修后赋予建筑物以古典式的风貌，具有远离时代的、典雅的特殊情调；后者具有天然岩石的质感与色彩，其具体又分成仿砂岩、仿花岗岩、仿沉积岩、仿鹅卵石和仿条状乱石等种类，装修后给人以返璞归真、接近山野的感觉。

文化石应用于宾馆、酒吧、精品屋、咖啡店、庭院等建筑物的门厅、内外窗台、吧台、壁炉和墙柱表面等处的内外墙面。文化石因其独特的装饰效果与较广泛的应用范围，已受到越来越多的用户与建材经销商的关注。

文化石生产的工艺流程为：原料称量—搅拌—布料—成型—清理—带模养护—脱模—自然养护。

4. 功能型地毯

功能型地毯款式和颜色千变万化，装饰效果丰富，最近国外一些科学家还研制了一批功能各异的新潮地毯。

（1）防火地毯：英国一家公司研制生产了一种防火地毯，它是用特殊的亚麻布制成的，防火性能极佳，用火烧 0.5 h 后仍然完好无损，且防水、防虫蛀。

（2）保温地毯：日本科学家推出了一种电子保温地毯。地毯具有根据室温自动“调节”的功能。地毯上装有接收装置，每隔 5 min 接收一次安装在墙上的温度遥控器发出的室温数据。当室温低于要求时，接收装置会自动接通电源，使地毯变热；室温达到要求时，会自动切断电源，停止供暖。

（3）发电地毯：这种能发电的地毯在德国问世。它是科技人员利用摩擦生电的原理研制成功的。当人踏在地毯上时即能发电，若用导线连接，可供家电和蓄电池充电使用。地毯装有绝缘层，对人体是安全的。

（4）吸尘地毯：捷克一家公司生产了一种吸尘地毯。这种地毯由一种静电“效应”很强的聚合材料制成，不仅能自动清除鞋底带来的灰尘，还能吸收空气中的尘埃。

（5）光纤地毯：这种由美国一家公司生产的光纤地毯是在地毯生产过程中编入丙烯酸系光学纤维而制成的。地毯能发出各种闪光的美丽图案，不仅能用来装饰房间，还具有供舞会及演出照明等使用的功能。公共建筑突然停电时，地毯会显示出多个箭头，给人指路。

11.2 家居装修流程

11.2.1 前期准备

1. 收房验房

（1）房屋尺寸：房屋在长度、高度、宽度上最容易出问题，即出现面积缩水的现象，现在都市住房“寸土寸金”，因此需要特别检查。房屋墙面平整度、垂直度，门窗四周是否顺直平整。

（2）检查卫生间是否漏水，施工单位验收需要进行蓄水试验。专业管线的位置是否合理，质量是否过关。

（3）在验房时要留心一下厨房是否有直接采光、自然通风。厨房应设置洗涤池、炉灶、排油烟机等设施或者预留位置。房屋室内空气质量、保温情况、照明状况等是否合格。

（4）房屋室内各种材料的质量是否合格。

（5）室内各种构建交付的成品是否完好，包括室内墙面是否平整，地面是否平整、清洁，窗户玻璃及四周抹胶是否均匀等。

2. 调查研究

调查研究主要指调查装修风格以及建筑装饰流行的趋势。

装修风格可分为中国传统风格、现代简约风格、田园风格、后现代、中式风格、地中海风格、东南亚风格、美式风格、新古典风格和日式风格等。

（1）中国传统风格：以明清式家具为代表，装修格调高雅，有很浓的怀旧气息。书画、对联、太师椅、八仙桌、条案、隔屏及象征平安吉祥的瓷瓶陈设构成了传统中式风格的主要元素。

现代中式风格是比较自由的，装饰品可以是绿色植物、布艺、装饰画，以及不同样式的灯具等。新中式风格并不局限在古旧屏风和红木家具上，而是形、神、色兼备。

1）形：将中式家具的精雕细琢、古典质朴运用到新式木制家具中。

2）神：即神韵，仿明清式样的桌椅配以国画条幅，渲染出古色古香的氛围，再搭配些中国特色的图片或装饰品。

3）色：在中式风格中专指红色，“中国红”带来的是富贵祥和、热烈奔放的感觉。

装饰品可以有多种风格，但空间中的主体装饰物还是中国画、宫灯和紫砂陶等传统饰物，装饰物的数量不一定多，但在空间中却能起到画龙点睛的作用。

（2）日式（和式）风格：日式风格是传承于日本早期的和式风格，与日本特有的木质建筑相得益彰。空间造型极为简洁，家具陈设以茶几为中心，墙面上使用木质构件做方格，其几何形状与细方格木质推拉门和窗相呼应，空间气氛朴素、文雅柔和。一般不加烦琐的装饰，更重视实际的功能。

日式风格特点：浅木格式隔断、木架式灯饰、矮桌、手工绘制图画、漆笛、器皿、木碗、瓷器等，装修材料以木质为主旋律，窗户一般不用窗帘而用纸糊，门大多是轨道式木质推拉门，充分体现日本式淡雅、简洁的装修风格。

（3）田园风格：田园风格重在对自然的表现，不同的田园有不同的自然，各有各的特色，各有各的美丽。

田园风格主要分为英式、法式和美式几种。

1）英式：英式田园风格的特点主要在华美的布艺以及纯手工的制作，布面花色秀丽，多以纷繁的花卉图案为主。碎花、条纹、苏格兰图案是英式田园风格永恒的主调。家具材质多使用松木、椿木，制作及雕刻全是纯手工的，十分讲究。

2）法式：法式田原风格主要体现在家具的洗白处理及大胆的配色，以明媚的色彩设计方案为主要色调，家具的洗白处理能使家具呈现出古典美，而红、黄、蓝三色的配搭，则显露着土地肥沃的景象，而椅脚被简化的卷曲弧线及精美的纹饰也是法式优雅乡村生活的体现。

3）美式：美式田原风格又称为美式乡村风格，属于自然风格，倡导“回归自然”。

田园风格在美学上推崇自然、结合自然，在室内环境中力求表现悠闲、舒畅、自然的田园生活情趣，也常运用天然木、石、藤、竹等材质质朴的纹理，巧妙设置于室内绿化，创造自然、简朴、高雅的氛围。

田园风格主要特点：以追求简朴的天然材料的质感为主，常把砖、木材、草等不加修饰地裸露在外，室内的家具摆设也都采用杉原木、藤柳、毛竹、草编等制作；配置蓝印花布的窗帘和床罩等。再在白粉墙上悬挂各种草、本、竹、纸、铁等材料做成的装饰品，则更能增添居室的田园乡土气息。

（4）欧式古典风格：欧式古典风格尊贵典雅，强调以华丽的装饰、浓烈的色彩、精美的造型以达到雍容华贵的装饰效果。家具、门、窗等全部漆成白色或其他浅色。用大门套来显示室内的豪华，采用欧式壁炉和弯腿家具，古典印花墙纸、地毯、窗帘和复杂的吊灯等，墙面悬挂压花涂金镜框装饰的古典油画，桌上放几尊白色的经典石膏雕像。

现代欧式风格即“新古典主义风格”。现代欧式风格设计从简单到繁杂、从整体到局部，精雕细琢，镶金刻花。一方面保留了材质、色彩的大致风格，让人感受到传统的历史痕迹与浑厚的文化底蕴；另一方面又摒弃了过于复杂的肌理和装饰，简化了线条。现代欧式风格更像是一种多元化的思考方式，将怀古的浪漫情怀与现代人对生活的需求相结合，兼容华贵典雅与时尚现代，反映出后工业时代个性化的美学观点和文化品位。

1）“形散神聚”，是现代欧式风格的主要特点。在注重装饰效果的同时，用现代的手法和材质还原古典气质，新古典具备了古典与现代的双重审美效果，完美的结合也让人们在享受物质文明的同时得到了精神上的慰藉。

2）讲求风格，其造型设计不是仿古、复古，而是追求神似。

3）用简化的手法、现代的材料和加工技术去追求传统式样的大致轮廓特点。

4）注重装饰效果，用室内陈设品来增强历史文脉特色，往往会照搬古典设施、家具及陈设品来烘托室内环境气氛。

（5）地中海风格：地中海风格具有独特的美学特点。一般选择自然的柔和色彩，在组合设计上注意空间搭配，充分利用每一寸空间，集装饰与应用于一体，在组合搭配上避免琐碎，显得大方、自然，散发出的古老尊贵的田园气息和文化品位。

地中海风格特点：

1）拱门与半拱门、马蹄状的门窗、白墙、色彩明度低、线条简单且修边圆润的木质家具。圆形拱门及回廊通常采用数个连接或以垂直交接的方式，在走动观赏中，出现延伸般的感觉。家中的墙面处（只要不是承重墙），均可运用半穿凿或者全穿凿的方式来塑造室内的景中窗。

2）地中海风格最明显的特征之一是家具上擦漆的做旧处理，这种处理方式除了让家具流露出古典家具才有的隽永质感，更能展现家具在地中海的碧海晴天之下被海风吹蚀的自然印迹。

3）地中海的颜色特点就是：无须造作，本色呈现。

4）美学特点：其多采用开放式自由空间。

5）独特的装饰方式。在构造了基本空间形态后，地中海风格的装饰手法也有很鲜明的特征。马赛克镶嵌、拼贴在地中海风格中算较为华丽的装饰。其主要利用小石子、瓷砖、贝类、玻璃片、玻璃珠等素材，切割后再进行创意组合。在室内，窗帘、桌巾、沙发套、灯罩等均以低彩度色调和棉织品为主。素雅的小细花、条纹、格子图案是主要风格。此外，独特的锻打铁艺家具，也是地中海风格独特的美学产物。同时，地中海风格的家居还要注意绿化，攀缘类植物是常见的家居装饰品，小巧可爱的绿色盆栽也常见。

（6）现代简约风格：居室内除必需品外，没有任何多余装饰。采用北欧板式家具、木质的温和色彩、灯光进行合理运用；以家具、布艺搭配为主，墙面、顶面较少做处理或不做处理。

现代简约风格特点：由曲线和非对称线条构成，如花梗、花蕾、葡萄藤、昆虫翅膀以及自然界各种优美、波状的形体图案等，体现在墙面、栏杆、窗棂和家具等装饰上。线条有的柔美雅致，有的遒劲而富于节奏感。整个立体形式都与有条不紊的、有节奏的曲线融为一体。大量使用铁制构件，将玻璃、瓷砖等新工艺，以及铁艺制品、陶艺制品等综合运用于室内。注意室内外沟通，竭力给室内装饰艺术引入新意。

（7）时尚混搭风格：目前时尚混搭风盛行，被工薪阶层所爱。在空间结构上既讲求现代实用，又吸取传统的特征，在装潢与陈设中融古今、中西于一体，如传统的屏风、茶几，现代风格的墙画及门窗装修，新型的沙发，使人感到不拘一格。但混搭要适度，混搭过度会使室内整体感觉十分凌乱。

建筑装饰中的流行趋势主要包括装饰材料的流行趋势、装饰风格以及色彩流行趋势等，装饰中新材料、材料的新质感不断涌现，品种繁多。近几年，一些过渡色成为流行的新趋势，例如：

1）浪漫粉红：新的粉红色彩稳重舒适，个性丰富，较之以往的红色少了几分夸张。这些粉色既不张扬也不会太过可爱，散发出的成熟感对男女性都极具吸引力。冷色的影响较明显，同时出现新的珊瑚色调，用较高的亮色及柔和的肤色带来了一丝暖意。

2）温暖橙色：该色彩在红辣椒的鲜亮色与砖土的自然色调之间实现了平衡。传达出强大、活泼和绚丽的意境，表现得更为自信。皮革的深褐色表现出丰富深沉、对比鲜明的质感。

3）明亮黄色：温柔的中性色调有强烈的包容感，给人安慰，让人放松。如同蜡烛微光和香槟酒般的优雅色彩，增添了温暖和魅力，营造出一种摇曳隐约的氛围。带点绿意的黄色已被纯正的黄色取代，后者更阳光、更乐观、更愉悦。

4）中性暖色：色泽更饱满，更具吸引力；颜色齐全，适合不同品味、不同使用场景。鲜活的自然色彩让人联想起兽皮、蛇皮、皮毛和羽毛等，添加了强烈的动物感染力。绿色的影响带来了新的方向——卡其色调柔和又放松，给人成熟而世故的视觉。

5）动感绿色：该组色彩包含了从怡人的暖黄绿色到舒缓的冷蓝绿色的所有颜色，所形成的图案既传统又具有未来风格。它表现出水果蔬菜的水灵鲜活与可食用的特质，提醒着我们去感受大自然的慷慨。充满活力，果冻状亮晶晶的色彩表现出了科技和城市的影响力。

6）海洋蓝色：该组色彩由前几年的自然蓝色过渡到了复杂的人为调和蓝色——美丽闪亮的釉面蓝是其代表。绿松石、宝石与珐琅的色彩清澈而真实，为夸张的蓝色系增添了些许异国风情；墨水般的深蓝色让人联想起临摹书法时的平静和安详；乐观、闪亮的中色调展示了摩洛哥瓷砖和马赛克的美；蓝宝石色、深蓝色和水绿色则创造出一种罕见的优雅组合。

7）神秘紫色：这种色彩包含许多带红色色调的颜色，显得温暖而可靠。较冷的蓝紫色带有浆果柔和而饱满的颜色，显得朦朦胧胧。它来源于现实生活——每种色彩都有微妙之处，极易与室内各部分搭配。容易让人联想到灰渣和矿石一类的颜色，简朴却非常实用。

8）中性冷色：真正中性的黑色、炭色和灰色影响力很大。该组色彩集中体现在从白色到深黑色之间的各种柔和安静的灰色之中——这些具有灵性的中性色彩，与其他色系中的各种颜色都可形成优雅的对比。弥漫的暖色与自然材料有着强大的联系，如油灰、石头和陶土，它们受到黄色影响，已不再显得那么冷冰冰了。

3. 资金准备

一套房子的装修基金大致用于以下几个部分：水电线路改造、家具、橱卫墙砖、地面防水、油漆、涂料、橱柜、卫生间洁具（马桶、浴盆、洗脸台）、木地板、地砖、五金材料、门槛石（阳台石）、灯具、窗帘及其配件、电器（热水器、空调、抽烟机、燃气灶、排风扇等）、防盗门、吊顶、大小装饰品等；装修过程中产生的人工费；管理费等。根据各项的大概价格来进行预算，从而准备相应的资金。

11.2.2 装修公司的选择

1. 找装修公司有三种途径

（1）去家装工程交易市场找装修公司，这样的公司一般有信誉、施工质量高、有严格的材料、施工、价格和验收管理规定；可放心省心。

2）单独营业的装修公司：靠特色服务来吸引消费者，如免费设计、先装修后付款等；装修档次差别大。

3）街头装修游击队：便宜但很危险（可节省 30%~50% 的装修费）；“五无”：无营业执照、无经营资金、无办公地点、无设计人员、无售后服务；有时还会“卷款潜逃”，甚至在户主入住后进行偷盗、抢劫。

因此，一般应找有资质的装修公司。

2. 签合同

选择好装饰公司后应与其签订装修合同，合同内容一般包括：

（1）工期约定：一般 2 居室 100 m^2 的房间，简单装修的话，工期在 35 d 左右，装饰公司为了保险，一般会把工期约定到 45~50 d，如果您着急入住的话，可以在签订时商榷此条款。

（2）付款方式：一般的装修合同，约定首付 60%，木工验收合格后交纳 35%，完工后交纳5%。如果按照这样的付款形式的话，在工期过了一半左右后，您就已经向装饰公司交了95%左右的费用，如果装修的后期出了什么问题的话，就很难在钱上面制约装饰公司了。所以建议在签订合同时候，能把首付压到30%，中期交纳30%。

中期款：一般合同上约定的中期付款时间，只是简单地标明“工程过半，木工收口”。但是一个工地往往是多项目交叉作业，正规的工期过半应该是：木器制作结束；厨卫墙、地砖、吊顶结束；墙面找平结束；水电改造结束。

（3）增减项目：在装修过程中，很容易有增减项目，比如多做个柜子，多改几米水电路等。这些都要在完工的时候交纳费用的。那么这些项目的单价究竟应该是多少呢？如果等到已经开工后，那这可能就是设计说了算了。所以如果有可能，最好能复印一份装修公司的最初给的完整报价单，以免在签订合同或是增减项目时，装修公司偷梁换柱，改换价格。

（4）保修条款：装修的整个过程现在主要还是以手工现场制作为主，没有实现全面工厂化，所以难免会有各种各样的细碎质量问题。保修时间内，装饰公司应该实施的责任就尤为重要。比如出了问题，装修公司是包工包料、全负责保修，还是只包工，不负责材料保修，或是还有其他制约条款，这些都一定要在合同中写清楚。

（5）水电费用：装修过程中，现场施工都会用到水、电、煤气等。一般到工程结束，水电费加起来是笔不小的数字，这笔费用应该谁来支付，在合同中也应该标明。

（6）按图施工：严格按照设计好的图纸施工，如果细节尺寸与设计图纸上的不符，可以要求返工。

（7）监理和质检到场时间和次数：一般的装修公司都将工程分给各个施工队来完成，质检人员和监理是装饰公司对他们最重要的监督手段，他们到场巡视的时间间隔，对工程的质量尤为重要。监理和质检应每隔2 d应该到场一次，设计也应该3~5 d到场一次，看看现场施工结果和自己的设计是否相符合。

11.2.3 绿色设计

在整体设计时应从以下几方面考虑：①大致的装修费用；②房屋结构与现状；③家庭成员结构、生活习惯；④对主要材料、电器设备选取；⑤对装饰风格、照明设计、色彩的要求；⑥对设计师的工作程序、出图情况、是否收费等应有所了解。

装修设计是整个装修工程的灵魂所在，只有贴近业主实际需求的设计才是好的设计。装修切忌功能复杂，华而不实，既浪费金钱又不易清洁；美观与实用并重，重视外表的美观而忽视其实用性，会给日后生活带来不必要的麻烦。

1. 设计思路

（1）总体构思：如何装修应提前构思，得出一个基本框架，在此基础上再与设计师进行交流和沟通。例如墙面、地面、吊顶、灯具、家具、洁具等的用材、样式、工艺、位置、搭配、摆放等，都要与设计师沟通。

（2）空间与色彩的搭配：空间色彩的组合与搭配，直接关系到居住主人的个性修养、性格与喜好。色彩包括红、橙、黄、绿、青、蓝、紫，有温柔的、沉稳的、娇艳的、神秘的、质朴的、华丽的、欢快的、忧郁的等。要把握色彩的协调统一，室内要营造一种宽敞、舒适温馨、和谐统一的格调，一般在颜色选择上要注意以下几点：天花板的颜色要浅于墙面；墙面的颜色要浅于地面；如果室内的自然采光不够充足，应尽量避免采用深色调；如果光线充足，则色彩不宜过分鲜艳；居室的整个空间上半部分要浅于下半部分的颜色；尽可能不要在同一个空间内同时使用三种颜色，若想体现色彩过渡与对比，可在颜色的深浅上做文章；色彩的应用与家具、电器的颜色要相互协调；在搭配颜色时，要考虑到自然光和灯光照明有一定的视觉差。

2. 灯光的效果与设计

在日常生活中，补充光源的重要性已不容置疑，时下灯光已不再是为了单纯的照明，更进一步发挥着装饰点缀的作用。即使是一间很普通的屋子，由于灯光的效果特别好，整体效果也往往出人意料。主光，一般也称直接光或基础光。这种光线主要体现在客厅、餐厅、卧房等的天花板中央用来照亮全室，光线的强弱、冷暖可根据业主的喜好来决定。

3. 整体设计中应注意事项

（1）要注意风格上的统一，统一可以说是构成一切美的形式和本质的东西，在装修中一切都要围绕着一个主题去进行，不要盲目装修，不考虑整体效果。

（2）切忌盲目攀比与仿照。装修要体现自己个性，切忌生搬硬套，有人自己没有主见，看到别人的装修效果不错，照抄照搬，或赶时髦，随大流，往往装修好后发现不是自己喜欢的风格。因此，装修中要有主见，突出自己的兴趣爱好。

（3）切忌过分追求高档，不分主次，滥用高档材料；忌一步到位，避免“过度装修”。“过度装修”是指投入资金比重偏大、侵占室内空间较多、对原来房屋结构破坏较严重，以及使用有毒有害材料较多等。把家居装修成了宾馆、饭店，富丽堂皇，给人一种庸俗压抑之感，且给日常的清洁、保养、维护带来较大的工作量。因此，应轻装修、重装饰，简洁大方，让居室慢慢“生长”。

（4）绿色环保设计：好的整体设计，应符合安全性、健康性、舒适性和经济性，其中安全性最为重要。要达到绿色装修，设计时要重视生态环境，合理利用自然资源，不宜过度装修；应强调自然色彩和天然材料的应用，在“回归自然”上下功夫。还应考虑使用者自身的安全，排除新装修的房屋对使用者生命及健康构成威胁的因素，如煤气中毒、煤气爆炸、电路着火、小孩触电等。要充分考虑室内的通风、色彩、隔音和抗震等，突出南北对流，在设计时不宜在门窗附近设置屏障等，阻碍空气流通。对于厨房、卫生间等空气不流通的部位采用排风扇换气等。在设计中还要考虑能耗，如在灯光配置方面要做到既能满足照明、取暖，又要节约能源。充分考虑对自然采光的应用，在选择玻璃、窗帘等方面要考虑各个季节的光照情况，针对不同的朝向、不同的生活习惯进行设计，既要在盛夏时保护室内的人不被暴晒，同时又要考虑冬季的采暖问题。

11.2.4 绿色装饰材料的选取原则

在 2~9 章已介绍了建筑装饰用主要材料的种类、性能及选购方法，要达到绿色装修，选材时还应注意以下几个方面的问题。

1. 选材绿色化

大部分无机材料不具污染性，但有些天然石材具有放射性，应避免在室内使用或在室内局部使用。对于一些合成地板或板材、油漆、涂料，易释放出有机挥发物，在选择此类材料时，应选择 ISO9000 系列质量体系认证或有绿色环保标志的产品。另外，卫生间、厨房等处，一般较潮湿，易发霉、变黑，产生病菌，应选用防潮、防霉的装饰材料。

2. 用材要绿色

用材应从“简”、从“少”。在进行室内装修时，有时即使使用的所有装饰材料都是环保产品，但装修完成后室内空气中污染物仍超标，这是因为有害物质有叠加的效果。室内装饰材料堆砌到一定程度时，有害物质就会超出人们所能承受的范围。因此，室内装饰中应避免大面积采用合成木质装饰品或塑料制品，应采用几种绿色装饰材料搭配使用。

3. 材料的视觉效果要“绿色”

装饰材料比例不协调、色彩的不统一等，给人视觉造成凌乱、疲劳的感觉，从而产生视觉污染。例如，在小房间采用大尺寸的装饰材料，比例失调；在低矮的房间安装水晶宫吊灯，空间比例失调；在电视背景墙的装饰中采用较艳、较花哨的图案，容易使人视觉疲劳等。这些视觉污染给人的精神及健康造成极大的伤害。因此，在装饰设计中要充分考虑材料的尺寸、纹理、图案、色彩等，合理科学设计、搭配，达到优雅美观，才能达到视觉的绿色。

11.2.5 绿色施工

室内装修提倡走专业化、工厂化道路，减少现场作业；严格施工规范，确保施工质量，杜绝安全隐患；强化现场管理，实现文明施工。在施工阶段，要监督装饰公司使用无害的装饰材料，还要在完工后注意开窗通风。防止冬季施工中用氨作为防冻剂加入水泥中，因为氨随温度的变化会还原成氨气，从墙体中慢慢释放出来，强烈刺激和伤害人的感官系统、呼吸系统和皮肤组织。在铺贴石材或陶瓷砖时，施工人员为增强黏结力和操作方便，常在水泥砂浆中加入107胶，而这种胶含有大量甲醛等致癌物质，因此，在施工过程中尽量少采用污染严重的胶黏剂。

施工次序包括以下几方面。

1. 开工准备

办理物业手续后才能开始装修，主要包括以下内容：

1）在物业出具的装修协议上签字。

2）提供自家装修图纸，主要是水电路改造和拆改的非承重墙体项目。

3）办理“开工证”，贴在自家门上，是便于物业检查的工期证明。

4）出入证：主要是为工人办理的，以免装修期间有不法人员混入小区（各个小区收取费用不同，一般是15元一个，工本费5元，剩下的10元钱，等装修结束后会退还给业主）。办理出入证的时候，最好带上工人的一寸照片2张，身份证复印件1张。

5）装修押金（各个小区收取的不同，一般在2 000元左右，装修完工后3个月会退给业主）。

6）垃圾清运费：这笔费用是用来支付物业清理装修垃圾用的，和支付给装修公司的不一样，一般2居在300元左右，不同的物业公司收取的不一样。

2. 结构改造

进入到施工阶段，主体拆改最先进行，主要包括拆墙、砌墙、铲墙皮、拆暖气、换塑钢窗等，尤其是二手房装修时，此部分工作量较大。

（1）改造门窗：旧房的门窗是装修的重点对象，可根据门窗的老化程度进行处理。木制门窗如果起皮、变形，钢制门窗如果表面漆膜剥落、主体锈蚀或开裂，都必须拆掉重做；木制门窗如果材质紧凑，表面漆膜完好，可以贴上装饰面板，充分利用资源，节约费用。

（2）修补墙面、地面、天花板：购买旧房后，业主应请家装设计师对房屋进行实地勘察，首先看墙面、地面、天花板等的情况，如果有明显裂纹、脱落或起沙，应进行修补处理，主要是铲除墙面油污、粉化墙漆，用水泥砂浆修补裂缝、孔洞。修补后要刷一道底漆予以覆盖，既使基层更牢固，又可防止基层泛碱性或受潮，然后用按比例稀释的乳胶漆进行涂刷。

3. 水电改造

水电路改造之前，主体结构拆改应该基本完成。水电的改造包括：水路改造，电话线改造，电源插座改造，开关面板改造，有线电视线路改造，网线改造。

在水电改造和主体拆改这两个环节之间，还应进行橱柜的第一次测量，这次测量并没有什么实际内容，只是就开发商预留的上水口、油烟机、插座的位置，提出一些相关建议，主要包括：

（1）看油烟机、插座的位置是否影响以后油烟机的安装。

（2）看水表的位置是否合适。

（3）看上水口的位置是否便于以后安装水槽。

对于二手房的水、电管线，由于时间较久，难免有些老化，因此都要进行修缮。首先检查原有水路是否锈蚀、老化，对不合理的管路要进行更换，要做到管路合理、连接紧密、无跑冒滴漏，还要便于日后维修。装修卫生间前要堵住地漏，先进行淋水试验，如果漏水，必须重新做防水。有些旧房电路为明线，存在乱布线、线路老化等现象，存在火灾隐患，装修改造时应按照国家有关标准，使用相应规格的铜线。

水路改造完成之后，紧接着做卫生间的防水，厨房一般不需做防水。

4. 木工

木工主要包括包立管、包门窗、做装饰吊顶、贴石膏线之类的木工活，验收时应注意以下几方面：

（1）看缝隙：木封口线、角线、腰线饰面板接口缝不超过 0.2 mm，线与线夹口角缝不超出 0.3 mm，饰面板与板接口不超过 0.2 mm，推拉门整面误差不超出 0.3 mm。

（2）看结构：即构造是否直平。无论是水平方向还是垂直方向，正确的木工做法都应是直平的。

（3）看转角：转角是否准确。正常的转角都是 90°的，特殊设计因素除外。

（4）看拼花：拼花是否严密、准确。正确的木质拼花，要做到相互间无缝隙或者保持统一的间隔距离。

（5）看弧度：弧度与圆度是否顺畅、圆滑。除了单个外，多个同样造型的还要确保造型的一致。

（6）看柜门：柜体柜门开关是否正常。柜门开启时，应操作轻便、没有异声。

（7）看平整：应保证木工项目表面的平整，没有起鼓或破缺。

（8）看对称：对称性木工项目是否对称。

5. 铺设瓷砖

（1）墙面瓷砖的铺设要点：

1）基层处理时，应全部清理墙面上的各类污物，并提前一天浇水湿润，如基层为新墙时，待水泥砂浆七成干时，进行排砖、弹线、粘贴墙面砖。

2）瓷砖粘贴前必须在清水中浸泡 2 h 以上，以砖体不冒泡为准，取出晾干待用。

3）铺粘时遇到管线、灯具开关、卫生间设备的支撑件等，必须用整砖套装，禁止用非整砖拼凑粘贴。

（2）地面瓷砖的铺设注意事项：厨房、卫生间应有流水坡度，不积水，水不倒流；积水 12 h 试验无渗漏。地砖铺设完成后，要用纸板等覆盖砖面，并至少要在 24 h 后才能在砖面上行走。

（3）验收地砖铺设质量：

1）铺贴必须牢固，无歪斜、翘曲，无空鼓。

2）整体表面平整，平整度误差符合允许偏差要求。

3）接缝应填嵌密实、平直、宽窄均匀、无明显错位。

6. 刷墙面漆

刷墙面漆施工顺序：墙面修补—刮腻子—打磨—修补—底漆—面漆—面漆。

7. 厨卫吊顶

在厨卫吊顶的同时，厨卫的防潮吸顶灯、排风扇（浴霸）应同时安装好，或者留出线头和开孔。因吊顶属于隐蔽工程之一，很难检查其材料是否符合规格，施工是否规范；若施工不规范，易使顶棚整体或局部塌落，使吊顶变成“掉顶”，因此要特别重视。

8. 橱柜安装

（1）橱柜安装前厨房瓷砖应提前勾缝完成，并将厨房橱柜放置区域的地面和墙面卫生清理干净。

（2）提前将厨房的面板装上，并将墙面水电路改造暗管位置标出来，以免安装时打中管线。

（3）厨房顶灯位置要避让吊柜的柜门。

（4）台面下增加垫板，可提高台面的支撑强度。

9. 木门安装

首先检查木门各部件是否齐全，各部件尺寸是否正确，分配各套门到相应安装的位置，检查门是否与门洞尺寸相符。

（1）组装门套：先将门套和立板找出，根据背面编号对好接合口，接口要在同一平面上。在接口处涂上胶水，在接口后面的引孔上打上 80 mm 木牙螺钉，用螺钉刀将其拧紧，不要把螺钉直接打入门套内。检查采口之间的尺寸是否正确．接合处是否平整密实、牢固。然后在门套立板背面装上铁片，装铁片时，要用 25 mm 的自攻螺钉，铁片间距以 300～350 mm为宜，铁片距地面以 200 mm 为宜。

（2）安装门套：将组装牢固的门套整体放入门洞内，用小木条将门套四周大致固定好，门套两面要与墙体在同一平面上，然后检查门套整体与地面是否垂直，门套顶板与两立板的两个角是否为直角，门套立板有无弯曲，把铁片扭转两端，使之包住墙体。根据铁片上预留孔的位置，用电锤在墙体上钻 8 mm 孔，用小木条将其塞紧，再用 80 mm 木螺钉将铁片固定在墙体上，然后用小木条将门套与墙体间的缝隙填充塞紧，重新检查门套与门是否相符，再打入发泡胶。

（3）安装门扇：先开合页槽，合页槽与门扇两端的距离以门扇高度的 1/10 为宜，较重的门要装 3 个合页，合页槽的深度以合页的单片厚度为宜。安装合页时，要用与合页配套的螺钉，螺钉要用螺丝刀拧紧，不能直接用榔头将螺钉打入。门扇上的合页固定好后，门套上的合页要先只拧上一颗螺钉，然后关门检查门的左右和上面的缝隙是否一致，开启是否灵活，确认无误后，再将其他的螺钉拧紧。

（4）安装门锁：根据提供的锁型安装到相应的位置，锁位距地面高度为 900～1 000 mm，装好后检查门扇、门锁开关是否灵活，留缝是否符合规范。

（5）在相应的位置安装门吸。

10. 木地板安装

木门安装好后就可以安装地板了。地板安装之前，最好让厂家上门勘测一下地面是否需要找平或局部找平，地面要清扫干净，要保证地面干燥。

（1）地板铺装有四法：实木地板可采用龙骨铺装法、悬浮铺装法、高架铺装法铺装在垫层上，而粘胶直铺法铺装在基层上。

（2）选配试铺防偏差：铺装前应对地板材料进行选配、试铺。铺装方向、拼图图案均应符合设计要求。

（3）固定地板钉：企口拼装的硬木地板，固定时应从凸榫槽处以30°~45°斜向钉入；硬木地板应先钻孔，孔径应略小于地板钉直径。地板钉长度宜为板厚的2.5倍。钉帽应砸扁，冲入板内。

（4）龙骨铺装法：在龙骨上铺装实木地板时，相邻板块接头应互相错开，纵向拼装宜相互排紧。

（5）铺装须留缝：铺装实木地板时，纵向相邻板块宜相互排紧，横向相邻板块预留的伸缩缝宽度应符合设计要求。

（6）选取固定点：铺装实木企口地板的固定点应符合设计要求。设计无要求时，当地板长度小于300 mm时，侧边应有2个固定点；长度小于600 mm时，不应少于3个固定点；长度小于1 000 mm时，不应少于4个固定点；长度小于1 500 mm时，不应少于5个固定点；长度为1 500 mm以上时，不应少于6个固定点。板的两端应各钉1个钉固定。

（7）粘胶直铺要去污：采用粘胶直铺法铺装的基层（垫层）必须平整，无油污。满铺时基层（垫层）和地板背面均应刷胶，保证地板的黏结强度。

（8）实木地板素面板应先刨磨，应顺木纹方向磨切，磨切总量应控制在0.3~0.8 mm。

（9）踢脚板，要开槽，防腐处理不可少。

（10）阴阳处，切割角：木踢脚板阴、阳角处应切割角后进行拼装，踢脚板的长度接头应切成45°固定在防腐木块上，或按设计要求施工。

（11）偏差额度不可超标准。

（12）铺装要达标，检验不可少。踢脚板，要光滑，高度等齐莫参差。踢脚板表面应光滑，接缝严密，高度一致。检验方法：观察和钢尺检查。

11. 铺贴壁纸

（1）首先要处理墙面，用刮板和砂纸将墙面杂质、浮土去除，凹洞裂缝用石膏粉补好磨平。如墙面质地松软或有粉层，则应先涂刷一层基膜（或者也叫墙纸伴侣），基膜可以封闭墙体，防水防潮，增加墙壁与墙纸的黏合度，墙纸才不会脱落。

（2）根据墙面高度，剪裁墙纸长度。有两种情况：不需要对花的墙纸，依墙面高度加裁10 cm左右长度，作为上下修边用；需要对花的墙纸，则需要考虑图案的对称性，故裁剪长度要依实际情况增加，通常会加长10 cm以上。

（3）涂刷胶液：将墙纸胶液用毛刷涂刷在裁好的墙纸背面，特别注意四周边缘要涂满胶液，以确保施工品质。涂好的墙纸，涂胶面对折放置5 min，使胶液完全透入纸底后即可张贴。每次涂刷数张墙纸，并依顺序张贴。

（4）墙纸施工：用准心锤测出垂直基准线，依基准线由上而下张贴第一幅墙纸，挤出气泡与多余胶液，使墙纸平坦紧贴墙面。

（5）修边清洁：将上下两端多余墙纸裁掉，刀要锋利以免毛边，再用清洁湿毛巾或海绵蘸水将残留在墙纸表面的胶液完全擦干净，以免墙纸变黄。

（6）电源开关及插座处墙纸贴法：先关掉总电源，然后将墙纸盖过整个电源开关或插座，从中心点割出两条对角线，就会出现4个小三角形，再以美工刀沿电源开关或插座四周将多余的墙纸切除。最后用抹布擦掉多余的墙纸黏着剂。

（7）墙纸干燥后若发现墙纸表面有气泡时，用刀割开墙纸注入胶液再压平墙纸即可消除。

以上主体部分装饰好后，还要安装灯具、窗帘等，然后是家具、装饰品进场，至此整个装修结束。

11.2.6 验收

验收时重点注意以下几方面：

1. 墙面

墙面的平整度影响美观程度，不平整的墙面则易出现开裂的现象，业主可以用肉眼观察或标尺检查一下。

2. 电路

验收电路时随身带个小的电器，比如手机充电器，可以把所有的插座都试用一遍。

3. 水路

多冲几次坐便器，看看流水是否通畅。用水桶接满水，倒在地上，看地漏下水是否顺畅。试用所有的水龙头，看是否灵活。如果家里装了热水器的，一定要试试，以免冷热水接头接反了。

4. 木器

木器最重要的是检查是否有刺激性味道。

5. 瓷砖

检查瓷砖时，可用小锤子敲敲看是否有空鼓的声音，沟缝是否饱满，瓷砖贴得是否平整。

6. 木地板

检查地板的拼花是否整齐，踩上去应脚感舒适，没有异响。地板上没有多余的胶——这点很重要，否则以后很难清洁掉。

11.3 世界室内装饰发展趋势

11.3.1 回归自然

采用自然色彩和天然材质，创造出一种仿佛置身于大自然的清新、宁静之中的感觉。例如，有的装饰方式采取把自然景物引进室内的做法，使室内外通透或连成一片，以消除现代环境的冷漠面孔，使大自然的勃勃生机和婀娜多姿进入千家万户。

11.3.2 整体艺术化

居室装饰的整体艺术化发展趋势应是功能组织关系的把握，即空间、形体、色彩以及虚实关系的把握，意境创造与周围环境关系的协调。

11.3.3 高度现代化

近些年来，由于室内装饰新技术、新材料、新工艺以及新的审美观点、新的装饰理论的不断出现，人们在居室装饰中越来越呈现出充分享受现代化社会所能给人们带来的新物质文明和精神文明的丰硕成果以及对新的宏观效果和微观效果的追求。尝试创造出艺术和科技各门类的相互渗透及异种杂交的居室美化效果，反映了人的自主精神和物为人用的宗旨。

11.3.4 浓郁的民族化

将现代化通过民族化体现出来，是居室装饰中的一种独特的艺术美。毫无疑问，民族化中包含着传统，但是传统的发展与创新，同样是民族化的发展与创新。传统是对古典民族化的一种继承，而不是一成不变的留传。就是仿古，其实也是一种新的继承，而不是亦步亦趋的仿造。

11.3.5 个性化

个性化趋势主要是强调打破千篇一律。人的个性、情绪、爱好、修养往往是千差万别的，在高科技的现代生活节奏之中，人们渴望人性得以抒解，自我精神得以表露。这种要求必然在居室美化装饰中自然而然地要注入个性、引发情趣，赋予居室以生命的活力。

11.4 室内装饰布置的基本原则

11.4.1 隐蔽性

（1）将居室划分成可堆物处和不可堆物处。在可堆物处寻找一切可以利用的空间，包括做吊橱、挖墙洞、做壁橱、搭搁板、封闭水斗下方空间等，一定要争取 3~5 m^3 的空间来储物。

（2）有条件的腾出一间储藏室，钉成层层搁板架子，就像工厂的仓库货架一样，立体堆物，这是最经济的。

（3）切勿在高橱柜上方堆物。有些人喜欢将不用的衣物、纸板箱堆放在橱柜上，这会给人一种杂乱的感觉。储藏用的吊壁柜，是家庭杂物最好的存放处。

11.4.2 科学性

居住环境的科学性，就是指符合人的生理和心理要求、有利于身心健康的环境。以照明为例，照度多大为宜，灯光从哪个方向投射为好，都应成为居住环境设计的内容。家具摆放的科学性则主要表现遵循人体工程学的指导，即重视大小、高低、厚薄和软硬，以更加符合人体的结构特征。在儿童用房中，顶棚、墙面和家具颜色的选择，会更多地考虑开发智力、保护视力等特殊要求。

11.4.3 艺术性

近年来，很多家庭的墙面和台面上多了些竹编、草编、玉米皮子编制的工艺品。原因在于：①喜欢它们的古朴、典雅、质地的表现力；②质感粗糙的陈设与质感光洁的墙面、台面相比可以产生动人的魅力。

尺度、比例、节奏、对比、统一等是形式美的基本原则，居住环境中局部与整体、局部与局部间的关系应符合这些原则。

11.4.4 文化性

过去许多家庭把大大小小的黑白照片集中装在一个镜框里，挂在居室最为显眼的墙面上，而现在这种情况几乎销声匿迹了，这因为黑白照片多为彩色照片所代替，镜框也多被精美的影集所代替，但更主要的原因是人们有了新追求，让自己的家庭更具有文化性。如今陈设的内容已逐渐改变为墙壁上是书法、绘画、摄影作品、挂盘和壁毯；柜橱中是古玩、陶器、瓷器；台面上是文房四宝、盆景、花卉等，秦陶俑、唐三彩等复制品也相继进入了寻常百姓的家里。

11.5 家居室内装饰要点

11.5.1 客厅

客厅是会客、聚会、娱乐、家庭成员聚谈的主要场所，是家居的核心区域，是室内装修设计的重点，是主人的脸面，体现主人的品位。

装修客厅要求结构合理，视野宽阔、活动空间应留出足够的距离。家具以沙发为主，辅以茶几及其他必要的坐具。沙发一般隔茶几相对而设，或成组或单放。沿墙布置柜橱、墙角窗边等空间置放一二簇绿色植物。这个区域要尽量靠近自然光源，以利采光，照明则应以中心区域为主要投射对象。

客厅墙面的装饰重点是电视背景墙和沙发背景墙，背景墙可采用壁纸、壁画、墙绘、瓷砖或木装饰面板等来进行装饰，在装饰时应突出主人的个性、爱好以及独到的审美情趣。电视背景墙以素雅为主，具有艺术性、科学性、现代性的特点，切忌复杂、凌乱、花哨，否则易引起视觉疲劳。沙发背景墙常用家人不同时期的照片来装饰，不仅温馨，还能增进家人间的感情，又不失其独到的特色。

客厅的地面可采用陶瓷砖或木地板来进行装饰，有时也可采用地毯或皮革，应采用统一材质、相同或相近色彩来装饰，这样整齐划一。茶几下的地面可采用拼花的陶瓷砖或拼花的木地板，使客厅更具艺术性，与纺织地毯相比，价廉、易打理。

客厅的灯具应根据装修风格来选择，常采用具有艺术性的吊灯或吸顶灯，可采用冷暖兼具的灯光，甚至可显示一年四季的灯光；灯光冷暖、强弱交替变化，以增加客厅装饰的灵活性和生动性。

客厅中的装饰品，陶瓷瓶、布艺、小摆设等各类装饰品，彰显主人的个性与意识。富有生气的植物能给人清新、自然的感觉；布艺制品的巧妙运用能使客厅在整体空间色彩上鲜活起来。

11.5.2 餐厅

餐厅家具主要是餐桌、椅和餐饮柜等，它们的摆放必须为人们在室内的活动留出合理的空间。

餐厅的设计应以餐桌为中心，可将餐桌上方的天花板局部升高或降低，形成室内用餐的虚拟空间，或用造型优美的吊灯形成用餐中心，就餐区灯光宜采用暖色，使菜品颜色更加诱人、增强食欲，也使家人或亲友相聚增加温馨感。餐厅的色彩应以明朗轻快的色调为主，顶棚、墙面不做特殊处理，采用白色或利于反射光线的其他浅淡颜色，也可在墙面粘贴素色壁纸。

11.5.3 卧室

卧室装修和布置的基本要求是具有高度的安宁感和充分的私密性。卧室分为主卧室和次卧室。主卧室是主人夫妇居住的房间，是整套住房中布置的重点；次卧室是孩子或其他家庭成员居住的地方，应根据不同情况进行装修和布置。

床是卧室中最主要的家具，要安置在卧室的最佳位置上。床头柜可置于床头两侧，柜上可安放台灯，以便在床上阅读。面积较大的卧室可设置床背景，一般采用木饰和布艺，也可采用壁纸，都能营造出一种融洽、温馨的卧室效果。睡眠区要保持简洁，摆设不能太多。

有的卧室除了睡眠功能之外，还有附属的功能，包括梳妆、储存、更衣、阅读和看电视等，可摆放梳妆台及橱柜、沙发、茶几等。远离窗口的地方最好是摆床，在床与窗之间可布置一些组合柜架，使室内有围有透、有分有合。如果室内的家具既少又小，可以借取盆景、摆设或在墙面上装饰壁挂来加以平衡。

卧室的房顶不宜做得太豪华；若层高在 2.70 m 以上，可做顶棚装饰，或中间装吸顶灯，四周装筒灯，这样能使整个卧室宽敞高雅，平顶与墙角之间用顶角线来区分界线。卧室内一般不做木墙裙，若要做，不妨与床的靠背及床头柜、组合柜一并考虑，以形成与卧室内的家具格调一致的“床背景”。

卧室地面可以多种多样，但最好采用木地板和地毯，也有的在睡眠功能区做成地台，在视觉上使人感到简洁明了，空间显得宽敞。窗帘和床的色调、花纹应相一致，能产生统一、和谐美。卧室的色调以中间色居多，家具的配色要与天花板、墙面、地板统一，避免大面积使用对比色、互补色。卧室装饰用暖色调，会有利于增进夫妻间的情感。

11.5.4 书房

书房一般来说是学习、工作的空间，因此书房装修一定要创造一个安静、明亮、通风、干燥的环境。有条件时可有一个单独的书房；住房面积较小者，一般可在居室中用家具或隔架等分隔出一个学习区，供学习、工作之用。

书房的天花板、墙壁、地面、家具、窗帘等色彩以宁静、淡雅为宜，书柜等家具应少用装饰线条点缀，家具摆放应整齐，不可拥挤凌乱；陈设品大小、颜色、造型要与书房的格调相互呼应，协调一致。

11.5.5 厨房

（1）操作平台的高度：在厨房里干活时，操作平台的高度对防止疲劳和灵活转身起到决定性作用。

（2）灯光布置：厨房灯光需分两个层次：一个是对整个厨房的照明，一个是对洗涤、准备、操作的照明。后者一般在吊柜下部布置局部灯光，设置方便的开关装置，现在性能良好的抽油烟机一般也有照明灯，烹饪用是足够了。

（3）嵌在橱柜中的电器设备：现在厨房面积大小比较适中，电器随之也带进了厨房。把冰箱、烤箱、微波炉、洗碗机等布置在橱柜中的适当位置，方便开启、使用。

（4）厨房里的矮柜：最好做成抽屉推拉式，方便取放，视觉也较好。而吊柜一般做成多层格子，柜门做成对开，或者折叠拉门形式。

（5）充分利用有效空间：吊柜与操作平台之间的间隙可以充分利用起来，放置一些烹饪中所需的用具；有的还可以做成简易的卷帘门，避免小电器如食品加工机、烤面包机等落有灰尘。

（6）孩子的安全防护：厨房里许多地方要考虑到防止孩子发生危险。如炉台上设置必要的护栏，防止锅碗落下；各种洗涤制品应放在矮柜下洗涤剂专门的柜子里，尖刀等器具应摆在有安全开启装置的抽屉里。

（7）能坐着干活：厨房里不少活是完全可以坐着干的，这样可以使人脊椎得以放松，因此，应设置一个可以坐着干活的附加平台。

（8）垃圾摆放：厨房里垃圾量较大，气味也大，最好放在方便倾倒又隐蔽的地方，比如在洗涤池下的矮柜门上设一个垃圾桶，或者装个推拉式的垃圾抽屉。

11.5.6 卫生间

卫生间的发展水平是现代人文明生活的标志。卫生间一般由洗漱、洗浴、排泄三个区域组成。主要设施包括洗面器、淋浴器、浴缸、坐便器（或蹲便器），以及放置洗涤和洗浴用品的储存架或储存柜，一面照明良好的大镜子和至少一张椅子或凳子。

卫生间还要有通风设施，如果条件允许最好还能设置干手器。如果打算在卫生间里洗衣服，还应考虑安放洗衣机的位置。

卫生间的设计基本上以方便、安全、易于清洗及美观得体为主。卫生间的水汽很重，装饰材料必须以防水材料为主。浴室的墙壁和天花板所占面积最大，所以应选择既防水又抗腐蚀和防霉的瓷砖、防水涂料和塑料壁纸等。

11.6 家居装饰品的选择与摆放

（1）装饰品的摆放要根据格局的不同，不能太高也不能太低，总的原则是使它们能在人的第一视觉平行线上。同时要注意尺度和比例。小茶几不能摆大泥人，空旷墙面挂个小盘就会显得小气。如果墙面空旷可安装一个壁灯，在壁灯周围悬挂一组挂盘。

（2）挂画的内容和风格要根据地点和大小来决定。在卧室悬挂的画就可以采用裸体画等主题，而在客厅就不适宜悬挂，具体内容可以根据主人的喜好，花卉是很好的使用主题。餐厅的挂画主题可以是水果、食品、静物等，颜色可以偏甜蜜，特别是橙色，对人的消化系统有良好的调节功能。但以下几种画不宜挂在居室：

1）颜色太深或者黑色过多的图画不可买。此等画看上云令人有沉重之感，使人意志消沉、悲观和做事缺乏冲劲。

2）绘了凶猛野兽的图画不宜购买，否则家人健康会较差。

3）不宜挂超过一幅的人物抽象画，因会令家人的情绪反复大，心理不平衡，容易神经过敏。

4）画了日落西沉的画不要挂，因此类画像有令人减低冲劲的效果。

5）不适宜挂已故亲人的大头画像，因它会令你做起事来倍增压力。

6）不适宜挂瀑布之类的图画，因为这些画会使家人运气反复。

7）不要挂红色太多的画像，因为它会令家人容易受伤或脾气暴躁。

若摆设名人字画，一定要选择一些有生气的、欢乐而且适合自己身份的才可以悬挂，悲伤的字句或肃杀的图画就不宜悬挂。

(3) 孔雀、骏马之类的动物，含有所谓“孔雀开屏”“马到功成”之意，如孔雀不开屏、马儿垂头丧气的，就不要购买。

(4) 刀剑在风水上多是用来挡灾化煞的，若没有煞气，便不一定需要摆放。当然，作为收藏品陈列也不是不可，但要注意刀剑最好是未开刃的，否则容易招惹血光之灾。若是已经开刃的，则一定要放在鞘中或锦盒内，切不可露出刀刃来。

(5) 有些人喜摆佛像或观音，主要是辟邪。如果事业不成功、精神不振、食欲欠佳等，摆放了佛像或观音，有佛或观音保佑，心理上有了寄托，容易取得好的效果。

采用以上绿色装饰材料、绿色设计、绿色施工来进行绿色装修，从而使居室绿色环保，但绿色并不代表零污染，装修好的房子还应经常通风换气，摆放有益花卉。

对于污染的防治，通风换气是最有效、最经济的方法。一方面新鲜空气的稀释作用可以将室内的污染物冲淡，有利于室内污染物的排放；另一方面有助于装修材料中的有毒有害气体尽早地释放出来。有关污染的防治，在第10章已阐述。

思考题

1. 什么是绿色建材？包括哪些种类？
2. 怎样做到绿色装修？装修时应注意哪些问题？
3. 家居室内装饰的要点是什么？

12　建筑装饰中的历史文化意义及美学原则

建筑装饰是一门艺术，不仅具有稳固建筑、增加美感、表征地位、趋吉避凶、祈望与教化等作用，不同建筑及建筑装饰都具有其独到而生动的故事，以及深刻的历史文化意义，展示着其独特的美，体现着中华民族亲近自然、热爱生活、天人合一的人文与哲学理念。

建筑装饰受时代、地域、民族、风俗习惯等的影响，历史上不同时期、不同朝代、不同地域有不同的装饰图案。例如，原始社会的鱼纹、鸟纹、龟纹，商周的兽面、云雷纹，秦汉的神仙云气纹、四灵禽兽纹，隋唐的骑射歌舞、佛物道释、莲纹卷草纹，宋元的花草动物、人物故事、神仙传说纹样等。在宫廷建筑中，以龙凤、祥瑞、佛道等为主要装饰题材，而在民居住宅中，则多以喜庆、吉祥、花草、故事、戏文、风俗等为主要装饰题材。同一时代，不同民族的装饰风格差异很大。例如，维吾尔族人偏爱绿色，因绿色象征着生命，象征蓬勃的生机；维吾尔族人信奉伊斯兰教，而伊斯兰教发源地最早期是游牧民族所信仰拜物教的地方，当时人们以水为生，以草为牧，因此生机盎然的绿色代表有好收成，牛羊有充足的食物。维吾尔建筑中运用较多的颜色还有白色，喜欢白色的原因在于：一是由于阿拉伯半岛气候干燥、紫外线强烈，白色能够反射光和热，人们缠白布着白袍为了避免这种气候对人们皮肤的伤害，并用白色进行室内设计装饰；二是因为月亮在维吾尔人民心目中是纯洁高尚的化身，有着至高无上的地位。新疆的天空如镜面般洁净纯蓝，湛蓝的天空总给人以无限遐想和向往，蓝色是深邃和富于遐想的颜色。维吾尔建筑装饰艺术中蓝色是神秘的化身，墙壁和背景喜欢用蓝色来粉刷。与游牧民族不同，白族自古以来从事以水稻为主的农业生产，并以四合院的建筑为主，大门一般朝东北角，门不直通院子，用影壁遮挡，且影壁装饰丰富，一般包含福字。建筑装饰以精美的雕刻和绘画为主，一般采用殿阁造型，飞檐串角，再以泥塑、木雕、彩画、石刻、大理石屏、凸花青砖等组成丰富多彩的立体图案。

无论何时何地的建筑装饰图案或纹样都具有“图必有意、意必吉祥”所潜隐的观念化的文化信仰，在赋予建筑以美的灵魂的同时，对后人还具有启迪、教育、警示等作用。

下面以建筑装饰中常用的吉祥图案，以动物、植物、器物、人物等纹饰或图案为例来论述其在装饰中的历史文化内涵与意义。

12.1　传统装饰纹样及其文化内涵

中国古代建筑装饰风格丰富多变、题材多样、处理手法娴熟、色彩绚丽、材料运用广泛、雕刻工艺精巧；建筑装饰题材所表述的文化意义极为广泛、寓意深长，它涉及社会伦理、宗教、文学、戏曲、绘画、风水、生活等诸多内容，上至天文、下到地理，纵穿历史、横贯江河，既包含严肃的伦理说教和人生哲理的题材，又充满生活情趣、诙谐而活泼的题材，充分体现中国古代建筑所蕴含的多元文化和深厚的人文精神。

装饰纹样、图案可归纳为以下几类。

12.1.1 云气星象类

云气星象类包括云纹、日月、北斗星相等。

1. 云纹

云纹一般是指由深到浅，或由浅到深过渡自然的花型，也有由里向四周逐渐散开的云纹，一种或多种色彩深浅层次变化，使图案有立体感、细腻而生动逼真（图 12. 1）。云纹象征高升和如意，应用较广，有“如意云”和“四合云”等多种。其种类较多，有雷云纹、云气纹、卷云纹、云兽纹等。云纹是我国丰富多彩的装饰纹样中典型的一种，被广泛装饰在我国古代的建筑、雕刻、服饰、器具及各种工艺品上；云纹形态多样，有十分抽象的几何图形，也有生动形象的自然图形。古代人们长期采集和耕作实践，对云和雨决定收成的影响产生期盼和敬畏，使云在人们心中得到升华和抽象，对之产生崇拜和敬畏之情。

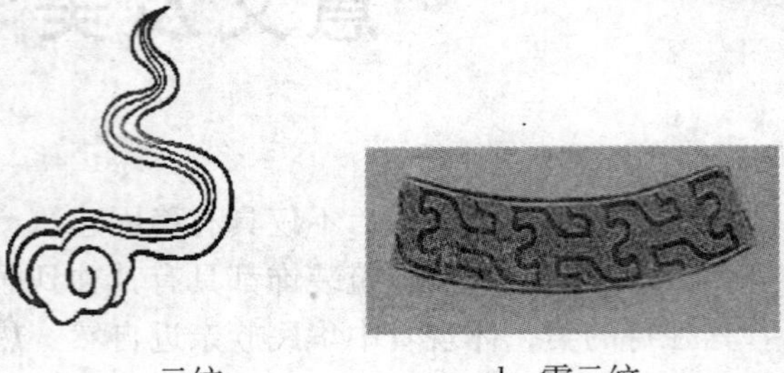

a. 云纹　　b. 雷云纹

图 12.1　云纹的基本形状

（1）雷云纹：出现在商周时期，“雷纹”在形态上与“雷”字有相同之处，体现了原始先民对云、雷等自然现象的认识和形象特征的模拟。

（2）云气纹：云气纹产生在汉魏时代，象征着人们对自然的崇尚和对神仙的崇拜。云气纹是一种用流畅的圆涡形线条组成的图案，是我国传统的纹样。从商周的“雷云纹”、先秦的“卷云纹”、两汉的“云气纹”到隋唐以来的“朵云纹”“如意云纹”等，都是当时典型的、定型化的纹饰，从陶器、青铜器、漆器、铜镜到陶瓷，都能看见它活跃的身影，如图 12. 2 所示。

a. 云气纹　　b.卷云纹　　c. 如意云纹

图 12.2　云气纹的基本形状

2. 日月

古代日月是人们生命与生存所必需的，没有了日月的存在，人类万物就会面临灭顶之灾，人们无法科学地理解与解释其中的缘由，就把日月神化了。日月神的诞生存在于世界众多民族之中。在我国古代，盘古被视为开天辟地者，亦即至上神，他的左眼化为太阳，右眼化为月亮。日月神诞生的寓意很丰富，如它反映了人定胜天的精神；它还体现人们对自然力的直接崇拜，再现了早期人类宗教信仰的纯自然特征；日月神话所映现出的人们自我牺牲以救万物生灵或求得幸福的精神风貌；日月神话本身及其二元对应关系集中体现了自然生态和社会哲理的阴阳对称与对立统一的辩证联系。

3. 北斗星相

利用北斗可辨方向，定季节。北斗是由天枢、天璇、天玑、天权、玉衡、开阳、摇光七星组成的。古人把这七星联系起来想象成为古代舀酒的斗形。天枢、天璇、天玑、天权组成为斗身，古曰魁；玉衡、开阳、摇光组成为斗柄，古曰杓。北斗星在不同的季节和夜晚不同的时间，出现于天空不同的方位，所以古人就根据初昏时斗柄所指的方向来决定季节：斗柄指东，天下皆春；斗柄指南，天下皆夏；斗柄指西，天下皆秋；斗柄指北，天下皆冬。

12.1.2 祥瑞神兽类

祥瑞神兽类包括龙、凤凰、麒麟、四神（青龙、白虎、朱雀、玄武）、白泽、辟邪、獬豸、天马、天龙、天鹿、夔龙、饕餮、螭、虺、虬等。

古代人对于并不存在的神兽的雕琢则反映了他们的一种想象和愿望，可以说是古代先民的一种图腾崇拜，期望这些神兽保佑他们风调雨顺、五谷丰登、逢凶化吉等。祥瑞神兽类在石雕、砖雕上出现较多。

1. 龙

龙是古代传说中的一种善变化、能兴云雨利万物的神异动物，为鳞虫之长。其具有骆头、蛇脖、鹿角、龟眼、鱼鳞、虎掌、鹰爪、牛耳（图 12.3），意味着龙是万兽之首，万能之神。古人对大自然许多自然现象无法做出合理解释，于是便希望自己民族具备风雨雷电那样的力量，拥有群山那样的雄姿，像鱼一样在水中游弋，像鸟一样在天空飞翔，于是就想象出了龙。龙是伟大的，它得到了炎黄子孙的尊敬，但又是虚无的，是一种精神，是中华民族的图腾。但在封建社会，龙被统治阶级掘取，周代，龙比喻贵族，而明清时期则象征君主（皇帝或藩属的国王）。

图 12.3 龙

2. 凤凰

凤凰是中国古代传说中的百鸟之王。凤是人们心目中的瑞鸟，天下太平的象征。雄为凤，雌为凰，总称为凤凰，常用来象征祥瑞。而被视为吉祥之鸟的凤凰亦常见于世界各地的地名之中，美国凤凰城与中国宝鸡市均把凤凰作为城市形象标志。凤凰的特征是：“鸡头、燕颔、蛇颈、龟背、鱼尾、五彩色，高六尺许”（图 12.4）。古人认为时逢太平盛世，便有凤凰飞来。凤的甲骨文和“风”的甲骨文字相同，即代表具有风的无所不在、灵性力量的意思；凰即皇字，为至高至大之意。凤凰也是中国皇权的象征，常和龙一起使用，凤从属于龙，用于皇后嫔妃；龙凤呈祥是最具中国特色的图腾。凤凰亦有“爱情”“夫妻”的意思。

图 12.4 凤凰

3. 麒麟

图 12.5 麒麟

麒麟又叫“四不像”，是古代传说中龙牛交合后的一种神物，集狮头、鹿角、虎眼、麋身、龙鳞、牛尾于一体；尾巴毛状像龙尾，有一角带肉（图 12.5）。麒麟是中国传说中的神兽，性情温和，据说能活 2 000 年。雄性称麒，雌性称麟，是吉祥神宠，主太平、长寿，能带来丰年、福禄与美好。它是神、仙的坐骑。麒麟地位仅次于龙，为民间祥瑞的独特代表。古人认为，麒麟出没处，必有祥瑞，常用于镇宅；民间还有“麒麟送子”的说法，是古人对生育的崇拜和期望。现在多用来比喻才能杰出、德才兼备的人。

4. 四神（青龙、白虎、朱雀、玄武）

东之青龙（龙之九子），西之白虎，南之朱雀，北之玄武，黄为中央正色。也就是说，东为青色，配龙；西为白色，配虎；南为朱色，配雀；北为黑色，配武。

传说龙生九子（图 12.6）（其实并非恰好九子，九表示多的意思），均为中国神兽。大儿叫囚牛，喜爱音乐，故常立在琴头上，如汉族的胡琴、白族的三弦琴等。而蒙古的马头琴也可能是囚牛的变种。二儿子是睚眦，爱杀，所以多被安在兵器上，用以威慑敌军。同时又用在仪仗上，以显得更加威严。三儿是嘲风，是只兽形龙，样子有点像狗，它善于瞭望，故多安在殿角上，据说可以威慑妖魔、消灭灾祸。第四儿是蒲牢，喜欢吼叫，人们就把它安在钟上。据说它是住在海滨的，但却十分怕鲸，一旦鲸发起攻击，它就会吓得乱叫。故人们把木杵造成鲸的形状，以令铜钟格外响亮。第五儿是狻猊，形似狮子。是外来品，随佛教传入中国，所以性格有点像佛。它好安静又爱烟火。所以往往把它安在佛位上或香炉上，让它为佛门护法。第六儿是霸下，又名赑屃、蚣蝮（应为趴蝮），样子似龟。相传上古时它常背起三山五岳来兴风作浪。后被夏禹收服，为夏禹立下汗马功劳。治水成功后，夏禹就把它的功绩碑让它自己背起，故中国的石碑多由它背起的。第七儿是狴犴，样子像虎。相传它主持正义，而且能明是非，因此它被安在狱门上下、门大堂两则及官员出巡时肃静回避的牌上端，以维护公堂的肃然之气。第八儿是螭吻，又名鸱尾，鱼形的龙。相传是大约在南北朝时，由印度“摩羯鱼”随佛教传入的。它是佛经中，雨神座下之物，能够灭火。故此，螭吻由此变化出来，所以它多安在屋脊两头；其嘴大，肚子能容纳很多水，在建筑中多用于排水口的装饰，具消灾灭火的功效。么子是貔貅，是凶猛的瑞兽，吞万物而不泄，是纳食四方之财的寓意，有赶走邪气、带来欢乐好运的作用。

白虎是战神、杀伐之神，具有辟邪、消灾、祈丰及惩恶扬善、发财致富、喜结良缘等多种神力。

朱雀又名凤凰或玄鸟，它能给人间带来祥瑞。

玄武是由龟和蛇组合成的一种灵物。玄武的本意就是玄冥，武冥古音是相通的。玄，是黑的意思；冥，就是阴的意思。玄冥起初是对龟卜的形容，龟背是黑色的，龟卜就是请龟到冥间去诣问祖先，将答案带回来，以卜兆的形式显给世人。因此，最早的玄武就是乌龟。以后，玄冥的含义不断地扩大。龟生活在江河湖海（包括海龟），因而玄冥成了水神。乌龟长寿，玄冥成了长生不老的象征；最初的冥间在北方，殷商的甲骨占卜即（其卜必北向），所以玄冥又成了北方神。

a. 囚牛

b. 睚眦

c. 嘲风

d. 蒲牢

e. 狻猊

f. 赑屃

g. 狴犴

h. 螭吻

i. 貔貅

图 12.6 龙子图案

5. 白泽

白泽是昆仑山上著名的神兽，浑身雪白，能说人话，通万物之情，很少出没，除非当时有圣人治理天下，才奉书而至。白泽大致是狮子身姿，头有两角，山羊胡子。它是可使人逢凶化吉的吉祥之兽，被当作驱鬼的神和祥瑞来供奉。

6. 辟邪

辟邪形状似狮而有双翼，是古代传说中的一种奇异瑞兽。其体形高大，昂首挺胸，口张齿露，腹部两侧刻有双翼，四足前后交错，利爪毕现，纵步若飞，似能令人听到其行走的脚步声，神态威猛庄严。“辟邪”是人们通过忌避、祭祀、祈寿、祝颂、特异的行为等方式达到消灾避祸、驱魔逐邪、求吉祈福的一种独特的生存模式，这就是神兽辟邪的用途，人们希望借助于一种现实的实物形象达到趋避邪祸的目的。

7. 獬豸

獬豸是从先秦延续到近代的独角兽，它长着一只独角，见到人争斗就用角去顶撞坏人，能明辨是非、除恶扬善。历代都以它作为执法官员的楷模，而现在则常作为法律图腾放置于法院门前。

8. 天马、天鹿

天马是传说中兽之名，是人格化、神化了的马，为战神，表现了汉民族的尚武精神，是不畏强敌、不怕牺牲、拼搏进取的无限勇气的象征，是汉民族最重要的图腾之一。

天鹿是传说中灵兽之名，其形似鹿而有一角，又名天禄，为祥瑞之物。

9. 夔龙

夔龙是神话传说中的单足神怪动物。《山海经·大荒东经》描写夔是："状如牛，苍身而无角，一足，出入水则必有风雨，其光如日月，其声如雷，其名曰夔"。夔龙纹是在古钟鼎器物上所雕刻的一种装饰纹样，主要流行于明清时期的景德镇瓷器上。

10. 饕餮

饕餮是一种存在于传说、想象中的神秘怪兽。古书《山海经》介绍了其特点：其状如羊身人面，其目在腋下，虎齿人爪，其音如婴儿。还有传说这种怪兽没有身体，是因为他太能吃而把自己的身体吃掉了，只剩一个大头和一个大嘴。它是贪欲的象征，所以常用来形容贪食或贪婪的人。

11. 貔貅

貔貅是中国古书和民间传说的一种凶猛的瑞兽，能吞万物而不泄，故有纳食四方之财的寓意，也有赶走邪气、带来欢乐及好运的作用，古时候人们常用貔貅来作为军队的称呼。它有嘴无肛门，象征招财聚宝，只进不出，神通特异。从古至今，上至帝王、下至百姓都注重收藏和佩戴貔貅。貔貅除了招财、开运、辟邪的功效之外，还有镇宅、化太岁、促姻缘等作用。

12.1.3 几何类

几何类包括环形纹、锯齿纹、波形纹、折线、曲线、回纹、龟背纹、菱形纹、曲尺纹、编织纹、万字纹等。

这些装饰纹样采用单独或复合使用来构成美观、吉祥的图案（图12.7）。

（1）锯齿纹：最早用于瓷器的装饰纹饰，目前也用于建筑装饰、服饰、剪纸等，常用形状如图12.8所示。

图12.7 环形纹、菱形纹和扇纹的综合使用

图12.8 常见锯齿纹

（2）回纹：由单体回纹以间断排列的形式组成边饰，有的回纹呈规矩的方形，有的为减笔式回纹，有的回纹以变形手法绘制（图12.9）。进入明代后，回纹改变其原来独立单体间断排列形式，改为一正一反两方相连的回纹边饰。明永乐时期，回纹边饰以两方相连为主，同时，又出现一笔环连的回纹边饰。明宣德以后，除少数回纹仍做一正一反的两方相连外，多数回纹呈整圈一笔环连式，并延续至清末。回纹在家具装饰中经常被采用，如书柜和橱柜下的牙板雕花之上、太师椅的靠背板上面、椅类家具的腿足上面。回纹以其大方简约的

造型不仅点缀了家具，而且更增加了家具的装饰美。回字纹演变到现在，已经不再是一个单纯的造型艺术，更上升为一种文化，一个民族的符号。

（3）龟背纹：龟背纹是一种传统的装饰纹样，在古代巫师以龟甲作为占卜工具，能兆示吉凶；龟长寿，是一种灵物，用作图案时以示吉祥。龟背纹墙寓意健康长寿、未卜先知、避祸消灾、逢凶化吉（图 12.10）。

图 12.9 回纹

图 12.10 龟背纹

（4）万字纹：万字纹是中国古代传统纹样之一，万字纹即“卍”字形纹饰。“卍”字为古代一种符咒，用作护身符或宗教标志，常被认为是太阳或火的象征。“卍”字在梵文中意为“吉祥之所集”，佛教认为它是释迦牟尼胸部所现的瑞相，有吉祥、万福和万寿之意，也具有较好的美学特征。图 12.11 所示为万字纹石窗。

（5）曲尺纹：曲尺纹又称“曲折纹”“波折纹”“三角折线纹”“曲带纹”等，一种常见的装饰纹样，以连续线条折曲而成。常用短直线、横线、斜线或连续或有间断组成的单纯与复合带状的曲折纹组成（图 12.12）。

图 12.11 万字纹石窗

图 12.12 曲尺纹罗汉床

（6）编织纹：陶瓷器装饰的原始纹样之一，泛指竹、苇、藤、麻等编织物遗留在器物上的印痕以及后来模拟这些印痕的装饰性纹样，是一种具有浓厚传承性的原始装饰纹样，形式多样，图 12.13 为其中一种编织纹。

除以上装饰纹样外，还有波形纹（图 12.14）、半月纹、蛙形纹等。

图 12.13　编织纹

图 12.14　波形纹

12.1.4　文字类

文字类包括瓦当、照壁、柱枋、匾额、牌坊、牌楼等上的文字、对联、题字以及与室内装饰结合的字幅。

文字装饰经常采用福、禄、寿、喜、富、贵、宝、工、天、吉、亚等吉祥如意的文字，如图 12. 15 所示。

a. 寿、人、丁、亚、囍

b. 万福捧寿

c. 富

d. 贵

图 12.15　装饰中常用文字

12.1.5　动物类

动物类包括狮、虎、象、鹿、马、牛、羊、猴、鸡、龟、兔、狗、鼠、猪、鱼、喜鹊、蝙蝠、鸳鸯、蝴蝶、鹤、燕等。

（1）狮：猛兽，象征人世的权势、富贵，有守护的使命，在古代常把成对的石狮摆放在门前，有镇宅驱邪之意。狮子滚绣球，表示喜庆、吉祥的意思。

(2) 虎：虎是强壮、威武的象征，也是代表吉祥与平安的瑞兽；同时，虎又是兽中之王，代表威严、权利、荣耀。

(3) 象：象是大型动物，性格温和柔顺，安详端庄，与太平盛世相和谐，是吉祥瑞应的象征，表达祈盼太平盛世的心愿。其图案有：吉祥如意，为童子骑象持如意的纹饰；象征升平或太平时，为象背驼花瓶的图案。

(4) 鹿：鹿为长寿的象征，表达祝寿、祈寿；"鹿"与"禄"谐音，如鹿和蝙蝠在一起表示福禄双全或福禄长寿；"鹿"与"路"谐音，两只鹿在一起的图案表示路路顺利。

(5) 马：马有生旺的作用，因此便有人把马摆在旺位，希望收到捷足先登、马到成功之效。

(6) 羊：羊被视为吉祥避祸之畜，悬羊门头上，可除盗贼；羊同时体现人伦之美，羔饮母乳必跪，知礼节。"羊"谐音为"阳"，祝吉语有"三阳开泰"。

(7) 猴："猴"与"候"谐音，猴骑于马上的组合装饰为马上封侯，寓意封官晋爵。

(8) 鸡：同"吉"谐音，吉祥的象征，还象征着生命，因为大公鸡一般在争夺交配权时才会激烈争斗；因为它精力旺盛，欲望强烈，有阳刚之气。雄鸡的形象代表了人类对生殖的渴望。

(9) 鱼：同"余"谐音，年年有余的意思；鲤鱼跳龙门比喻中举、升官等飞黄腾达之事。

(10) 喜鹊：为喜鸟，人们认为喜鹊具有感应预兆的神异本领，故喜鹊明丽清亮的鸣叫声预示着喜事到来。在建筑装饰中，喜鹊面前有古钱的图案为"喜在眼前"，喜鹊踏梅梢的图案为"喜上眉梢"等。

(11) 蝙蝠：为吉祥物，"蝠"与"福"谐音，一般有双福、五福，五福捧寿；蝙蝠和铜钱组合为"福在眼前"等。

(12) 鸳鸯：个性温顺，形态玲珑，羽色瑰丽，雌雄成对，偶居不离，形影一起，在成双结对的鸟类中，备受人们青睐。人们常以"鸳鸯比翼""鸳鸯戏水""鸳鸯长乐""鸳鸯欣春"之类的图案，寓意爱情忠贞、夫妻恩爱、家庭幸福和生活美好。

(13) 蝴蝶：被视为吉祥物，"蝶"与"耋"谐音，耄耋泛指年长长寿，"猫蝶"的谐音。在装饰中，猫、蝶和牡丹的图案为"耄耋富贵"。

(14) 鹤：比喻贤能之士，修身洁形而有名誉的人，如"一琴一鹤"寓意为官清廉，不贪不腐；鹤为长寿仙禽，有"龟鹤齐龄""松鹤长春"。

(15) 燕：燕古称玄鸟，象征春光，比拟情侣。在建筑装饰中，有"杏林春燕""河清海燕"。

12.1.6 植物类

植物类包括松、竹、梅、兰、菊、牡丹、荷、莲、橘、柿、桃、杏、桐、柳、柏、槐、榆、梓、茶、水仙、石榴、山茶、灵芝、琵琶、玉兰、海棠、百合、芙蓉、桂花、葵花、蜡梅、芭蕉、茉莉、栀子、红蓼、绀蓼、月季、葡萄、芍药、瞿麦、太平花、宝牙花、宝相花、万年青、金盏花、雁来红等。

(1) 松：松的特点是凌霜不凋，雪压不败，冬夏常青，被视为长青之树，寓意为延年益寿、长生不老的吉祥之意。

（2）竹：竹子有象征顽强的生命、青春永驻的意义；竹子的中间是空心的，在中国传统文化上常用来表示对事物的渴望求之，象征人虚怀若谷的品格；竹子的韧性非常好，用在品格象征上，常赞美人柔韧不失刚强的做人原则；竹子还具有对人高风亮节的品德的象征意义。

（3）梅：梅在冬天开花，独先天下而春，为梅增添了吉祥寓意。在装饰中，喜鹊在梅枝上的图案称“喜报春光”；竹、梅和两只喜鹊的图案为“竹梅双喜”，是对夫妻青梅竹马、纯真爱情的祝颂。

（4）桂：被视为祥瑞，科举高中称“月中折桂”，称子孙仕途昌达、尊荣显贵为“兰贵齐芳”。“桂”与“贵”谐音，桂被寄以贵子的寓意。在建筑装饰中，莲花和桂花的图案为“连生贵子”，蝙蝠和桂花的图案为“福增贵子”。

（5）梧桐：梧桐是中国的吉祥树，在建筑装饰中，“桐”与“同”谐音，梧桐与喜鹊的图案为“同喜”，表达吉祥的寓意。

（6）石榴：石榴是多子多福的象征，在装饰图案中，石榴切开一角，露出果实称“榴开百子”。

（7）橘：“橘”与“吉”谐音，以橘喻吉。民间有金橘兆发财、四季橘祝四季平安，朱砂红橘挂于窗前以祈“吉星拱照”。在建筑装饰中大吉图案为大橘子的图案；事事大吉的图案为柿子和橘子；百事大吉的图案为百合根、柿子和橘子的组合。

（8）莲：莲花图案是佛教的标志，赋予莲花以雅圣的意义。“莲”同“廉”，清廉的意思。“莲”同“连”，连生贵子。两朵莲花生于一藕的图案为“并蒂同心”，象征男女好合、夫妻恩爱。

（9）灵芝：在神话传说中，灵芝有瑞芝、仙芝、神芝之称，传说能使人长寿不死、起死回生。作为吉祥瑞草，主要祈愿人健康长寿。

（10）水仙：水仙的仙与神仙、仙境同音同行，寓意吉利。水仙为水中仙子所化，高洁脱尘，花开于新春佳节之际，有水仙迎春的风俗，受人赏爱。

（11）月季：月季四季开花，称长春花，象征长春，如花瓶中插月季的图案为“四季平安”。

（12）菊：象征长久与长寿的意义，菊绽开于寒霜、丽而不媚、闲适散淡的品质也是中国文人品格与精神的写照，被称为中国的花中“隐君子”。

12.1.7 纹样类

纹样类包括卷草纹、流苏纹、冰裂纹、花形纹等。

（1）卷草纹：中国传统图案之一，多取忍冬、荷花、兰花、牡丹等花草，经处理后做“S”形波状曲线排列，构成二方连续图案；花草造型多曲卷圆润，通称卷草纹（图 12.16），盛行于唐代，是吉祥如意的象征。

（2）冰裂纹：因其纹片如冰破裂，裂片层叠，有立体感而称之。在瓷器中较常见，也出现在家具、建筑构件的装饰中，具有美观、通透的特点，如图 12.17 所示。

图 12.16　卷草纹的形状

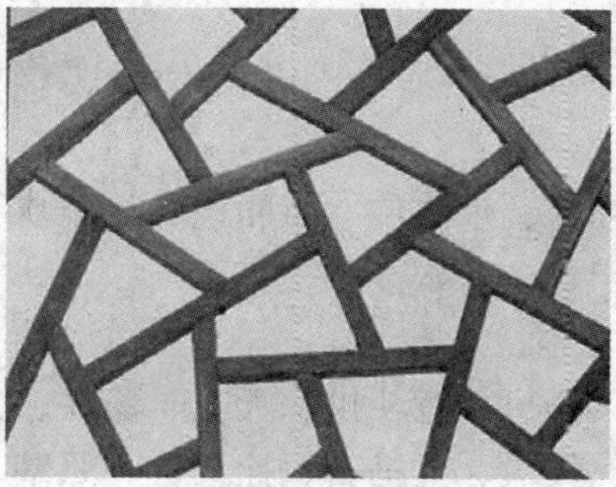

图 12.17　冰裂纹

12.1.8　器物类

器物类包括琴、棋、书、画、文房四宝、佛八宝、暗八仙、青铜器、玉器、古陶器、古漆器、象牙器、香炉等。

琴、棋、书、画、如意、文房四宝等，表达出主人像文人雅士那样高雅脱俗。

暗八仙指八仙的八件法器：笛子、玉板、荷花、扇子、渔鼓、花篮、葫芦、宝剑。“暗八仙”是传统装饰纹样的一种，以古代传说中八仙所执的法器组成图案。相传汉钟离经常摇着小扇乐陶然，故常执小扇；吕洞宾剑显灵光魑魅惊，故常背一剑；张果老渔鼓敲起有梵音，故常执渔鼓；曹国舅玉板和声万籁清，故常执玉板；铁拐李葫芦中岂止存五福，故常带葫芦；韩湘子紫笛吹度千满静，故常执一笛；蓝彩和花篮内蓄无凡品，故常携花篮；何仙姑手执荷花不染尘，故常执荷花。因只采用他们所执器物，不画仙人，故称“暗八仙”，含有吉祥之意。

12.1.9　历史故事类

历史故事类包括二十四孝、负荆请罪、郭子仪拜寿、岳母刺字、桃园三结义、梁山聚义、竹林七贤、文王访贤、木兰从军、杨门女将等。

12.1.10　神话传说类

神话传说类包括东王公、西王母、蓬莱仙境、瑶池金母等。

12.1.11　祈福吉祥类

祈福吉祥类包括五福捧寿、鲤鱼跳龙门、三阳开泰、凤凰戏牡丹、挂帅封侯、马上平安、麒麟送子、龙凤庆寿、连年有余、喜禄封侯、双喜临门、喜上眉梢、平升三级、五子登科、六合同喜、连中三元、鹿灵合欢、榴开百子、金玉满堂、春光长寿、平安如意、八仙祝寿、三星高照等。

12.1.12　历史典故类

历史典故类包括渔樵耕读、凿壁偷光、孟母三迁、胡人驯狮、鹬蚌相争等。

12.1.13　宗教类

宗教类包括莲花、飞天、角兽、力神、塔刹、相轮、水烟、日月元光、佛本生故事、八仙过海、刘海戏金蟾等。

12.1.14 戏曲类

戏曲类包括三国演义、封神榜、水浒传、西厢记、红楼梦等古典名著戏文场景。

12.1.15 建筑构件类

建筑构件类包括雀替、隔架科、如意斗拱、天花、藻井、盘龙柱、栏杆、门窗花棂、挂落、脊兽、垂柱、悬鱼、惹草、鼓墩、上马石、拴马桩、照壁、须弥座、铺地、景窗等。

12.1.16 装饰纹样和图案的表现形式

以上装饰纹样和图案可通过石雕、砖雕、木雕和绘画等形式来表现；或借用文学与绘画比拟的手法，蕴蓄在整个室内装饰之中。

在中国古代建筑装饰中，相当注意这些形式所包含的内容，在艺术处理手法上有简练与丰富、淡雅与浓重、朴实与奢华、实际与幻觉等，装饰表达的思想内涵经常采用以下几种手法来实现。

（1）形象的比拟：借用自然界中一切物像的形、意等不同特点，按照人们的理想和愿望，赋予它某种美好、吉祥的意思，以此种形式进行设计创作。例如，装饰中的莲花象征着出污泥而不染，保持气节，坚忍不拔；松、竹、梅象征着人品的高洁。

（2）谐音的比拟：在建筑装饰中，应用象征手法常常借助主题名称的同音字来表现一定的思想内容。如年年有余、吉庆有余、福禄双至等，“鱼”同“余”、“蝠”同“福”、“鹿”同“禄”等。

（3）情节的比拟：民间故事是广大人民总结了丰富的生活经验而创造出的包含对美好生活向往的一种精神产物。经过历代人们的传颂已经被程式化为某种愿望的象征。在建筑装饰中利用这种情节化的寓意手段来丰富装饰纹样的做法充分体现中华民族的深厚文化底蕴。例如在装饰中运用小说《红楼梦》《西游记》《三国演义》《水浒》等小说中的情节，这种装饰题材表达的内容丰富。

（4）数字的比拟：数字作为装饰的内容并非指具体数字在装饰里组成纹样，而是指装饰中某种主题的多少所表达的意义。数字的多少能表达思想内涵完全依靠数字所象征的意义，这种形式的比拟，就更深刻地体现出中华民族内敛的气质与含蓄的审美文化形式。例如，天坛的台阶、栏杆、铺地都采用象征帝王的最高数字九为单位；又如，紫禁城太和殿的台基中央皇帝专用的御道上都雕刻有九条石龙，主要宫殿的屋脊上排列着九只走兽；再如，皇极门前最大的影壁上用九条龙作为装饰，因此成“九龙壁”，而在这座九龙壁的屋脊上有18（2×9）条龙，影壁壁面用了270（30×9）块不同颜色的琉璃面砖拼成。

12.2 建筑装饰图案的社会功能

建筑装饰不仅具有保护建筑、美化环境、讲述历史文化意义，还具有表征地位、传达伦理道德、祈福辟邪和警示等民俗文化特征和意义。

12.2.1 表征地位

中国古代建筑装饰是社会等级制度的一种重要标志，装饰题材的内容反映了使用者的身份与社会地位。例如，建筑台基的高度和材质体现了等级制度，在清代，公侯以下、三品以上，台基准高 2（约 67 cm），四品以下至士民，准高 1 尺（约 33 cm），皇家建筑可高 5 尺（167 cm）。汉白玉材料的台基高于其他普通材料，而玉石台基用于皇家建筑。建筑屋顶的装饰通常用脊兽和角兽，建筑的地位越高，角兽的数量越多，一般采用 1、3、5、7、9 排列，最多为 10 个，紫荆城的太和殿是举行大典的场所，是皇权的象征，设神兽 10 个。清代官方规定黄色琉璃瓦只限于皇家宫殿、门、庑、陵、庙，王宫府第只能用绿色的琉璃瓦，而普通百姓只能用黑色琉璃瓦。商周时，兽面铺首是封建社会帝王诸侯建筑正门装饰的象征。魏晋时屋脊饰有鸱尾的门庑以及唐代的乌头门都是当时贵族府邸大门的地位标志。门上的零件门环，按铜环、锡环、铁环三级使用，公主府第正门用“绿油铜环”，公侯用“金漆锡环”，一二品官用“绿油锡环”，三至五品用“黑油锡环”，六至九品用“黑门铁环”。等级制对内外檐装修、梁枋彩绘、室内陈设等都有严格的限定，甚至装饰色彩也具有等级划分，以黄色为尊，其下依次为赤、绿、青、蓝、黑、灰；宫殿用金、黄、赤色调，而民居却只能用黑、灰，白为墙面及屋顶色调。

龙凤图案在建筑装饰中，标志着帝王至高无上的地位，只有与帝王建筑相关的装饰才能使用；麒麟则用于民间。

清代彩画就根据装饰的繁简、色彩、内容等有明确的等级规定：和玺彩画用于宫殿主要建筑；旋子彩画用于宫殿次要建筑；苏式彩画处于过渡的层次，少量用于宫殿建筑，大量用于普通百姓建筑；地方彩画用于普通的民间建筑。

12.2.2 社会伦理教化

中国古代建筑装饰题材的另一个社会功能就是“成教化、助人伦”。历代统治者大力推崇仁义、孝悌、忠信之类的伦理道德，即“善无小而不举，恶无小而不去，以纯其美”。儒家文化中的“二十四孝”——孝感动天、戏彩娱亲、鹿乳奉亲、百里负米、啮指痛心、芦衣顺母、亲尝汤药、拾葚异器、埋儿奉母、卖身葬父、刻木事亲、涌泉跃鲤、怀橘遗亲、扇枕温衾、行佣供母、闻雷泣墓、哭竹生笋、卧冰求鲤、扼虎救父、恣蚊饱血、尝粪忧心、乳姑不怠、涤亲溺器、弃官寻母，是由历代二十四个孝子从不同角度、不同环境、不同遭遇行孝的故事集合而成，由于后来的印本大都配以图画，故又称《二十四孝图》，为中国古代宣扬儒家思想及孝道的通俗读物。山西灵石王家大院高家崖东堡院中，在两侧厢房裙墙的四个转角立石上雕刻着“二十四孝”图画，刻画生动，高度位置适合儿童观看，这是王氏宗族作为弘扬孝悌、教育家族子孙孝敬父母长辈的一幅幅生动的教材。

河南康百万庄园的《留余》匾被选为中国名匾之一，是康家教育子弟的家训匾，它选用黄杨木雕刻而成，长 1.65 m，宽 0.75 m，是清同治年间翰林牛瑄所题。匾文如下：留耕道人《四留铭》云：“留有余，不尽之巧以还造化；留有余，不尽之禄以还朝廷；留有余，不尽之财以还百姓；留有余，不尽之福以还子孙”。盖造物忌盈忌满，事太尽，未有不贻后悔者。高景逸所云：“临事让人一步自有余地，临财放宽一分自有余味。”推之，凡事皆然。坦园老伯以“留余”二字颜其堂，盖取留耕道人之铭，以示其子孙者。为题数语，并取夏峰先生训其诸子之词，以括之曰：“若辈知昌家之道乎？留余忌尽而已。”告诫后人凡事都要留有余地，人生在世，不要把福、禄、寿、财都享尽用尽占尽，把它留给需要的人。做人要心地坦荡、谦虚退让。留余应是昌家之道，做人之则，要留有余地，要知度有度，古往今来，凡事皆然。常言说富不过三代，而康家的良好家训使其家族富了十二代。

“岳母刺字”“杨门女将”“木兰从军”等表明历史上一些英雄人物在国家危亡之际，挺身而出，抛头颅、洒鲜血，不顾个人安危，精忠报国，成为教育后人爱国主义的典范。

以“松竹梅兰菊”标榜传统文人节气等的装饰题材贯穿于各类建筑中，尤其是民居住宅建筑更是突出。如李氏庄园中门旁墙上的浮雕外围一圈荷花牡丹卷叶纹浮雕图案，内部开光形成四幅画，画面工整细致犹如工笔花鸟画，左上边为扇形构图的梅花，下边为松树和小鹿，右上边为扇形的兰花，下边为仙鹤和竹林，这四种植物构成四君子，它们代表历代有志者，包括普通百姓都追求和称颂的一种道德和情操；梅冰骨玉肌、清雅素艳、傲风斗雪是群芳之首、花中之魁。

另外，牌坊也是古代社会作为旌表“忠孝节义”的纪念性建筑，如贞节牌坊、孝义牌坊、功德牌坊等；其具有的社会作用就是弘扬儒家所崇尚的社会伦理美德，颂扬妇女贞操、事孝父母、扶贫助弱、精忠报国等功业，教化社会民众识仁义、知廉耻。像这一类装饰性建筑在中国古代城镇村落成为社会最为广泛和普遍的标识。在中国古代建筑中涉及社会人伦教化装饰题材的还有如“竹林七贤”“三顾茅庐”“桃园三结义”“梁山聚义”等突出仁义、义气等美德的故事。

12.2.3 祈福辟邪

在建筑装饰题材中祈福辟邪的装饰纹样或图案所占比例最高，表明人们祈福求吉的意愿，人们通过美好的题材表达自己对幸福生活、功名前程、五谷丰登、人丁兴旺等寄予极大的希望和追求。例如，山西灵石县静升古镇文庙前的元代石雕照壁上，雕刻了“鲤鱼跃龙门”的画面场景，以此作为对前来文庙祭祀孔子、祈求功名的学子们的美好祝愿。又如，麒麟送子在民间寓意家里出贤达的杰出人才，也表达祈望早生贵子、家道繁荣意願。再如，小猴骑在大猴上为辈辈封侯；鹿和蝙蝠组成为福禄双至；石榴和蟠桃，象征富贵、多子、多寿；“狮子滚绣球，好运在前头”，两只狮子寓意“好事成双、事事顺利”……

另外，在居住建筑生活空间中还以间接的方式和形式，借助建筑装饰，以各种题材进行组合构成吉祥的图画，如鹿与荷花、喜鹊与梅花、花瓶与大象、蝙蝠与寿字、凤凰与牡丹等，通过语言谐音转义为“六合同春”“喜上眉梢”“太平有象”“五福捧寿”“富贵高升”等吉祥成语，从而在心里和精神层面获得幸福的抚慰与喜庆的满足。

在营造住宅和装饰建筑时，人们还选择那些传说中创造的具有超自然力量，并可以寄望保佑自己避受伤害的善良神兽或宗教法器（如阴阳八卦图、佛八宝、道八仙或道八宝）等装饰自己居住空间的关键部位，以求得镇守辟邪、保护宅第安宁的心灵慰藉，常见的事例就是当某民居对着路口或巷道交叉处的墙角被认为是“犯冲”时，房屋的主人就会请人在此树立一块刻有“泰山石敢当”文字的石块做辟邪应对处理。石狮子经常放于大门口，其外形凶猛、张口施牙，被称为“百兽之王”，于是狮子就成为威武、力量的象征，在民宅中常用于驱邪镇宅。在建筑的门口还经常放一对石鼓，石鼓表面刻有莲花等一些吉祥纹样，因鼓具有震耳欲聋的想象，有镇宅之说，也是形容门第身份的重要标志。例如“魁星”和“门神”等，这些形象表达人们寻求神灵的保佑和护卫的意愿。

12.2.4 警示禁忌

中国建筑装饰题材还具有警示、告诫和行为拒止等象征意义，如松江方塔园中明代砖雕照壁，原是松江府城隍庙山门外的影壁，其上砖雕题材取自民间传说，说是世间原来有一种贪婪无比的怪物，吃遍人间金银财宝，犹贪心不足，妄想连天上的太阳也吞吃，结果蹈东海而亡。还有传说中的饕餮特别贪吃，结果把自己都吃掉了。以此类题材雕刻装饰，其意义在于警戒世人不可贪得无厌。

中国古代社会也普遍流行着各种禁忌文化，人们出于驱凶求吉、祈求平安幸福等目的，在日常活动中对于居住、出行、生产、营造、商贸、交往等行为进行的场所、时间、环境、对象等，根据社会公认的禁忌法则来判断和确定是否对自己或家人有利和适宜，尤其是对于自己的居住空间和生活环境更是如此。例如古人认为住宅方位若有悖于风水，或门窗朝向相对等，则是不吉之征兆，属禁忌。有些禁忌一直流传至今。在现代家居装饰中仍存在一些禁忌，也就是装饰过程中要讲究风水。

12.3 建筑装饰风水

风水，“风”就是元气和场能（有时也指流动的空气），“水”就是流动和变化，体现人与大自然的和谐，达到“天人合一”的境界。风水在建筑以及建筑装饰中的应用，从古至今一直存在于人们的意识当中，现在在建筑装饰中仍然存在风水禁忌。例如，立交桥旁、交叉大道旁、靠近铁路旁的住宅风水不佳，因噪声、灰尘、气流、汽车尾气等较严重；玻璃幕墙旁的住宅受幕墙的光反射、热反射，风水不佳；户型不规则的房子风水不佳等。一些建筑也会影响家居风水。例如：

（1）医院。医院住有病人，病菌多；医院经常有人做手术或常会有病人病故，以及有救护车的鸣叫，影响人的心情，进而影响健康。

（2）教堂：在风水学上，寺前庙后都属于孤煞之地，因为这些地方都是神灵寄托之所、聚脚之地，会令附近的气场或能量受到干扰而影响人的生态环境，会出现孤独、性格走极端现象。

（3）发射塔：发射塔一般是发射或接收信号的，会对人体产生电磁辐射，影响健康。

（4）公安局、消防队：在风水学上，公安局是属阳的，属孤煞之地，孤阳不生，独阴不长，且是非争斗多，对人身心健康均有影响。

（5）政府机关：包括各级政府机关、法院、检察院等是至阳之地，对人心理健康有影响。

（6）菜市场：人员杂乱，常有叫卖声，影响人的平静生活。

（7）戏院、电影院：属于聚散无常之地，且噪声大、人多，有时交通拥堵，影响人的情绪。

（8）变电站或高压电塔：电磁辐射对人脑及心脏、血液的影响较大。

（9）垃圾站：不洁之地，污染性气体或难闻气味影响人体健康。

不仅建筑外环境讲究风水，室内装饰也有风水禁忌。

12.3.1 客厅的装饰与风水

客厅风水对家居环境和运势影响较大，客厅是家居中主要部分，它主宰着整个家居运势。沙发要布置在旺位，笨重的电器及柜子应放在凶位，进主门不宜看到正对面的窗户，否则太过直通，穿堂风大，影响健康。家居旺位在大门的斜对角，通常在客厅，要求清静、安定，不可以是通道的动线；旺位不宜悬挂镜子，因为镜子有反射的效果，容易阻碍家人的运势，使财运不济、机会流失。旺位应放置可助长运势的吉祥物，最好的方法是摆放具有生命力的宽叶绿色植物，具有生生不息的意味。切忌采用针叶状植物或阴树（如桃树），尤其忌杜鹃，以免破坏宅运气场，伤害人丁。

1. 大门与客厅应设玄关

客厅正对大门，应做隔断。风水要诀“喜回旋、忌直冲”，大门与客厅设置玄关或矮柜遮挡，使内外有所缓冲，理气（运气）得以回旋后聚集于客厅，住宅内部也得到隐蔽，外边不易窥探。住宅内部隐蔽深藏，象征福气绵延。

2. 客厅不宜阴暗

客厅风水首重光线充足，阳台上尽量避免摆放太多浓密的盆栽，以免遮挡光线。明亮的客厅能带来家运旺盛，因此客厅的装饰色调不宜太暗。

3. 客厅不宜有台阶

客厅地板应平坦、不宜有过多的阶梯或高低不平。从风水上讲，家运会因地板的起伏而多坎坷，对实际生活也不方便。

4. 客厅不可成为动线

客厅是聚集旺气的地方，应要求稳定，不应将客厅规划在动线内，使人走动过于频繁，容易使家人聚会或客人来访受到干扰，影响住宅主人的事业和人际关系。

5. 客厅若有梁横跨，应以装潢遮蔽

客厅的天花板若有横梁，将形成压迫的感觉，人们坐在横梁下容易造成精神紧张，且运势不振，应在装饰中将横梁遮掩在夹层的天花板里或以吊顶方式加以遮蔽。

6. 客厅应多使用圆形造型的装饰物

客厅是家人和亲友相聚的地方，最需要营造出活泼、融洽的气氛。圆形属阳，是动态的象征，所以圆形的灯饰、天花造型以及装饰品具有引导温馨、热闹的气氛。

装饰品除了装饰客厅的美观之外，还具有辟邪和有利家居风水的作用。例如，牛角、佛像、十字架等都有不同的功能，从事竞争性的行业者如律师，客厅就适合摆设牛角，因其象征斗胜与辟邪之意；而摆设佛像及十字架则可使人有心灵寄托的作用。另外，铜风铃可以制煞。

在客厅摆鱼缸养鱼除了装饰作用外，还有带动财气及整个家庭气氛活跃生动的作用，但应注意在选择鱼时，要以色彩鲜艳、长生的鱼类为佳，而且要小心照顾饲养鱼儿，不能使它们生病或死亡，水也要保持清澈；若鱼缸中的鱼死亡或生病，抑或是水色污浊发臭的话，影响家居运势和主人健康。

7. 客厅不宜乱挂猛兽图画

客厅如悬挂花草、植物、山水或是鱼、鸟、马、白鹤、凤凰等吉祥动物，通常较无禁忌。但如果喜好悬挂龙、虎、鹰等猛兽时，则需要特别留意将画中猛兽的头部朝外，以形成防卫的格局，而千万不可将猛兽的头部向内威胁自己，否则易为家人带来意外灾祸。

8. 客厅不宜塞满古董、杂物或装饰品

客厅如果塞满古董、杂物和装饰品，容易堆积灰尘，影响气流畅通，容易使人气血不顺，进而影响健康。

家居电器用品大部分集中在客厅中，如电话、电视、音响等，因此电器的线路会特别多，最好是把这些线路做成隐藏式或处理整齐，否则会使客厅看起来杂乱无章而影响心情。

12.3.2 卧室装饰与风水

卧室是休息、睡眠的地方，人一天中有1/3的时间是在卧室中度过的，充足的睡眠是事业成功的因素。

1. 卧室的格局和颜色

卧室格局要方正，不可有缺角，缺角会阻碍空气流动，墙角正对向床铺，更是禁忌。卧室的色调以温馨素雅为宜，切勿太过鲜艳，不要布置得琳琅满目，过度豪华，闪闪发光的饰物尤为不宜。

卧室地板不可铺深红色地毯及长毛地毯，以免患支气管炎。卧室天花板应平坦，以乳白色为佳，暗色为凶；卧室墙壁不可张贴太花哨的壁纸，以免心乱、烦躁。卧室墙壁、窗户，忌五光十色、粉红、大红和深黑色，以免使人易暴躁不安、神经衰弱，夫妻多口角。卧室的墙壁不宜贴瓷砖，瓷砖质感寒冷，且瓷砖有时会脱落，意味着破败。

2. 床的方位

卧室风水最重要的就是床的位置，床不能摆在窗户下面，会有失去依靠的感觉；床尾不可正对卧室门。床应有坚固的床头板，而且要靠墙摆，使你的生命有稳固的靠山；床的另一边不可是浴室。但床三面靠壁会有压抑之感，影响健康。

3. 床的样式

床的样式要方正，避免使用圆形床，因卧室是休息的场所，宜静，而圆形代表动。

4. 电器不要过多

卧室内电器过多在风水上被称为“火宅”，影响健康。现代医学理论指出，电器辐射确实损害人体健康。脚是人的第二心脏，处于待机状态的电视若正对脚，其辐射容易影响双脚的经络运行及血液循环。建议在卧室少摆放电器，尤其不要将电视正对床脚，不使用时拔掉电源。

5. 面积不要超过20 m^2

古代风水理论指出“屋大人少，是凶屋”，认为“大房子会吸人气”。即使是皇帝的寝宫，面积也不会超过20 m^2。其实风水中所说的“人气”就是“人体能量场”。人体是一个能量体，无时无刻不在向外散发能量，就像工作中的空调，房屋面积越大所耗损的能量就越多。因此，卧室面积过大会导致人体因耗能过多而免疫力下降、无精打采、判断力下降、做出错误决定，甚至“倒霉”、生病。建议卧室面积控制在10~20 m^2为佳，如果卧室面积超过20 m^2，应摆放适量家具或装饰品以填充较大的空间。

6. 不要带阳台或落地窗

卧室如果带有阳台或落地窗，同样增加睡眠过程中的能量消耗，人容易疲劳、失眠，因玻璃结构无法保存人体热能，和露天睡觉易生病是一个道理。科学家通过特殊摄影方法拍摄下人体能量场光谱后发现，睡在带有阳台的卧室时能量场弱于睡在不带阳台的卧室。建议选择不带阳台或落地窗的房间为卧室，或给阳台和落地窗挂厚窗帘遮挡。

7. 窗口不要大，不要朝东或朝西

风水师指出，睡在窗口大、朝东或朝西的房间中容易因“光煞”导致“血光之灾”。因为在朝东或朝西的房间，早上或下午猛烈的阳光会导致卧室内光线过强，刺激神经，影响休息，导致失眠，使人变得不清醒、冲动易怒。建议选择窗口不大、朝北或朝南的房间为卧室。如果已经住进了朝东或朝西的房间，暂时不可能变换，就注意在适当的时候拉好窗帘。

8. 床下不要堆放杂物

卧室要气流通畅，不宜在床下堆放箱子等物品。床铺的下面离开地面要有适当的距离使其通风，床边的通道三面绕床，气能环抱凝聚在床上，而形成聚气的格局。传统风水学认为，乱堆放东西于聚气不利，建议保持床下空旷，气流通畅。

9. 注意镜子的摆放

镜子不可反射到床，否会妨碍睡眠。长期受到镜子照射还会导致健康问题以及夫妻失和及外遇的情况。卧室进门处不可有镜子，否则易出现口舌是非。

10. 卧室的其他禁忌

(1) 卧室的门不可与卫生间或其他的门对冲。风水理论认为，卫生间五行属水，阴气较重，容易引起腰肾不适。调查发现，卧室带卫生间，尤其卫生间正对床的住户确实大多有腰疼症状。不管卫生间多豪华，也改变不了其排污的本质，空气质量不佳，沐浴后更产生较多湿气。若卫生间的门正对床，不仅容易使床潮湿，还容易影响卧室的空气质量，时间长了就导致腰疼，还会增加肾脏的排毒负担。建议在卫生间放上几盆泥栽观叶植物，或在床与卫生间门之间加屏风作为遮挡。

(2) 吊灯、吊扇或梁不可设置在床铺的正上方。风水上将“床正上方的吊灯、吊扇或梁”称为“吊灯、吊扇或梁压床”，认为“煞气重”，对健康不利。现代心理学研究发现，床正上方的屋顶若装有吊灯、吊扇或梁，确实会给人以心理暗示，增加人心理压力，影响内分泌，进而引起失眠、噩梦、呼吸系统疾病等一系列健康问题。建议保持床正上方屋顶的空旷，在床边使用光线柔和的落地灯或台灯。

(3) 安置在床头上方的壁橱会产生不良效果。由于可增加收纳空间，所以壁橱是很流行的设计，但是它会使人产生压抑感，导致头痛和失眠。

(4) 尖锐的墙角、柜角和其他家具的尖角会产生煞气，要特别当心不要与床铺对冲。应避免使用有尖角的灯罩，应选用圆形的灯罩。

(5) 卧室禁止摆放鱼缸、水车或水景的图画，摆放这类物品会招致盗贼或破财。

12.3.3 卫生间的装饰与风水

(1) 卫生间不宜开在西南或东北方。卫生间重在来水和去水，水汽甚重，倘若开在西南或东北两个气当旺的方位，会有“土克水”的毛病发生，因此不吉利，尤其是家人健康会受损。

(2) 卫生间不宜开在南方。因南方“火”气重，与“水汽”重的卫生间形成水火不相容，故不吉利。

(3) 卫生间不宜开在房屋的中心。中央属“土”，倘若卫生间在房屋的中央，则发生了“土克水”的毛病，故不吉；房屋的中心正如人的心脏一样，至为重要，卫生间开在那里便显得不伦不类，非但有碍观瞻，而且有违风水之道。

(4) 卫生间宜压在凶方，忌压在吉方。

(5) 卫生间地点宜隐蔽。因为卫生间被认为是较为不洁及隐私的地方，所以不宜太瞩目。

卫生间门不宜对正大门，两者成一直线，这样进门就能看到不洁之地，影响人的审美；风水学认为，卫生间对大门会导致疾病丛生，尤其是患恶性肿瘤。即使卫生间并不是正对大门，但也不宜位于瞩目之处。

(6) 卫生间不宜改为睡房。现代都市地狭人稠，寸土如金，往往有些家庭为了节省空间，便把其中一间卫生间改作睡房，以多挤些人口，但这样不仅违反了风水之道，而且亦不符合环境卫生。

从风水学来说，卫生间是被视为不洁之地，是应该开在凶方来镇压住凶星的，所以睡房邻近卫生间已是不太适宜，更何况是把卫生间改作睡房。而从环境卫生来说也不适宜，因为虽然把自己那层楼的卫生间改作睡房，但楼上楼下却并不如此，如此一来，自己那层的睡房便被上下层卫生间夹在中间，使人易联想起不洁之物，影响心情和睡眠。

此外，楼上的卫生间若有污水渗漏，睡在其下的人便会受影响，不符合环境卫生之道。

(7) 卫生间应常保持清洁。卫生间正如风水古籍所谓“出秽”的地方，故此应该十分注意清洁卫生，否则易滋生病菌。

(8) 卫生间应保持空气流通。卫生间不仅要保持清洁，还要时常使空气流通，使外边清新的空气流入，吹散卫生间内的污浊空气。因此，卫生间内的窗或气窗便要时常打开，以便吸纳更多清新空气。

除以上禁忌之外，在家居装饰中还应避免镜子太多，因镜子从风水上来说很阴寒，容易招邪，若是家中镜子太多则会造成夫妻耗财。从科学意义上说，镜子有反射作用，反射的光线有很强的刺激性，影响身体健康。

门柱、门扇有弯曲或是破裂，以及炉具或饭锅破裂都意味着破败的意思，对家居风水亦有影响。

12.3.4 家居装饰品的选择与风水

1. 鱼缸

“山主贵，水主财”，鱼缸有很强的催财作用。但如果摆放不当，不但不能旺财，而且会损财损丁。鱼缸适合摆在厅堂，不宜摆放在厨房或卫生间。鱼缸水位高过正常人身高，使人有压抑感；鱼缸放置位置过低，起不到美观作用，还易造成财运不顺。鱼缸形状不要有尖角，最忌鱼缸制成三角形，圆形或椭圆形或四角形的鱼缸都具有招财作用。金鱼最招财，而黑色鱼只有特殊职业的人（如军人及学者）可养，一般黑色鱼较易招小人、是非。从科学意义上说，金鱼美观，使人赏心悦目、心情舒畅；鱼儿还代表着生命、灵性。

2. 财神

财神是中国民间普遍供奉的善神之一，每逢新年，家家户户悬挂财神像，希冀财神保佑，以求大吉大利。主管财源的神明分为两大类：一是道教赐封，二是民间信仰。道教赐封为天官上神，民间信仰为天官天仙。财神有文财神和武财神（关公）。

“文财神”财帛星君，也称“增福财神”，他的绘像经常与“福”“禄”“寿”三星和喜神列在一起，合起来为福、禄、寿、财、喜。一般悬挂财神图像于正厅，祈求财运、福运。

“武财神”是关羽关云长。传说关云长管过兵马站，长于算数，而且讲信用、重义气，是忠义勇敢的象征，故为商家所崇祀；其可镇宅辟邪、护佑平安、招财进宝、财源广进，因此商家视关公为他们的守护神和财神爷。

一般摆放原则是：武财神要面向门口，文财神忌面向门。

3. 运财童子

运财童子为运财之物，此物忌已婚人士、女士选用，对未婚男士更为有效。放在浴室较好，因水生财；也可放在床头。一般只摆放一年。

4. 水晶

天然水晶是蕴藏天地丰富磁场的结晶体，具有灵气，有旺财、纳气等功效，水晶具有晶莹的质感，在家居装饰中能增加美感。水晶分为天然水晶和人造水晶，其中天然水晶的作用更强、效果更佳。从风水上讲，水晶一般放于病煞星之位，可化病消灾、化病为财。

5. 金元宝

金元宝由贵重的黄金或白银制成，一般白银居多，黄金稀见。在中国货币史上，正式把金银称作“元宝”，始于元代。金元宝以生财旺财为主，多以一对并用，可将一对金元宝放在窗口或窗台上，左右角各放一只，目的为把窗外之财吸纳进来，窗口越大财气越旺；也可放在大门的斜对角，此处藏风聚气，是财位，以加强招财进宝之气。

6. 石狮子

石狮子是一种瑞兽，能解除多种形煞，亦加强官威或屋主之阳气，如果窗口见到不利之冲克，可放一对石狮子面向窗口，可以化煞，且有生权之意。如律师、艺员等，可在办公室内摆放一对石狮子，有助于生财。

7. 铜狮子

铜狮子可化煞挡灾，一般放在面向大门的位置。凡是有路相冲或开门见灯柱者可用。铜为金属，可克制木，遇窗户的对面可见大树者适用。如宅内有属水之人，放此铜狮更佳，因金能生水，可旺财。

8. 文昌塔

此物为最常用的法器，利于读书、功名及事业。小孩子可将此器放在床头，成人可将其放在台上，学者将它放在书柜中，有利于文思敏捷，考试名列前茅。

9. 貔貅

此瑞兽身无鳞，脚无毛，神态威武，为上佳风水摆设，但只适合于偏财或推销行业（推销员）选用，凡收入有浮动者皆有神效。摆放时只需头向门或向窗外，有利偏财。

10. 铜葫芦

葫芦化病，凡家中有病人，可摆放此法器，对健康有利，家有小孩及长者更应选用。铜葫芦也可增添夫妻感情，若夫妻缘薄，可摆放一只铜葫芦在床头，增加夫妻恩爱。

11. 木葫芦

家中有久病者，不妨挂三只木葫芦，会有神奇效应，重病者则需用三只放在床头，男女均可选用，可长期挂用。

12. 麒麟

麒麟与龙神、神凤、龟神，在古时被称为四灵兽。麒麟可作为招财添丁化煞之用，用途非常广泛。头向外即可，其势甚劲，宅主财运必佳；以细巧为宜，男女皆旺。

13. 金蟾

金蟾，三只脚，背北斗七星，嘴衔两串铜钱，头顶太极两仪，脚踏元宝山及写有“招财进宝”“一本万利”“二人同心”“三元及第”“四季平安”“五谷丰登”“六合同春”“七子团圆”“八仙上寿”“九世同居”“十全富贵”“乾隆通宝”“宣统通宝”等的铜钱，旺财至上。

14. 龙龟

龙龟是一种瑞兽，主吉祥招财，化三煞。龙龟放在财位可催财，放在三煞位或水汽较重之地最有效；风水学有云：“要快发，斗三煞”。水汽重之风水位主是非口舌，龙龟在位能化口舌兼加强人缘；有部分龙龟法器之背部是活动的，可将之掀起，放入茶叶及米粒，可加强其效应。

15. 八卦平光镜

其性质为遮挡户外不良之建筑形状。用法是放在屋外，忌放在室内照人，不论何种形煞皆可化解，但不宜挂太多，一个方位只能挂一个，全屋不能超过三个，否则必会自伤，不吉反凶。

12.4 家居装饰的美学原则

美是人类社会实践的产物，是人类积极生活的显现，是客观事物在人们心目中引起的愉悦的情感。审美观是在人类的社会实践中形成的，和政治、道德等其他意识形态有密切的关系。不同的时代、不同的文化和不同社会集团的人具有不同的审美观。审美观具有时代性、民族性、人类共同性，在阶级社会还具有阶级性。

在建筑装饰中，不同国家、不同时代，人们对装饰中美的理解和表达方式不同。例如，中国是具有含蓄文化的东方国家，在装饰中采用门、窗、屏风、罩、花窗、博古架等诸多元素，营造半“露”半“藏”、虚实相生的空间形式。利用花窗，以花为“框”对室外自然景观进行“剪裁”“取景”，构成一角富有特色的艺术空间，非常巧妙的借景，引外入内，形成室内外空间穿插呼应、内外交融的浪漫空间美。在室内与室外之间设置的过渡空间，即檐廊空间。从室内角度看去，檐廊空间是室内的延伸，直接沟通吸纳着室外自然景观，有渗透交融感；从室外大空间角度来看，檐廊映着室内空间，好似“犹抱琵琶半遮面”。以上几种装饰技法均体现典型的东方含蓄美。

在传统的古典灯饰照明中，对灯罩的运用很普遍，不管取方形、圆形或其他造型，也不管是用缎面或是用灯笼纸材料，透过这些装饰材料的光照朦胧而柔和，使人感觉平和而喜庆，流露出浓浓的东方含蓄美。大多采用间接照明方式，以达到柔和、平静而朦胧的氛围，也体现了含蓄美。除了灯具照明之外，在我国古代传统的居室结构中，还非常注重利用日光照明，如门窗及花格的造型与户外植物投入室内斑驳的影子，显得动静共生、平和安详、韵味无穷，具有典型的东方特色。

12.4.1 现代家居布置的美学特征

1. 具有时代美感

(1) 节奏快。居室布置适应快节奏的时代，可使人们紧张劳碌后的身心得到舒缓，同时也方便了生活。例如，明丽畅快的色彩，流线型家具，薄如蝉翼的窗帘，带轮的活动沙发等。

(2) 信息流特征。现代社会是信息社会，作为社会细胞的家庭，应有明显的信息流特征。例如，收音机、录像机、电视机、电话、家用电脑、网络、报刊等重要的信息载体，应安放在适当而显眼的位置上。

2. 具有文化美感

现代家庭应充满浓郁的文化气氛，使家人在耳濡目染中接受良好的文化熏陶，提高文化素质。如果住房比较宽敞，一定要设置一间书房；即使住房不宽绰，也应让客厅或卧室兼有书房的功能，这样，孩子读书写字、大人业余学习都方便。书柜是家庭藏书的主要工具，也是家人汲取精神营养的“知识宫”。因此，购置家具时，书柜是万不可“精减”的。墙上挂一些书画作品，既能烘托家庭的文化氛围，又能使人获得精神享受。

3. 具有艺术美感

家居的装饰布局应有强烈的艺术格调，给人以高雅脱俗的美感。

（1）整体布局上具有艺术美。例如，色彩素雅、高洁，光线充足、柔和，家具少而精，造型美而实用。

（2）局部陈设上有艺术感。如字画最好裱制，或以精致的镜框装镶；盆栽的花盆或插花的花瓶应力求精巧秀雅。

（3）点缀品要艺术化。如茶几、书桌、餐桌的玻璃板下可压几幅栩栩如生的彩色剪纸，花格隔墙或装饰柜里用瓷狗、绒熊、布娃娃、竹编鸡、根雕之类工艺品装点等，闲来观赏玩味，别有一番情趣。

4. 具有情调美感

家庭是情调的圣殿，没有情调，就没有温馨，也就没有天伦之乐。家庭装饰应有“即景生情”的效应，使其成为名副其实的天伦乐园。有儿童的家庭，应让孩子的卧室充满童趣。色彩应选择象征天真活泼的天蓝色、湖蓝色、果绿色；墙上饰物最好是孩子喜欢的童话、神话、科幻人物招贴画；床头、床可做成造型生动有趣的大象、河马、海狮之类的形象。家里还可设置一个“趣味角”，供夫妻促膝谈心，父子对弈，爷孙讲故事寻开心、逗乐子；周末进行卡拉 OK 比赛，家长教孩子做纸工等，使家人各得其乐。对家人不同的兴趣爱好也要兼顾，如养花的阳台、挂鸟笼的屋檐、养金鱼的鱼缸等。总之，要让家庭成为一块情趣四溢的乐土。

12.4.2 家居装饰的美学原则

1. 比例与尺度

圣·奥古斯丁说：“美是各部分的适当比例，再加一种悦目的颜色。”比例是指物与物的相比，表明各种相对面间的相对度量关系。在美学中，最经典的比例分配莫过于“黄金分割”了。尺度是物与人（或其他易识别的不变要素）之间相比，不需涉及具体尺寸，完全凭感觉的印象来把握。比例是理性的、具体的，尺度是感性的、抽象的。比例与尺度，在个人的视觉中，比例是产生点的很重要的因素，“黄金分割”这一比例易为视觉所确认和接受，所以是美的。比例表现在整体与局部之间的长短、高低、宽窄等关系中，如墙面与家具、吊灯与平顶、画镜线与护墙板等之间的大小比例与尺度。强调比例是为了追求良好的视觉效果；注重尺度则是为了满足舒适的使用效果。

2. 稳定与技巧

家居布置得过重会让人觉得压抑、沉闷；过轻又会让人觉得轻浮、毛糙。要注意色彩的轻重结合，家具饰物的形状大小分配协调，整体布局的合理完善等问题。

稳定与轻巧是国人内心追求的写照，正统内敛、理性与感性兼容并蓄形成完美的生活方式。稳定是整体，轻巧是局部。在居室内应用明快的色彩和纤巧的装饰，追求轻盈纤细的秀美。若黄、绿、灰三色是客厅中的主要色彩，灰色给人稳重高雅的感觉，黄色冲淡了灰的沉闷，而绿色中和了黄的耀眼，这样的布置最终形成稳定与轻巧的完美统一。

3. 对比与和谐

对比是强调构图的差异性。室内装修中通过陈设的造型、色彩、大小、曲直、质感以及虚实等，互相烘托与陪衬，使室内环境丰富并具层次感和力度感。对比涉及空间的各个角落，如光线的明暗对比、色彩的冷暖对比、材料的质地对比、传统与现代的对比等。例如，黑色与白色在视觉上的强烈反差对比，毛皮的华贵与纯棉的质朴是材质上的对比，长方形玻璃窗是形状、大小的对比。

和谐是指装修中的造型、色彩和材质间的柔和与融洽，使对比双方进行一定的缓冲与融合。

4. 节奏与韵律

节奏是一种有规律的重复，建筑与室内陈设的高低错落、疏密聚散，空间虚实的交替，构件排列的疏密、长短的变化和曲柔刚直的穿插等，都能产生类似于音乐中强弱、徐疾的节奏感。人对节奏有一种本能的敏感，节奏使人产生美感，失去节奏会使人心烦意乱。例如，楼梯在居室中最能体现节奏与韵律，或盘旋而上，或蜿蜒起伏，或柔媚动人，或刚直不阿，每一部楼梯都可以做成一曲乐章，在家居中轻歌曼舞。

节奏与韵律是密不可分的统一体，是美感的共同语言，是创作和感受的关键。“建筑是凝固的音乐”，就是因为它们都是通过节奏与韵律的体现而造成美的感染力。美的建筑总是以明确动人的节奏和韵律将无声的实体变为生动的语言和音乐。

5. 对称与均衡

对称是指以某一点为轴心，求得上下、左右的均衡。对称与均衡在一定程度上反映了处世哲学与中庸之道，因而在我国古典建筑中常会运用到这种方式。现在居室装饰中人们往往在基本对称的基础上进行变化，造成局部不对称或对比，这也是一种审美原则。另有一种方法是打破对称，或缩小对称在室内装饰的应用范围，使之产生一种有变化的对称美。

例如，面对庭院的落地大观景窗被匀称地划分成“格”，每一格中都是一幅风景；长方形的餐桌两边放着颜色相同，造型却截然不同的椅子、凳子，这是一种变化中的对称，在色彩和形式上达成视觉均衡；餐桌上的烛台和插花也是这种原则的体现。对称性的处理能充分满足人的稳定感，同时也具有一定的图案美感，但要尽量避免让人产生平淡甚至呆板的感觉。

6. 主从与重点

当主角和配角关系很明确时，心理也会安定下来。如果两者的关系模糊，便会令人无所适从，所以主从关系是家居布置中需要考虑的基本因素之一。在居室装饰中，视觉中心是极其重要的，人的注意范围一定要有一个中心点，这样才能造成主次分明的层次美感，这个视觉中心就是布置上的重点。例如，若客厅中的吊灯是重点，就选择美观大方、功能较齐全的吊灯，一盏即可；如果数量增多，分不清主次，整体美感就会荡然无存。切记：重点过多就会变成没有重点，配角的一切行为都是为了突出主角，切勿喧宾夺主。

7. 过渡与呼应

硬、软装修在色调、风格上的彼此和谐不难做到，难度在于如何让二者产生“联系”，这就需要运用“过渡”。呼应属于均衡的形式美，是各种艺术常用的手法。在室内设计中，过渡与呼应总是形影相伴的，具体到顶棚与地面、桌面与墙面、各种家具之间等，形体与色彩层次过渡自然、巧妙呼应的话，往往能取得意想不到的效果。

例如，吊灯与落地灯遥相呼应，都采用看似随意的曲线，这种亲近自然的舒适感，最适合用于硬冷的物体之上；茶几上的鲜花随形就势给视觉一个过渡，使整个空间变得和谐。整体上应将结构的力度和装饰的美感巧妙地结合起来，使色彩和光影的连接和过渡非常流畅、自然。

虽然“过渡与呼应”可以增加居室的丰富美感，但不宜太多或过分复杂，否则会给人造成杂乱无章及过于烦琐的感觉。

8. 统一与变化

家居布置在整体设计上应遵循“寓多样于统一”的形式美原则，根据大小、色彩、位置使之与家具构成一个整体，成为室内一景，营造出自然和谐、极具生命力的“统一与变化”；家具要有统一的艺术风格和整体韵味，最好成套定制或尽量挑选颜色、式样格调较为一致的，加上人文融合，进一步提升居住环境的品位。

不同的空间应选用不同的色彩基调。黄色有助于人的食欲，所以将它定为餐厅的主色；墙上采用青绿色的装饰画，是整体色调中的变数，然而却非常和谐。

9. 比拟与联想

比拟是一种文学上的说法，在形式美学当中，它与联想密不可分。所谓联想，是指人们根据事物之间的某种联系由此及彼的心理思维过程。联想是联系眼前的事物与以往曾接触过的相似、相反或相关的事物之间的纽带和桥梁，它可以使人思路更开阔、视野更广远，从而引发审美情趣。

联想的内容都是已知的、客观存在的，运用比拟手法，通过联想使抽象的意识活动与具体形象相结合。例如，卧室选用红色调的布艺，再加上茂盛的绿色盆栽、立在窗边的长颈鹿摆饰，置身其中就会从色彩、布景中产生热情洋溢、活力四射的非洲印象。

运用这种原则布置家居时，应注意比拟与联想不是天马行空式的胡思乱想，它形成的空间应该是曾经有过或者非常向往的生活氛围。

因此，要使装饰达到美观的效果，在室内装饰中应注重意境设计。

12.4.3 室内装饰意境

（1）意境可以让室内整体来体现某种意境或含义。例如，把房间装饰设计得如同船舱一样，体现一种在海洋和水上航行生活的意境。也可以让某个局部和侧面，这个局部可以是一套房间的某个空间，如天花板、墙面、地坪等某一局部，也可以是某种器物如雕塑、摆设、字画、某个灯具，甚至还可以是某种装饰和象征如色彩、光线、某种图案、花纹等，来体现某种意境或含义。

（2）意境设计一定要达到身临其境的境界。如某客厅的室内装饰设计，将一面主墙面绘上参天苍绿大树，夕阳斜射的余晖透过森林树隙，林中一条小径幽幽。房内中央放着一颗斜卧大树，旁边是石头形沙发，地面铺以嫩绿草坪地毯，天花板饰以天空淡蓝色调，使人一进房间就能产生来到森林深处的想象和联想。

（3）意境设计一定要使整个设计贯穿整个环境设计布置。围绕着意境，从家具摆设、色彩照明、绿化、壁挂字画、陈设小品等，都要根据构想意境的要求来设计，不要因某种因素破坏了意境。

（4）意境一定要新雅别致，富有寓意，不落俗套，甚至根据各种情况能加以变化，可以把各种不同意境有机组合在一起。例如，卧室装饰成满夜星空的意境，客厅可以装饰设计成绿色森林和草地的意境。另外可以根据所处的特定环境恰到好处地模仿自然。例如，太阳、星空、草地、森林、山水，甚至可以是车、船、飞机及各种动物等。

意境亦可以模仿历史或文学艺术如电影、书画中某个场面片断，还可以是某种想象的天地世界，给人以身临其境的感觉。如想把自己家庭装饰成水晶宫意境，可以利用各种玻璃和镜子构成墙面，亦可以实现某种奇幻意境。

例如，客厅设计成这样的意境，每当夜幕降临时，由光控开关实现满屋漆黑逐渐呈现繁星点点，然后摆设上的指示灯闪烁，继而音响设备奏出音乐，声控开关使灯光渐亮；对某个临近江边的浴室进行装饰设计时，可把临近江边的阳台、栏杆和窗户设计成如同轮船的甲板、栏杆和舷窗，房间内部模仿船舱结构，照明亦用筒灯照射，把门和过道设计得与船舱门和过道一样，房间以湖绿色或海蓝色为主调等，体现出一种浓厚的水上风格，使人一进房间就犹如生活在水上航行的船只上。

12.4.4 室内装饰的灵魂——色彩

色彩是视觉中最具感染力的语言，室内装饰中色彩的合理搭配有助于美化使用者的工作或生活环境、提高生活质量，还促进身心健康。室内装饰中的色彩能起到视觉调节和舒缓视觉疲劳的作用，不同色彩的运用会使人产生不同的心理感受，影响人的情绪并且使人产生联想。

1. 色彩的功能

（1）色彩对生理功能的影响：

1）温度感。色彩本身没有温度的差异，是人类通过视觉对色彩的冷暖产生的一种心理的联想。人们对于不同的色彩具有不同的生理反应。例如，波长比较长的黄色、橙色和红色会给人们以温暖的感觉；而波长比较短的绿色、蓝色和紫色则会给人以寒冷的感觉。这种感觉和人们的感觉经验是一致的。因此，在室内装饰中人们通常会选择暖色，以产生一种温暖、舒适的感觉。而对于冷色，会选择小面积的搭配使用。

2）重量感。色彩的纯度和明度能够决定色彩的重量感，明度和纯度都比较高的色彩给人较轻的感觉，如浅黄色和桃红色；而一些暖色系的色彩就会给人们较重的感觉。因此，在室内装饰中可以利用色彩的这一生理效应来达到色彩稳定和平衡的需要，可以在室内装饰中表现出某种性格的需要，如庄重和轻飘等。

3）距离感。色彩可使人产生不同的距离感，如远近、凹凸和进退等。一般情况下，明度高的色彩和暖色系色彩可以使人产生接近、凸出、前进、膨胀的效果，而明度较低的色彩和冷色系色彩可产生远离、凹进、后退、收缩的效果。因此，在进行室内装饰时利用色彩对人们产生的距离感来改变室内空间的高低和大小，从而使人们产生不同的感觉。例如，如果室内的空间比较高，则可以使用暖色来提高亲切感并减弱过高的空间所带来的空旷感；如果室内的墙面比较大，应该采用具有收缩感的冷色。如果室内的柱子比较细，应采用浅色；如果室内的柱子比较粗，应采用深色来减弱粗笨的感觉。

4）尺度感。色彩的明度和色相可以决定人们对物体的感知大小。例如，明度高的色彩和暖色具有扩散作用，会使物体显得比较大；而暗色和冷色则会产生内聚作用，会使物体显得比较小。不同冷暖和明度的色彩所产生的尺度感会通过对比作用显示出来。因此，在进行室内装饰时，通常利用色彩处理来改变人们感觉上的物体体积、尺度和空间感，从而使得室内各个部分之间具有更加协调的关系。

（2）色彩对心理功能的影响：人们产生的知觉经验和外来色彩对人们的刺激产生呼应的时候，就会造成人们的某种心理情绪，这种现象就是色彩对人们的心理功能所产生的影响。人们对于不同的色彩会产生不同的联想和情绪，如蓝色会让人产生清新、理智、悠久、平静的感觉，而红色则会使人产生愤怒、喜庆、热情、活力、危险等感觉。色彩作用各有不同：

1）红色有刺激兴奋作用。

2）绿色是一种柔和舒适的色彩，能消除精神紧张和视觉疲劳。

3）黄色和橙色可刺激胃口，增加食欲。

4）赭色对低血压病人适宜。

5）紫罗兰色墙壁则可降低噪声。

色彩对人心理反应的影响会受到人们不同的生活经验、联想、习惯、民族、素养、年龄和性格的影响。因此，在室内装饰时可以通过色彩的合理搭配来实现室内装饰中的文化内涵和主题，从而改变人们对装饰后的室内空间所产生的心理感受。

（3）色彩的美感：色彩在现代室内装饰设计中应该符合人们的生理要求和心理要求，才能够给人美的感觉。将色彩运用到室内装饰时，应该根据不同的使用对象或者使用功能而分别对待。例如，在商店中的鲜肉部，室内的墙面不适宜使用红色或者偏红色的色彩，以避免颜色对比产生肉的颜色不新鲜的感觉，而如果选用蓝绿色或者淡蓝色的饰面，就会使鲜肉看起来更加红润；在陈列室和展览馆室内，当陈列的展品的色彩比较鲜艳的时候，应该选择使用灰色或者无彩色作为室内装饰的背景色，以防止色彩的相互反射造成的色彩失真；在餐厅内则可以选择使用醒目的、刺激的和具有强烈对比的色彩，从而创造一种卫生、欢快的色彩环境。

2. 室内装饰中色彩的设计原则

（1）应符合空间构图需要。室内装饰中对色彩的运用应在符合空间构图需要的基础上，正确处理主题和背景、变化和统一、协调和对比的关系，从而充分发挥色彩对现代室内装饰的美化作用。在利用色彩进行室内装饰设计时，首先，确定色彩的主色调，主色调形成因素主要包括色彩的纯度、色度、对比度和明度等。其次，应处理好变化和统一的关系，在统一基础上有所变化，从而取得良好的室内装饰效果。为达到这一效果，可以适当提高小面积色块的纯度和明度，而大面积的色块则不应该采取十分鲜艳的颜色。再次，应该体现节奏感、韵律感和稳定感。为了使室内装饰产生起伏变化，就应该注重色彩所特有的规律性，形成一定的节奏感和韵律感，从而避免室内的杂乱无章。通常会使用上轻下重的色彩关系来达到室内装饰设计的稳定感。

（2）利用人对色彩的感情规律。在利用色彩进行室内装饰时，应该考虑人们对色彩的感情规律，因为人们对不同的色彩会产生不同的心理感受，色彩的纯度和明度也会影响人们的情绪感应。深暗色和黑色则会使人产生忧郁感，相对比较明亮的暖色则会给人一种活泼轻松的感觉，若将白色和其他颜色进行组合则会令人产生比较活泼的感觉。例如，黑色一般是作为点缀色来应用的，如果在室内装饰中使用大面积的黑色，人们就会在感情上难以接受，而如果在这样的环境里居住或者办公，就会产生很不舒服的感觉。老年人一般喜欢稳定感较强的色系；青年人则适合对比度比较大的色系，从而感觉到快捷的生活节奏和时代气息；儿童适合纯度比较高的颜色，如浅粉色系和浅蓝色系；体弱者则可以利用暖绿色和橘黄色而产生愉快、轻松的心情；军营比较单调，因此军人适合使用鲜艳的色彩，以调节单调的军营色彩。如果客厅自然光不足时，应使用相对比较明亮的颜色，从而使整个客厅处于一种亮丽的气氛中，这样就会使人感到轻松愉快。

（3）整体统一性。在利用色彩进行室内装饰时，应注意色彩的整体统一性，从而使室内装饰产生和谐的效果。室内装饰环境中不同色彩在室内空间中会互相影响、互相作用，其中最根本的关系就是对比与和谐。因此，应对色彩的对比与和谐关系进行恰当处理，充分运用纯度对比、明暗对比和冷暖对比，注意色彩的纯度、明度和色相之间应该比较靠近，从而使人们在视觉上产生一种统一感。因此，在室内装饰中的色彩和谐应该是对比中的衬托和对比中的和谐。

（4）尊重风俗习惯、注重人的情绪和情感。人们对色彩的想象和理解受年龄、素养、习惯、性格、民族、生活经验和地域的影响。随着时代的变迁，色彩的流行和运用也会不断发生变化，因而应以人为本，尊重风俗和习惯。因此，在进行室内装饰时，应时刻将使用者所提出的个性要求作为装饰设计的标准。例如，根据我国传统，婚庆场所常需要热烈欢乐和吉祥幸福的气氛，因此应将红色作为基调；而丧葬场所则不能出现红色。再如，金黄色在古代是富贵和财富的象征，会给人一种高贵气派、金碧辉煌的感觉；而现代家居装饰中的流行色则是活力青柠色、高远湛蓝色和柔美奶白色。沙土色布艺、淡淡的家具和素雅的白墙会使整个室内空间散发出优雅飘逸感觉，而质感柔软的布艺和蓝色墙漆则会退去人们心中的浮躁，再搭配上薄薄的窗帘和白色的家具，就会增添清新持久的韵味。

不同风俗、民俗和文化修养的人对色彩产生不同的情绪感觉和联想。例如，红色环境有利于提升人们的情绪，会使脉搏加快、血压升高；而蓝色环境则会产生沉静的情绪，会使人们的脉搏减缓。这些感觉是人们在进行室内装饰中如何确定主色调的依据。又如，红色的庄严感、不透明感和重量感，与方形的稳定感、庄重感的结合；黄色的轻量感、刺激性与三角形的缺乏力量、冲动感、尖锐感的结合等。

（5）扬长避短。在现代室内装饰中，如果能够巧妙利用色彩，就会起到扬长避短的作用。例如，如果空间比较大，在装饰墙壁时应该选择暖色，可减少较大的空间给人们带来的空旷感。如果室内的空间比较小，在装饰墙壁时应选用冷色，这样在视觉上使人们感觉比较大，从而可以避免狭小空间的不适感；同时，对于空间比较小的居室，使用简洁、简单的装饰色彩，可以使狭小、拥挤的空间变得比较明亮和宽敞。

对于室内陈设、家具色彩和空间色调这三者之间的关系，在进行室内装饰的时候应该考虑以下几个方面：

一是有规律的连续。例如，一簇花、一个靠垫、一块地毯、一幅画或者一组沙发上都具有相同的图案或者色块，这样就会使得这些不同的家具和陈设之间取得联系，使得整个室内空间的物和物之间的关系更加紧密，就像“一家人”一样，这样就会显得整个室内装饰更加具有内聚力。二是色彩的重复和呼应。例如，白色的墙壁衬托出红色沙发，而红色沙发却又衬托出白色靠垫。三是强烈的对比。在进行室内装饰设计的时候，可以考虑明度的对比、色相的对比、纯度的对比、非彩度和彩度的对比、清色和浊色的对比等，如果对这些对比方式能够综合加以利用，就会取得最佳的色彩构图效果。

3. 室内装饰中的色彩搭配

在室内装饰过程中，色彩的选择、搭配既要满足美学需要，也要遵循一定的科学原则；

否则，胡乱的色彩搭配，不仅不能提高居住和工作空间的审美需求，还会使人产生厌倦的感觉。因此，色彩搭配应从人们对不同色彩的喜爱程度出发，利用不同色彩之间的合理搭配创造出更加优美的居住、生活的空间。

不同人对于同一种色彩的偏爱具有明显的不同。例如，同是红色，有人认为体现了温暖的特点，而另外一部分人则有可能认为太过于艳丽。同一种颜色为不同的主体所看到的时候，有可能产生暖、冷、憎、爱等不同的感觉，由此进一步给个体带来兴奋、安静、高兴、沮丧等截然不同的“反应”。

色彩是整个室内环境的一个基本基调，体现了室内环境不同的物体色彩相互搭配、“遥相”呼应的特点，直接反映出了整个室内的环境气氛。例如，在办公环境中，利用色彩体现出严肃、正式的调子，而在卧室中“色彩”则更多地体现出了一种温馨的氛围。现代室内装饰中的主色调还对室内其他非主色调有较大的影响，决定了其他辅助色彩的特点。因此，色彩搭配应首先确定室内装饰的主色调，然后根据主色调的特点搭配辅助色调，既可以使整个室内装饰浑然一体，又可以避免出现纷杂、凌乱的局面。近年来，随着人们生活压力的不断增加，缓解压力、使人们能够放松长期紧张“神经”的色调成为装饰的流行色，如土黄色、卡其色、天蓝色、灰棕色等，已经成为现代家居装饰中被广泛选择的颜色。

现代室内装饰应该考虑将自然的色彩融入室内装饰中，在室内装饰中引入自然色彩，可以在室内空间中创造出自然的色彩气氛，可以有效实现并加深人和大自然之间的关系。

12.5 居室的美化与材质

居室装饰美化的形象给人的视觉和触感，在很大程度上取决于所选用的装饰材料。不同的装饰材料其质感不同，赋予不同的美感，如砖的质朴、皮革的豪华、布的柔软、石头的粗犷、木材的温和。但并不是价格越高的名贵材料，越能将居室美化装饰得理想。在居室的装饰美化中采取高档材料堆积的手法，不但不能达到美化居室的作用，而且会破坏居室的装饰美化效果。只有全面地综合考虑不同材料的特性，科学、合理、巧妙地运用各种材质的特征，才能达到理想的居室美化装饰效果。如果材料运用恰当，在美化手法上下些功夫，即或是很普通的装饰材料，也能取得十分令人满意的艺术效果。

（1）传统材料的选用。砖、木、石、铁等是自古以来的传统装饰材料。这些材料的特点是价格低廉，使用寿命长，有天然的情趣。对这些传统材料的选用，要注意充分发挥其自然特性，如对其自然的质感、纹理、色彩的巧妙利用等。同时，也要注意对传统材料的精雕细琢，以增添其华丽气质。

（2）科学、合理地选用高档的装饰材料。高档的装饰材料各有其独特之处，对这些材料的选用，要根据其所具有的独特美感，运用到所需的部位，这样才能适得其所。如果不考虑审美需要，形成贵重材料的堆积，则不但会形成财物的浪费，使装饰成本大幅度提高，而且会带来不良的视觉效果。

（3）掌握材料的质感，结合构图原理加以利用。装饰材料中有些是天然的，有些是人造的，不管是哪一种，都要根据其所具有的质感，将其运用到恰当的构图部位，以使各种材料的质感、审美作用充分发挥出来。如果不注意材料质感与审美价值而乱用，不仅会浪费材料，而且会给人以粗糙的感觉。

（4）材料品种的选择不宜过多过杂。居室美化装饰要力求材料格调一致，重点装饰部位要尽量减少材料品种，更不能在同一部位采用材质互相矛盾的材料。

对居室的美化，除上述技法外，还应选取合适的装饰品和适量的盆栽，一般根据装饰风格进行选取。

思考题

1. 建筑装饰中常用的装饰纹样或图案有哪些？它们具有什么样历史文化意义？
2. 居室美化的原则是什么？
3. 为什么说色彩是建筑装饰的灵魂？

主要参考文献

[1] 张粉芹．建筑装饰材料［M］．重庆：重庆大学出版社，2007.
[2] 韩静云．建筑装饰材料及其应用［M］．北京：中国建筑工业出版社，2000.
[3] 葛新亚．建筑装饰材料［M］．武汉：武汉理工大学出版社，2004.
[4] 陈雅福．新型建筑材料［M］．北京：中国建材工业出版社，1994.
[5] 任福民．新型建筑材料［M］．北京：海洋出版社，1998.
[6] 龚洛书．新型建筑材料性能与应用［M］．北京：中国环境科学出版社，1996.
[7] 王立久．新型建筑材料［M］．北京：中国电力出版社，1997.
[8] 曹文达．建筑装饰材料［M］．南昌：江西科学技术出版社，2004.
[9] 廖红．建筑装饰材料手册［M］．南昌：江西科学技术出版社，2004.
[10] 葛勇．建筑装饰材料［M］．北京：中国建材工业出版社，1998.
[11] 张玉明，马品磊．建筑装饰材料与施工工艺［M］．济南：山东科学技术出版社，2004.
[12] 王国建，刘琳．建筑涂料与涂装［M］．北京：中国轻工业出版社，2002.
[13] 国振喜．建筑装饰工程施工及验收手册［M］．北京：冶金工业出版社，1999.
[14] 王向阳．建筑装饰材料与应用［M］．沈阳：辽宁美术出版社，2009.
[15] 纪士斌，李建华．建筑装饰装修工程施工［M］．北京：中国建筑工业出版社，2003.
[16] 朱向军，罗平．建筑装饰设计基础［M］．北京：机械工业出版社，2008.
[17] 魏鸿汉．建筑装饰材料与构造［M］．北京：中央广播电视大学出版社，2008.
[18] 孙以栋．建筑装饰设计基础［M］．北京：中央广播电视大学出版社，2008.
[19] 陆丽颖，张晓川，王斌，等．建筑装饰材料与施工工艺［M］．北京：东方出版中心，2008.
[20] 钱海月．建筑装饰表现技法［M］．上海：上海交通大学出版社，2007.
[21] 庄裕光，胡石．中国古代建筑装饰装修［M］．苏州：江苏美术出版社，2007.
[22] 王向阳，林辉，梁骏．建筑装饰材料［M］．沈阳：辽宁美术出版社，2006.
[23] 马品磊．建筑装饰装修施工［M］．北京：中国环境科学出版社，2003.
[24] 尤广熙．中国石材应用艺术［M］．北京：中国建材工业出版社，1999.
[25] 孔铮桢．陶瓷造型设计概论［M］．重庆：西南师范大学出版社，2011.
[26] 陈锦．中国陶瓷［M］．南昌：江西出版集团，2009.
[27] 周淑兰．中国陶瓷纹饰［M］．北京：中国工艺美术出版社，2009.
[28] 程金城．中国陶瓷美学［M］．兰州：甘肃人民美术出版社，2008.
[29] 李菊生，李青．艺术陶瓷创造与技法［M］．上海：上海书店出版社，2002.
[30] 王建中．玻璃艺术［M］．哈尔滨：黑龙江美术出版社，2004.

[31] 石新勇，杨建军，陈璐．安全玻璃［M］．北京：化学工业出版社，2006.
[32] 王君．隔断与艺术玻璃［M］．郑州：中原农民出版社，2004.
[33] 刘忠伟，罗忆等．建筑装饰玻璃与艺术［M］．北京：中国建材工业出版社，2002.
[34] 赵砺，冯德君，孙芳利等．地板用木材［M］．咸阳：西北农林科技大学出版社，2005.
[35] 宋小平，韩长日．涂料实用生产技术500例［M］．北京：中国纺织出版社，2011.
[36] 徐峰，王惠明．建筑涂料［M］．北京：中国建筑工业出版社，2007.
[37] 刘嘉瑞，蒋一萍，汪文海，等．照明与灯具［M］．沈阳：辽宁科学技术出版社，1991.
[38] 李炜．家居开运秘笈饰品·织物［M］．武汉：华中科技大学出版社，2012.
[39] 徐玉党．室内污染控制与洁净技术［M］．重庆：重庆大学出版社，2006.
[40] 俞磊．家庭环保装修指南［M］．北京：知识产权出版社，2003.
[41] 黄金凤，杨洁．居室建筑装饰设计［M］．南京：东南大学出版社，2011.
[42] 戴志坚．传统建筑装饰解读［M］．福州：福建科学技术出版社，2011.
[43] 叶斌．装饰设计空间艺术［M］．福州：福建科学技术出版社，2003.
[44] 朱小平，朱丹．中国建筑与装饰艺术［M］．天津：天津人民出版社，2003.
[45] 巨天中．家居风水宜忌［M］．北京：中国建材工业出版社，2005.
[46] 鲁晨海．论中国古代建筑装饰题材及其文化意义［J］．同济大学学报，2012，23（1）：27-36.
[47] 朱小平．室内设计［M］．天津：天津人民美术出版社，2006.
[48] 冯四东，朱辉球，吴天麟．色彩构成及应用［M］．北京：北京工艺美术出版社，2007.
[49] 肖平西．建筑与色彩应用［J］．重庆建筑大学学报，2005，（02）：19-21.
[50] 陈玮．现代城市住宅的室内环境设计研究［D］．郑州：郑州大学，2005.
[51] 胡蓉．当代家居装饰设计之审美文化研究［D］．长沙：湖南大学，2004.
[52] 付子龙．装饰色彩［J］．重庆建筑大学学报，2003，（05）：16-18.
[53] 吴向炜．色彩在现代室内装饰中的应用研究［D］．石家庄：河北师范大学，2011.